Python
大数据分析
算法与实例

邓立国　著

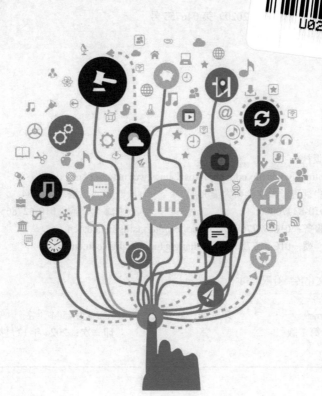

清华大学出版社

北　京

内 容 简 介

大数据时代，大数据分析是关键技术。Python 是一款优秀的大数据分析软件，本书以 Python 3 结合第三方开源工具进行大数据分析，以最小的代价编程实现数据的提取、处理、分析和可视化。

本书分为 8 章，首先介绍大数据分析的背景和行业应用，给出了数据特征算法分析；然后基于 Python 3 介绍常用典型第三方大数据分析工具的场景应用；最后比较翔实地阐述大数据分析算法与经典实例应用。

本书适合从事大数据分析的研究人员、计算机或数学等相关专业的从业者参考学习，也可以作为计算机或数学等专业本科高年级或研究生的专业用书。

图书在版编目（CIP）数据

Python 大数据分析算法与实例 / 邓立国著.—北京：清华大学出版社，2020.4（2024.12重印）

ISBN 978-7-302-55106-5

Ⅰ.①P… Ⅱ.①邓… Ⅲ.①软件工具－程序设计 Ⅳ.①TP311.561

中国版本图书馆 CIP 数据核字（2020）第 046755 号

责任编辑：夏毓彦
封面设计：王 翔
责任校对：闫秀华
责任印制：宋 林

出版发行：清华大学出版社
　　　　网　　　址：https://www.tup.com.cn, https://www.wqxuetang.com
　　　　地　　　址：北京清华大学学研大厦 A 座　　　　邮　　编：100084
　　　　社 总 机：010-83470000　　　　　　　　　　邮　　购：010-62786544
　　　　投稿与读者服务：010-62776969, c-service@tup.tsinghua.edu.cn
　　　　质 量 反 馈：010-62772015, zhiliang@tup.tsinghua.edu.cn

印 装 者：涿州市般润文化传播有限公司
经　　销：全国新华书店
开　　本：190mm×260mm　　　印　张：21.25　　　字　数：544 千字
版　　次：2020 年 5 月第 1 版　　　印　次：2024 年 12 月第 4 次印刷
定　　价：69.00 元

产品编号：085897-01

前　言

大数据可以概括为 5 个 V，数据量大（Volume）、速度快（Velocity）、类型多（Variety）、价值（Value）、真实性（Veracity）。随着大数据时代的来临，大数据分析也应运而生。大数据分析是指对规模巨大的数据进行分析。大数据分析在研究大量的数据的过程中寻找模式、相关性和其他有用的信息，可以帮助企业更好地适应经营环境的变化，并做出更明智的决策。

大数据分析 6 个基本流程：可视化分析、数据挖掘算法、预测判断、语义引擎、数据质量和数据管理、数据存储和数据仓库，本书从数据分析可视化入手实现数据展示。数据可视化借助于图形化的手段，清晰、快捷、有效地传达与沟通信息。从用户的角度，数据可视化可以让人快速抓住信息要点，使得关键的数据点从人类的眼睛快速通往大脑。数据可视化一般具备几个特点：准确性、创新性和简洁性。

本书的目的是展现基于 Python 3 大数据分析方法中的核心算法与实践，介绍的重点是数据特征算法分析及第三方开源库的场景应用，如 NumPy、SciPy、Matplotlib、Pandas、StatsModels、Gensim 等在大数据分析中的算法与实例应用。

本书可以作为计算机科学与工程、计算统计学和社会科学等专业的大学生或研究生的专业参考书，也可作为软件研究人员或从业人员的参考资料。由于大数据分析专业素材的多学科性，读者可以根据对应的知识背景参考对应的专业图书。

本书内容

本书分为 8 章，系统讲解了大数据的数据特征算法分析。第 1、2 章简要介绍了大数据分析的背景、应用及数据特征分析，第 3~7 章是典型开源工具介绍与场景应用，第 8 章是基于 Python 3 的典型大数据分析算法及应用实例。本书的例子都是在 Python 3 集成开发环境 Anaconda 3 中经过实际调试通过的典型案例，书中示例的大部分实验数据来源于 GitHub，很多例子也给出了源代码的网址，读者可以参考实现。

代码下载

本书示例代码请扫描右边的二维码下载。

如果下载有问题，请联系 booksaga@163.com，邮件主题为"Python 大数据分析算法与实例"。

致谢

这里要感谢家人的支持与关爱。同时也要感谢我的同事，与他们的交流和探讨使得本书得以修正错误和完善知识结构。由于作者水平有限，书中有纰漏之处在所难免，恳请读者不吝赐教。

作者
2020 年 1 月

目　录

第 1 章
大数据分析概述

大数据作为时下火热的 IT 行业的词汇，随之而来的数据仓库、数据安全、数据分析、数据挖掘等围绕大数据商业价值的利用，逐渐成为行业人士争相追捧的利润焦点。随着大数据时代的来临，大数据分析应运而生。

1.1 大数据分析背景

1. 大数据的狭隘定义

大数据（Big Data）是指无法在特定时间范围内用规范化手段进行捕获、处理和筛选的数据集合，是需要新处理模式才能具有更强的决策力、洞察发现力和流程优化能力的海量、高增长率和多样化的信息资产。

2. 大数据的产生

"大数据"的名称来自于未来学家托夫勒所著的《第三次浪潮》，《自然》杂志在 2008 年 9 月推出了名为"大数据"的封面专栏。从 2009 年开始"大数据"才成为互联网技术行业中的热门词汇。2004 年出现的社交媒体则把全世界每个人都转变成了潜在的数据生成器，向摩尔定律铸成的巨鼎中贡献数据，这是"大容量"形成的主要原因。

3. 大数据的特征

- 容量（Volume）：数据的大小决定所考虑的数据的价值和潜在的信息。
- 种类（Variety）：数据类型的多样性。
- 速度（Velocity）：指获得数据的速度。
- 可变性（Variability）：妨碍了处理和有效地管理数据的过程。
- 真实性（Veracity）：数据的质量。
- 复杂性（Complexity）：数据量巨大，来源多渠道。

● 价值（Value）：合理运用大数据，以低成本创造高价值。

4. 大数据的结构

大数据包括结构化、半结构化和非结构化数据，非结构化数据越来越成为数据的主要部分。据 IDC 的调查报告显示：企业中 80%的数据都是非结构化数据，这些数据每年都按指数增长60%。

5. 大数据分析

大数据分析的产生旨在 IT 管理，企业可以将实时数据流分析和历史相关数据相结合，然后进行大数据分析并发现它们所需的模型。反过来，帮助预测和预防未来运行中断和性能问题。

6. 大数据分析的意义

现在的社会是一个高速发展的社会，科技发达，信息流通，人们之间的交流越来越密切，生活也越来越方便，大数据就是这个高科技时代的产物。 阿里巴巴创始人马云在演讲中就提到，"未来的时代将不是 IT 的时代，而是 DT 的时代"，DT 就是 Data Technology（数据科技），可以看出大数据对于阿里巴巴集团来说举足轻重。

有人把数据比喻为蕴藏能量的煤矿。煤炭按照性质有焦煤、无烟煤、肥煤、贫煤等分类，而露天煤矿、深山煤矿的挖掘成本又不一样。与此类似，大数据并不在"大"，而在于"有用"。价值含量、挖掘成本比数量更重要。对于很多行业而言，如何利用这些大规模的数据是赢得竞争的关键。

1.2　大数据分析的应用

未来将是一个"大数据"引领的智慧科技的时代，随着社交网络的逐渐成熟，移动带宽迅速提升，云计算、物联网应用更加丰富，更多的传感设备、移动终端接入网络，由此产生的数据及增长速度将比历史上的任何时期都要多、要快。

虽然大数据在不同领域有不同的应用，但是总的来说，大数据的应用主要体现在三个方面，分别是分析预测、决策制定和技术创新。同时，大数据在很大程度上推动了人工智能的发展。

1. 分析预测

分析预测是比较早的落地应用之一，同时能够比较直观地获得价值，所以当前大数据的场景分析依然是比较重要的落地应用。分析预测涉及的行业非常多，比如舆情分析、流感预测、金融预测、销售分析等，随着传统行业信息化改造的推进，数据分析将是比较常见的大数据应用。

2. 决策制定

决策制定通常是大数据应用的重要目的,销售部门需要根据数据分析来制定产品的销售策略,设计部门需要根据数据分析来制定产品的设计策略,生产部门需要根据数据分析来优化生产流程,人事部门需要根据数据来衡量员工的工作价值从而制定考核策略,财务部门需要根据数据分析来制定财务策略,等等。通常来说,数据分析一个重要的目的就是为了制定相应的策略。

3. 技术创新

大数据应用能够全面促进企业创新,不仅体现在技术创新上,还体现在管理创新上。通过数据能够挖掘出更多关于产品和市场的信息,这些信息会指导企业进行相应产品的设计,以满足市场的需求。同时在企业管理方面,以数据为驱动的管理方式能够极大地调动员工的能动性。

1.3　大数据分析算法

1. 大数据分析与数据分析的区别

大数据分析是指无法在可承受的时间范围内用常规软件工具进行捕捉、管理和处理的数据集合,是需要新处理模式才能具有更强的决策力、洞察发现力和流程优化能力的海量、高增长率和多样化的信息处理模式。

数据分析是指用适当的统计分析方法对收集来的大量数据进行分析,提取有用信息和形成结论,从而对数据加以详细研究和概括总结的过程。

大数据分析的优势是能清楚地阐述数据采集、大数据处理过程及最终结果的解读,同时提出模型的优化和改进之处,以利于提升大数据分析的商业价值。

大数据分析与数据分析的核心区别是处理的数据规模不同,由此导致两个方向从业者的技能也不同。大数据分析与数据分析的根本区别是分析的思维与分析所用的工具不同。

2. 机器学习和数据挖掘的联系与区别

从数据分析的角度来看,数据挖掘与机器学习(Machine Learning,ML)有很多相似之处,但不同之处也十分明显,例如,数据挖掘并没有机器学习探索人的学习机制这一科学发现任务,数据挖掘中的数据分析是针对海量数据进行的,从某种意义来说,机器学习的科学成分更重一些,而数据挖掘的技术成分更重一些。

机器学习是一门多领域交叉学科,涉及概率论、统计学、逼近论、凸分析、算法复杂度理论等多门学科。其专门研究计算机怎样模拟或实现人类的学习行为,以获取新的知识或技能,重新组织已有的知识结构,使之不断改善自身的性能。

数据挖掘是从海量数据中获取有效的、新颖的、潜在有用的、最终可理解的模式的非平凡过程。数据挖掘中用到了大量的机器学习领域提供的数据分析技术，以及数据库领域提供的数据管理技术。

机器学习不仅涉及对人的认知学习过程的探索，还涉及对数据的分析处理。实际上，机器学习已经成为计算机数据分析技术的创新源头之一。由于几乎所有的学科都要面对数据分析任务，因此机器学习已经开始影响计算机科学的众多领域，甚至影响计算机科学之外的很多学科。机器学习是数据挖掘中的一种重要工具。然而数据挖掘不仅仅要研究、拓展、应用一些机器学习方法，还要通过许多非机器学习技术解决数据仓储、大规模数据、数据噪声等实践问题。机器学习的涉及面很宽，常用在数据挖掘上的方法是"从数据学习"。然而机器学习不仅仅可以用在数据挖掘上，一些机器学习的子领域甚至与数据挖掘关系不大，如增强学习与自动控制等。

3. 统计学习与机器学习的联系与区别

统计学和机器学习之间的界定一直很模糊。无论是业界还是学界一直认为机器学习只是统计学披了一层光鲜的外衣。而事实是统计学与机器学习的不同，统计模型与机器学习的不同。机器学习和统计的主要区别在于它们的目的。机器学习模型旨在使最准确的预测成为可能。统计模型是为了推断变量之间的关系而设计的。

首先，我们必须明白，统计和统计建模是不一样的。统计是对数据的数学研究，除非有数据，否则无法进行统计。统计模型是数据的模型，主要用于推断数据中不同内容的关系，或创建能够预测未来值的模型。通常情况下，这两者是相辅相成的。机器学习通常会牺牲可解释性以获得强大的预测能力。例如，从线性回归到神经网络，尽管解释性变差，但是预测能力却大幅提高。

统计模型与机器学习在线性回归的应用上是有差异的，或许是因为统计建模和机器学习中使用方法的相似性，使人们认为它们是同一类算法，但事实上不是这样的。统计模型和机器学习在回归分析建模方法的相似性，是造成这种误解的主要原因，其实它们的目的是不同的。线性回归是一种统计方法，通过这种方法既可以训练一个线性回归器，又可以通过最小二乘法拟合一个统计回归模型。机器学习（这里特指有监督学习）的目的是获得一个可反复预测的模型，通常不关心模型是否可以解释，只在乎结果。而统计建模更多的是为了寻找变量之间的关系和确定关系的显著性，恰巧迎合了预测。

4. 统计学与数据挖掘的联系与区别

统计学和数据挖掘有着共同的目标：发现数据中的结构。事实上，由于它们的目标相似，有人认为数据挖掘是统计学的分支。这种看法有偏差。因为数据挖掘还应用了其他领域的思维、工具和算法，尤其是计算机科学技术，例如数据库技术和机器学习，而且数据挖掘关注的某些领域和统计学家关注的有很大差别。

5. 大数据分析的 10 个统计方法

数据分析师不完全是软件工程师，应该是编程、统计和批判性思维三者的结合体。统计学习是培养现代数据分析师的一个基本素材。下面分享 10 个统计方法，任何数据分析师都应该学习，进而更高效地处理大数据集。

（1）线性回归

线性回归是一种通过拟合因变量和自变量之间的最佳线性关系来预测目标变量的方法。线性回归主要分为简单线性回归和多元线性回归。简单线性回归使用一个自变量，通过拟合一个最佳线性关系来预测因变量；而多元线性回归使用一个以上的自变量来预测因变量。

（2）分类

分类是一种数据挖掘技术，用来将一个整体数据集分成几个类别，以便更准确地预测和分析。

（3）重采样方法

重采样是从原始数据样本中反复抽样的方法，是一种非参数统计推断方法。重采样在实际数据的基础上生成唯一的抽样分布。

（4）子集选择

子集选择首先确定我们认为与反应有关的 P 预测因子的一个子集，然后使用子集特征的最小二乘拟合模型。

（5）特征缩减技术

通过对损失函数加入正则项，使得在训练求解参数的过程中将影响较小的特征的系数衰减到 0，只保留重要的特征。

（6）降维

降维是将估计 P+1 个系数减少为 M+1 个系数，其中 M 可以将主成分回归描述为从一组大的变量中导出低纬度特征集的方法。

（7）非线性回归

非线性回归是回归分析的一种形式，在这种分析中，观测数据通过模型参数和因变量的非线性组合函数建模，数据用逐次逼近法进行拟合。

（8）树形方法

树形方法可以用于回归和分类问题，这些涉及将预测空间分层或分段为一些简单的区域。由于分割预测空间的分裂规则可以用树形总结，因此这类方法也被称为决策树方法。

（9）支持向量机

支持向量机（Support Vector Machine，SVM）是一种分类技术，简单地说，就是寻找一个超平面以最好地将两类点与最大边界区分开。

（10）无监督学习

无监督学习就是在无类别信息的情况下寻找到好的特征。

1.4 大数据分析工具

1. 大数据分析前端展现

用于展现分析的前端开源工具有 JasperSoft、Pentaho、Spagobi、Openi、Birt 等。

用于展现分析的商用分析工具有 Style Intelligence、RapidMiner Radoop、Cognos、BO、Microsoft Power BI、Oracle、MicroStrategy、QlikView、Tableau 等。

国内大数据分析工具有 BDP、国云数据（大数据魔镜）、思迈特、FineBI 等。

2. 大数据分析数据仓库

有 Teradata AsterData、EMC GreenPlum、HP Vertica 等。

3. 大数据分析数据集市

有 QlikView、Tableau、Style Intelligence 等。

4. 统计分析

统计分析法是指通过对研究对象的规模、速度、范围、程度等数量关系的分析研究，认识和揭示事物间的相互关系、变化规律和发展趋势，借以实现对事物的正确解释和预测的一种研究方法。

5. 可视化辅助工具

数据可视化技术的基本思想，是将数据库中每一个数据项作为单个图元元素表示，大量的数据集构成数据图像，同时将数据的各个属性值以多维数据的形式表示，可以从不同的维度观察数据，从而对数据进行更深入的观察和分析。一旦原始数据流被以图像形式表示时，以此做决策就变得容易多了。为了满足并超越客户的期望，大数据可视化工具应该具备这些特征：

- 能够处理不同种类型的传入数据。
- 能够应用不同种类的过滤器来调整结果。
- 能够在分析过程中与数据集进行交互。
- 能够连接其他软件来接收输入数据，或为其他软件提供输入数据。
- 能够为用户提供协作选项。

下面介绍目前比较实用和流行的 4 种大数据可视化工具，它们提供了上述所有或者部分的特征。

（1）Jupyter：大数据可视化的一站式商店

Jupyter 是一个开源项目，通过十多种编程语言实现大数据分析、可视化和软件开发的实时协作。Jupyter 的界面包含代码输入窗口，通过运行输入的代码基于所选择的可视化技术提供视觉可读的图像。

（2）Tableau：AI、大数据和机器学习应用可视化的最佳解决方案

Tableau 是大数据可视化的市场领导者之一，在为大数据操作、深度学习算法和多种类型的 AI 应用程序提供交互式数据可视化方面尤为高效。

（3）Google Chart：Google 支持的免费而强大的整合功能

Google Chart（谷歌图表）是大数据可视化的最佳解决方案之一，它是完全免费的，并得到了 Google 的大力技术支持。

（4）D3.js：以任何用户需要的方式直观地显示大数据

D3.js 代表 Data Driven Document，是一个用于实时交互式大数据可视化的 JS 库。由于 D3.js 不是一个工具，因此用户在使用它处理数据之前需要对 JavaScript 有一个很好的理解，并且要以一种能被其他人理解的形式呈现。除此以外，这个 JS 库将数据以 SVG 和 HTML 5 格式呈现，所以像 IE 7 和 IE 8 这样的旧式浏览器不能使用 D3.js 的功能。

6. 大数据处理框架

随着这些年全世界数据的几何式增长，数据的存储和运算都将成为世界级的难题。分布式文件系统解决的是大数据存储的问题。下面介绍一些分布式计算框架。

（1）Hadoop 框架

Hadoop 是目前世界上应用最广泛的大数据工具，它凭借极高的容错率和极低的硬件价格，在大数据市场上风生水起。Hadoop 是第一个在开源社区上引发高度关注的批处理框架，它提出的 Map 和 Reduce 计算模式简洁而优雅。迄今为止，Hadoop 已经成为一个广阔的生态圈，实现了大量算法和组件。由于 Hadoop 的计算任务需要在集群的多个节点上多次读写，因此在速度上会稍显劣势，但是其吞吐量是其他框架所不能匹敌的。

（2）Storm 框架

与 Hadoop 的批处理模式不同，Storm 采用的是流计算框架，由 Twitter 开源并且托管在 GitHub 上。与 Hadoop 类似的是，Storm 也提出了两个计算角色，分别为 Spout 和 Bolt。

（3）Samza 框架

Smaza 是一种流计算框架，但它目前只支持 JVM 语言，灵活度上略显不足，并且 Samza 必须和 Kafka 共同使用。相应地，其也继承了 Kafka 的低延时、分区、避免回压等优势。

（4）Spark 框架

Spark 属于 Hadoop 和 Storm 两种框架形式的集合体，是一种混合式的计算框架。它既有自带的实时流处理工具，又可以和 Hadoop 集成，代替其中的 MapReduce，甚至 Spark 还可以单独拿出来部署集群，但是还得借助 HDFS 等分布式存储系统。Spark 的强大之处在于其运算速度，与 Storm 类似，Spark 也是基于内存的，并且在内存满负载的时候，硬盘也能运算。运算结果显示，Spark 的速度大约为 Hadoop 的一百倍，并且其成本可能比 Hadoop 更低。但是 Spark 目前还没有像 Hadoop 那样拥有上万级别的集群，因此现阶段的 Spark 和 Hadoop 搭配起来使用更加合适。

7. 数据库

数据库可视为电子化的文件柜——存储电子文件的处所,用户可以对文件中的数据进行新增、查询、更新、删除等操作。

8. 数据仓库/商业智能

数据仓库（Data Warehouse，DW 或 DWH），是为企业所有级别的决策制定过程提供所有类型数据支持的战略集合。它是为单个数据存储,出于分析性报告和决策支持的目的而创建的。数据仓库可以为需要业务智能的企业提供业务流程改进指导,监视时间、成本、质量以及控制。

商业智能（Business Intelligence，BI）又称商业智慧或商务智能,指用现代数据仓库技术、线上分析处理技术、数据挖掘和数据展现技术进行数据分析以实现商业价值。

伴随数据库技术的提高和数据处理技术的发展以及各行业业务自动化的实现,商业领域产生了大量的业务数据,想要从这些海量数据中提取出真正有价值的信息,将数据转化为知识,以支持商业决策,需要用到能提取和存储有用信息,并能支持决策的数据仓库、联机分析处理（On-Line Analysis Processing，OLAP）以及数据挖掘（Data Mining，DM）等技术。因此,从技术层面讲,商业智能不是什么新技术,它是数据仓库、联机分析处理和数据挖掘等技术的综合运用。

9. 数据挖掘

数据挖掘,又译为资料探勘、数据采矿。它是数据库知识发现中的一个步骤。数据挖掘一般是指从大量的数据中通过统计、在线分析处理、情报检索、机器学习、专家系统（通过算法搜索隐藏于其中信息的过程。数据挖掘通常与计算机科学有关,靠过去的经验法则）和模式识别等诸多方法来实现数据中发现知识。

10. 编程语言

做好大数据分析不能缺少编程语言基础,如掌握 Python、R、Ruby、Java 等编程知识是必不可少的。

1.5　本章小结

　　大数据技术经过多年的发展已经趋于成熟，逐渐形成了一个较为清晰的产业链，包括数据的采集、整理、分析、呈现等，不同的环节往往都有众多的参与者，随着大数据逐渐落地到广大的传统行业，大数据的应用场景会得到进一步的拓展，大数据的价值也将逐渐提升。本章简要介绍了大数据分析的背景知识、场景应用、分析算法和大数据分析的必备技能和工具。

第 2 章
数据特征算法分析

大数据分析挖掘是一门多领域交叉学科，涉及概率论、统计学、逼近论、凸分析、算法复杂度理论等多门学科。数据和特征决定了大数据分析的模型构建，模型和算法是逼近这个大数据分析的工具手段，特征工程的目的是最大限度地从原始数据中提取特征以供算法和模型使用。

2.1　数据分布性分析

统计数据的分布特征可以从两方面进行描述：一是数据分布的集中趋势；二是数据分布的离散程度。集中趋势和离散程度是数据分布特征对立统一的两方面。本节通过介绍平均指标和变异指标这两种统计指标的概念及计算来讨论反映数据集中趋势和离散程度这两方面的特征。

2.1.1　数据分布特征集中趋势的测定

集中趋势是指一组数据向某中心值靠拢的倾向，集中趋势的测度实际上就是对数据一般水平代表值或中心值的测度。不同类型的数据用不同的集中趋势测度值，低层次数据的集中趋势测度值适用于高层次的测量数据；反过来，高层次数据的集中趋势测度值并不适用于低层次的测量数据。选用哪一个测度值来反映数据的集中趋势，要根据所掌握的数据的类型来确定。

通常用平均指标作为集中趋势测度指标。本节重点介绍众数、中位数两个位置平均数和算术平均数、调和平均数及几何平均数 3 个数值型平均数。

1. 众数

众数是指一组数据中出现次数最多的变量值，用 M_0 表示。从变量分布的角度看，众数是具有明显集中趋势点的数值，一组数据分布的最高峰点所对应的变量值即为众数。当然，如果数据的分布没有明显的集中趋势或最高峰点，众数就可以不存在；如果有多个高峰点，就有多个众数。

（1）定类数据和定序数据众数的测定

在使用定类数据与定序数据计算众数时，只需找出出现次数最多的组所对应的变量值即可。

（2）未分组数据或单变量值分组数据众数的确定

在使用未分组数据或单变量值分组数据计算众数时，只需找出出现次数最多的变量值即可。

（3）组距分组数据众数的确定

对于组距分组数据来说，众数的数值与其相邻两组的频数分布有一定的关系，这种关系可作如下理解：

设众数组的频数为 f_m，众数前一组的频数为 f_{-1}，众数后一组的频数为 f_{+1}。当众数相邻两组的频数相等时，即 $f_{-1} = f_{+1}$，众数组的组中值即为众数；当众数组的前一组的频数多于众数组后一组的频数时，即 $f_{-1} > f_{+1}$，众数会向其前一组靠，众数小于其组中值；当众数组后一组的频数多于众数组前一组的频数时，即 $f_{-1} < f_{+1}$，众数会向其后一组靠，众数大于其组中值。基于这种思路，借助几何图形而导出的分组数据众数的计算公式如下：

$$M_0 \doteq L + \frac{f_m - f_{-1}}{(f_m - f_{-1}) + (f_m - f_{+1})} \times i$$
$$M_0 \doteq U - \frac{f_m - f_{+1}}{(f_m - f_{-1}) + (f_m - f_{+1})} \times i \tag{2.1}$$

其中，L 表示众数所在组的下限，U 表示众数所在组的上限，i 表示众数所在组的组距，f_m 为众数组的频数，f_1 为众数组前一组的频数，f_{+1} 为众数组后一组的频数。

上述下限和上限公式是假定数据分布具有明显的集中趋势，且众数组的频数在该组内是均匀分布的，若这些假定不成立，则众数的代表性会很差。从众数的计算公式可以看出，众数是根据众数组及相邻组的频率分布信息来确定数据中心点位置的，因此众数是一个位置代表值，它不受数据中极端值的影响。

2. 中位数

中位数是将总体各单位标志值按大小顺序排列后，处于中间位置的那个数值。各变量值与中位数的离差绝对值之和最小，即：

$$\sum_{i=1}^{n} |X_i - M_e| = \min \tag{2.2}$$

（1）定序数据中位数的确定

定序数据中位数确定的关键是确定中间位置，中间位置所对应的变量值即为中位数。

①未分组原始资料中间位置的确定

$$\begin{cases} \text{中位数位置} = \dfrac{N+1}{2} & N\text{为奇数} \\[3mm] \text{中位数位置} = \dfrac{N}{2} & N\text{为偶数} \end{cases} \tag{2.3}$$

②分组数据中间位置的确定

$$\text{中位数位置} = \frac{\sum f}{2} \tag{2.4}$$

（2）数值型数据中位数的确定

$$\text{数值型数据资料} = \begin{cases} \text{未分组资料} \\ \text{分组资料} \begin{cases} \text{单变量值分组资料} \\ \text{组距分组资料} \end{cases} \end{cases}$$

①未分组资料

首先必须将标志值按大小排序。设排序的结果为：$x_1 \leqslant x_2 \leqslant x_3 \leqslant \cdots \leqslant x_n$，则：

$$M_e = \begin{cases} X_{\left(\frac{N+1}{2}\right)} & \text{当}N\text{为奇数时} \\[3mm] \dfrac{1}{2}\left(X_{\frac{N}{2}} + X_{\frac{N}{2}+1}\right) & \text{当}N\text{为偶数时} \end{cases} \tag{2.5}$$

②单变量分组资料

$$M_e = \begin{cases} X_{\left(\frac{\sum f+1}{2}\right)} & \sum f\text{为奇数时} \\[3mm] X_{\left(\frac{\sum f}{2}\right)} & \sum f\text{为偶数时} \end{cases} \tag{2.6}$$

③组距分组资料

根据位置公式确定中位数所在的组，假定在中位数组内的各单位是均匀分布的，则可利用下面的公式计算中位数的近似值：

$$M_e = L + \frac{\dfrac{\sum f}{2} - S'_{m-1}}{f_m} \cdot i$$

$$M_e = U - \frac{\dfrac{\sum f}{2} - S'_{m+1}}{f_m} \cdot i \tag{2.7}$$

其中，s_{m-1} 是到中位数组前面一组为止的向上累计频数，s'_{m+1} 则是到中位数组后面一组为止的向下累计频数，f_m 为中位数组的频数，i 为中位数组的组距。

3. 算术平均数

算术平均数（Arithmetic Mean）也称为均值（Mean），是全部数据算术平均的结果。算术平均法是计算平均指标最基本、最常用的方法。算术平均数在统计学中具有重要的地位，是集中趋势的主要测度值，通常用 $\bar{x}$ 表示。根据所掌握数据形式的不同，算术平均数有简单算术平均数和加权算术平均数。

（1）简单算术平均数（Simple Arithmetic Mean）

未经分组整理的原始数据，其算术平均数的计算就是直接将一组数据的各个数值相加除以数值个数。设总体数据为 $X_1, X_2, \ldots, X_n$，样本数据为 $x_1, x_2, \ldots, x_n$，则统计总体均值 $\bar{X}$ 和样本均值 $\bar{x}$ 的计算公式为：

$$\bar{X} = \frac{X_1 + X_2 + \cdots + X_N}{N} = \frac{\sum\limits_{i=1}^{N} X_i}{N}$$

$$\bar{x} = \frac{x_1 + x_2 + \cdots + x_n}{n} = \frac{\sum\limits_{i=1}^{n} x_i}{n} \tag{2.8}$$

（2）加权算术平均数（Weighted Arithmetic Mean）

根据分组整理的数据计算的算术平均数，就要以各组变量值出现的次数或频数为权数计算加权的算术平均数。设原始数据（总体或样本数据）被分成 K 或 k 组，各组的变量值为 $X_1, X_2, \ldots, X_K$，或 $x_1, x_2, \ldots, x_k$，各组变量值的次数或频数分别为 $F_1, F_2, \ldots, F_K$，或 $f_1, f_2, \ldots, f_k$，则总体或样本的加权算术平均数为：

$$\bar{X} \doteq \frac{X_1 F_1 + X_2 F_2 + \cdots + X_K F_K}{F_1 + F_2 + \cdots + F_K} = \frac{\sum\limits_{i=1}^{K} X_i F_i}{\sum\limits_{i=1}^{K} F_i}$$

$$\bar{x} \doteq \frac{x_1 f_1 + x_2 f_2 + \cdots + x_k f_k}{f_1 + f_2 + \cdots + f_k} = \frac{\sum\limits_{i=1}^{k} x_i f_i}{\sum\limits_{i=1}^{k} f_i} \tag{2.9}$$

公式（2.9）中是用各组的组中值代表各组的实际数据，使用代表值时是假定各组数据在各组中是均匀分布的，但实际情况与这一假定会有一定的偏差，使得利用分组资料计算的平均数与实际平均值会产生误差，它是实际平均值的近似值。

加权算术平均数其数值的大小不仅受各组变量值 x_i 大小的影响，而且受各组变量值出现的频数（权数 f_i）大小的影响。如果某一组的权数大，说明该组的数据较多，那么该组数据的大小对算术平均数的影响就越大，反之，则越小。实际上，我们将上式变形为下面公式（2.10）的形式，就能更清楚地看出这一点。

$$\bar{x} = \frac{\sum_{i=1}^{K} x_i f_i}{\sum_{i=1}^{K} f_i} = \sum_{i=1}^{K} x_i \frac{f_i}{\sum_{i=1}^{K} f_i} \tag{2.10}$$

由上式可以清楚地看出，加权算术平均数受各组变量值（x_i）和各组权数（频率 $f_i / \sum f_i$）大小的影响。频率越大，相应的变量值计入平均数的份额也越大，对平均数的影响就越大；反之，频率越小，相应的变量值计入平均数的份额也越小，对平均数的影响就越小。这就是权数权衡轻重作用的实质。

算术平均数在统计学中具有重要的地位，它是进行统计分析和统计推断的基础。从统计思想上看，算术平均数是一组数据的重心所在，它是消除了一些随机因素影响后或者数据误差相互抵消后的必然性结果。

算术平均数具有下面一些重要的数学性质，这些数学性质在实际中有着广泛的应用，同时也体现了算术平均数的统计思想。

（1）各变量值与其算术平均数的离差之和等于零，即：

$$\sum_{i=1}^{n} (x_i - \bar{x}) = 0 \tag{2.11}$$

（2）各变量值与其算术平均数的离差平方和最小，即：

$$\sum_{i=1}^{n} (x_i - \bar{x})^2 = \min \text{ 或 } \sum_{i=1}^{k} (x_i - \bar{x})^2 f_i = \min \tag{2.12}$$

4. 调和平均数（Harmonic Mean）

在实际工作中，经常会遇到只有各组变量值和各组标志总量而缺少总体单位数的情况，这时就要用调和平均数法计算平均指标。调和平均数是各个变量值倒数的算术平均数的倒数，习惯上用 H 表示。计算公式如下：

$$H = \frac{m_1 + m_2 + \cdots + m_k}{\dfrac{m_1}{x_1} + \dfrac{m_2}{x_2} + \cdots + \dfrac{m_k}{x_k}} = \frac{\sum_{i=1}^{K} m_i}{\sum_{i=1}^{K} \dfrac{m_i}{x_i}} \tag{2.13}$$

调和平均数和算术平均数在本质上是一致的，唯一的区别是计算时使用了不同的数据。在实际应用时可掌握这样的原则：当计算算术平均数其分子资料未知时，就采用加权算术平均数计算平均数；当分母资料未知时，就采用加权调和平均数计算平均数。

$$H = \frac{\sum\limits_{i=1}^{K} m_i}{\sum\limits_{i=1}^{K} \dfrac{m_i}{x_i}} = \frac{\sum\limits_{i=1}^{K} x_i f_i}{\sum\limits_{i=1}^{K} \dfrac{x_i f_i}{x_i}} = \frac{\sum\limits_{i=1}^{K} x_i f_i}{\sum\limits_{i=1}^{K} f_i} = \bar{x} \tag{2.14}$$

5. 几何平均数（Geometric Mean）

几何平均数是适应于特殊数据的一种平均数，在实际生活中，通常用来计算平均比率和平均速度。当所掌握的变量值本身是比率的形式，而且各比率的乘积等于总的比率时，就应采用几何平均法计算平均比率。

$$G_M = \sqrt[N]{X_1 \times X_2 \times \cdots \times X_N} = \sqrt[N]{\prod_{i=1}^{N} X_i} \tag{2.15}$$

也可以看作算术平均数的一种变形：

$$\log G_M = \frac{1}{N}(\log X_1 + \log X_2 + \cdots + \log X_N) = \frac{\sum\limits_{i=1}^{N} \log X_i}{N} \tag{2.16}$$

6. 众数、中位数与算术平均数的关系

算术平均数与众数、中位数的关系取决于频数分布的状况。它们的关系如下：

（1）当数据具有单一众数且频数分布对称时，算术平均数与众数、中位数三者完全相等，即 $M_0 = M_e = \bar{x}$。

（2）当频数分布呈现右偏态时，说明数据存在最大值，必然拉动算术平均数向极大值一方靠，则三者之间的关系为 $\bar{x} > M_e > M_0$。

（3）当频数分布呈现左偏态时，说明数据存在最小值，必然拉动算术平均数向极小值一方靠，而众数和中位数由于是位置平均数，不受极值的影响，因此三者之间的关系为 $\bar{x} < M_e < M_0$。

当频数分布出现偏态时，极端值对算术平均数产生很大的影响，而对众数、中位数没有影响，此时用众数、中位数作为一组数据的中心值比算术平均数有较高的代表性。算术平均数与众数、中位数从数值上的关系看，当频数分布的偏斜程度不是很大时，无论是左偏还是右偏，众数与中位数的距离约为算术平均数与中位数的距离的两倍，即：

$$|M_e - M_0| = 2|\overline{X} - M_e|$$

$$M_0 = \overline{X} - 3(\overline{X} - M_e) = 3M_e - 2\overline{X} \tag{2.17}$$

2.1.2　数据分布特征离散程度的测定

数据分布的离散程度是描述数据分布的另一个重要特征，反映各变量值远离其中心值的程

度，因此也称为离中趋势，从另一个侧面说明了集中趋势测度值的代表程度，不同类型的数据有不同的离散程度测度值。描述数据离散程度的测度值主要有异众比率、极差、四分位差、平均差、方差和标准差、离散系数等，这些指标又称为变异指标。

1. 异众比率

异众比率的作用是衡量众数对一组数据的代表性程度的指标。异众比率越大，说明非众数组的频数占总频数的比重就越大，众数的代表性就越差；反之，异众比率越小，众数的代表性就越好。异众比率主要用于测度定类数据、定序数据的离散程度。

$$V_r = \frac{\sum F_i - F_m}{\sum F_i} = 1 - \frac{F_m}{\sum F_i} \qquad (2.18)$$

其中，$\sum F_i$ 为变量值的总频数，F_m 为众数组的频数。

2. 极差

极差是一组数据的最大值与最小值之差，是离散程度的最简单测度值。极差的测度如下：

（1）未分组数据

$$R = \max(X_i) - \min(X_i) \qquad (2.19)$$

（2）组距分组数据

$$R\text{ 最高组上限–最低组下限}$$

3. 四分位差

中位数是从中间点将全部数据等分为两部分。与中位数类似的还有四分位数、八分位数、十分位数和百分位数等。它们分别是用 3 个点、7 个点、9 个点和 99 个点将数据四等分、八等分、十等分和 100 等分后各分位点上的值。这里只介绍四分位数的计算，其他分位数与之类似。

一组数据排序后处于 25％和 75％位置上的值称为四分位数，也称四分位点。四分位数是通过 3 个点将全部数据等分为 4 部分，其中每部分包含 25％的数据。很显然，中间的分位数就是中位数，因此通常所说的四分位数是指处在 25％位置上的数值（下四分位数）和处在 75％位置上的数值（上四分位数）。与中位数的计算方法类似，根据未分组数据计算四分位数时，首先对数据进行排序，然后确定四分位数所在的位置。

（1）四分位数确定

设下四分位数为 Q_L，上四分位数为 Q_U：

①未分组数据

$$Q_L = X_{\frac{n+1}{4}} \qquad Q_U = X_{\frac{3(n+1)}{4}} \qquad (2.20)$$

当四分位数的位置不在某一个位置上时，可根据四分位数的位置按比例分摊四分位数两侧的差值。

②单变量值分组数据

$$Q_L = X_{\frac{\sum f}{4}} \qquad\qquad Q_U = X_{\frac{3\sum f}{4}} \qquad\qquad (2.21)$$

③组距分组数据

$$Q_L = L + \frac{\dfrac{\sum f}{4} - S_L}{f_L} \cdot i \qquad Q_U = U + \frac{\dfrac{3\sum f}{4} - S_U}{f_U} \cdot i \qquad (2.22)$$

（2）四分位差

四分位数是离散程度的测度值之一，是上四分位数与下四分位数之差，又称为四分位差，亦称为内距或四分间距（Inter-Quartile Range），用 Q_d 表示。四分位差的计算公式为：

$$Q_d = Q_U - Q_L \qquad\qquad (2.23)$$

4. 平均差（Mean Deviation）

平均差是离散程度的测度值之一，是各变量值与其算术平均数离差绝对值的平均数，用 M_d 表示。平均差能全面反映一组数据的离散程度，但该方法数学性质较差，实际中应用较少。

（1）简单平均法

对于未分组资料采用简单平均法。其计算公式为：

$$M_D = \frac{\sum\limits_{i=1}^{N} \left| X_i - \bar{X} \right|}{N} \qquad\qquad (2.24)$$

（2）加权平均法

在资料分组的情况下，应采用加权平均法。其计算公式为：

$$M_D \doteq \frac{\sum\limits_{i=1}^{K} \left| X_i - \bar{X} \right| F_i}{\sum\limits_{i=1}^{K} F_i} \qquad\qquad (2.25)$$

5. 方差（Variance）和标准差（Standard Deviation）

方差和标准差同平均差一样，也是根据全部数据计算的，反映每个数据与其算术平均数相比平均相差的数值，因此能够准确地反映数据的差异程度。但与平均差的不同之处是在计算时的处理方法不同，平均差是取离差的绝对值消除正负号，而方差、标准差是取离差的平方消除正负号，这更便于数学上的处理。因此，方差、标准差是实际中应用广泛的离中程度度量值。

（1）总体的方差和标准差

①设总体的方差为 σ^2，标准差为 σ，对于未分组整理的原始资料，方差和标准差的计算公式分别为：

$$\sigma^2 = \frac{\sum\limits_{i=1}^{N}(X_i - \overline{X})^2}{N} \qquad \sigma = \sqrt{\frac{\sum\limits_{i=1}^{N}(X_i - \overline{X})^2}{N}} \qquad (2.26)$$

②对于分组数据，方差和标准差的计算公式分别为：

$$\sigma^2 \doteq \frac{\sum\limits_{i=1}^{K}(X_i - \overline{X})^2 F_i}{\sum\limits_{i=1}^{K} F_i} \qquad \sigma \doteq \sqrt{\frac{\sum\limits_{i=1}^{K}(X_i - \overline{X})^2 F_i}{\sum\limits_{i=1}^{K} F_i}} \qquad (2.27)$$

（2）样本的方差和标准差

样本的方差、标准差与总体的方差、标准差在计算上有所差别。总体的方差和标准差在对各个离差平方平均时是除以数据个数或总频数，而样本的方差和标准差在对各个离差平方平均时是用样本数据个数或总频数减 1（自由度）去除总离差平方和。

设样本的方差为 S^2，标准差为 S，对于未分组整理的原始资料，方差和标准差的计算公式为：

$$S_{n-1}^2 = \frac{\sum\limits_{i=1}^{n}(x_i - \overline{x})^2}{n-1} \qquad S_{n-1} = \sqrt{\frac{\sum\limits_{i=1}^{n}(x_i - \overline{x})^2}{n-1}} \qquad (2.28)$$

对于分组数据，方差和标准差的计算公式为：

$$S_{n-1}^2 \doteq \frac{\sum\limits_{i=1}^{k}(x_i - \overline{x})^2 f_i}{\sum\limits_{i=1}^{k} f_i - 1} \qquad S_{n-1} \doteq \sqrt{\frac{\sum\limits_{i=1}^{k}(x_i - \overline{x})^2 f_i}{\sum\limits_{i=1}^{k} f_i - 1}} \qquad (2.29)$$

当 n 很大时，样本方差 S^2 与总体方差 σ^2 的计算结果相差很小，这时样本方差也可以用总体方差的公式来计算。

6. 相对离散程度：离散系数

前面介绍的全距、平均差、方差和标准差都是反映一组数值变异程度的绝对值，其数值的大小不仅取决于数值的变异程度，还与变量值水平的高低、计量单位的不同有关。所以，不宜直接利用上述变异指标对不同水平、不同计量单位的现象进行比较，应当先进行无量纲化处理，即将上述反映数据的绝对差异程度的变异指标转化为反映相对差异程度的指标，再进行对比。离散系数通常用 V 表示，常用的离散系数为标准差系数。测度了数据的相对离散程度，用于

对不同组别数据离散程度进行比较的计算公式为:

$$V_\sigma = \frac{\sigma}{\overline{X}} \quad 或 \quad V_s = \frac{S}{\overline{x}}$$

(2.30)

2.1.3 数据分布特征偏态与峰度的测定

偏态和峰度就是对这些分布特征的描述。偏态是对数据分布的偏移方向和程度所做的进一步描述,峰度是对数据分布的扁平程度所做的描述。对于偏斜程度的描述用偏态系数,对于扁平程度的描述用峰度系数。

1. 动差法

动差又称矩,原是物理学上用以表示力与力臂对重心关系的术语,这个关系和统计学中变量与权数对平均数的关系在性质上很类似,所以统计学也用动差来说明频数分布的性质。

一般来说,取变量的 a 值为中点,所有变量值与 a 之差的 K 次方的平均数称为变量 X 关于 a 的 K 阶动差。用式子表示即为:

$$\frac{\sum(X-a)^K}{N}$$

(2.31)

当 $a=0$ 时,即变量以原点为中心,上式称为 K 阶原点动差,用大写英文字母 M 表示。

一阶原点动差:

$$M_1 = \frac{\sum X}{N}$$

(2.32)

二阶原点动差:

$$M_2 = \frac{\sum X^2}{N}$$

(2.33)

三阶原点动差:

$$M_3 = \frac{\sum X^3}{N}$$

(2.34)

当 $a = \overline{X}$ 时,即变量以算术平均数为中心,上式称为 K 阶中心动差,用小写英文字母 m 表示。

一阶中心动差:

$$m_1 = \frac{\sum(X-\overline{X})}{N} = 0$$

(2.35)

二阶中心动差:

$$m_2 = \frac{\sum(X-\overline{X})^2}{N} = \sigma^2$$

(2.36)

三阶中心动差:

$$m_3 = \frac{\sum(X-\overline{X})^3}{N}$$

(2.37)

2. 偏态及其测度

偏态是对分布偏斜方向及程度的度量。从前面的内容中我们已经知道,频数分布有对称的,有不对称的(偏态的)。在偏态的分布中,又有两种不同的形态,即左偏和右偏。我们可以利用众数、中位数和算术平均数之间的关系判断分布是左偏还是右偏的,但要度量分布偏斜的程度就需要计算偏态系数了。

采用动差法计算偏态系数是用变量的三阶中心动差 m_3 与 σ^3 进行对比,计算公式为:

$$\alpha = \frac{m_3}{\sigma^3} \tag{2.38}$$

当分布对称时,变量的三阶中心动差 m_3 由于离差三次方后正负相互抵消而取得 0 值,因此 $a=0$;当分布不对称时,正负离差不能抵消,就形成正的或负的三阶中心动差 m_3。当 m_3 为正值时,表示正偏离差值比负偏离差值大,可以判断为正偏或右偏;反之,当 m_3 为负值时,表示负偏离差值比正偏离差值大,可以判断为负偏或左偏。$|m_3|$越大,表示偏斜的程度就越大。由于三阶中心动差 m_3 含有计量单位,为消除计量单位的影响,就用 σ^3 去除 m_3,使其转化为相对数。同样地,a 的绝对值越大,表示偏斜的程度就越大。

3. 峰度及其测度

峰度是用来衡量分布的集中程度或分布曲线的尖峭程度的指标。计算公式如下:

$$\alpha_4 = \frac{m_4}{\sigma_4} = \frac{\sum (X - \bar{X})^4 F_i}{\sigma^4 \cdot \sum F_i} \tag{2.39}$$

分布曲线的尖峭程度与偶数阶中心动差的数值大小有直接的关系,m_2 是方差,于是就以四阶中心动差 m_4 来度量分布曲线的尖峭程度。m_4 是一个绝对数,含有计量单位,为消除计量单位的影响,将 m_4 除以 σ^4,就得到无量纲的相对数。衡量分布的集中程度或分布曲线的尖峭程度往往是以正态分布的峰度作为比较标准的。在正态分布条件下,$m^4/\sigma^4=3$,将各种不同分布的尖峭程度与正态分布比较。

当峰度 $a_4 > 3$ 时,表示分布的形状比正态分布更瘦更高,这意味着分布比正态分布更集中在平均数周围,这样的分布称为尖峰分布,如图 2.1(a)所示;当 $a_4=3$ 时,分布为正态分布;当 $a_4 < 3$ 时,表示分布比正态分布更扁平,意味着分布比正态分布更分散,这样的分布称为扁平分布,如图 2.1(b)所示。

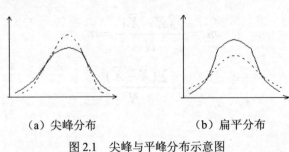

(a)尖峰分布　　　　　　(b)扁平分布

图 2.1　尖峰与平峰分布示意图

2.2　数据相关性分析

数据相关性是指数据之间存在某种关系。大数据时代,数据相关性分析因其具有可以快捷、高效地发现事物间内在关联的优势而受到广泛关注,它能有效地应用于推荐系统、商业分析、公共管理、医疗诊断等领域。数据相关性可以用时序分析、空间分析等方法进行分析。数据相关性分析面临着高维数据、多变量数据、大规模数据、增长性数据及其可计算方面的挑战。

2.2.1　数据相关关系

数据相关关系是指两个或两个以上变量取值之间在某种意义下存在的规律,其目的在于探寻数据集里所隐藏的相关关系网。从统计学角度看,变量之间的关系大体可分两种类型:函数关系和相关关系。一般情况下,数据很难满足严格的函数关系,而相关关系要求宽松,所以被人们广泛接受。需要进一步说明的是,研究变量之间的相关关系主要从两个方向进行:一个是相关分析,即通过引入一定的统计指标量化变量之间的相关程度;另一个是回归分析,回归分析不仅刻画相关关系,更重要的是刻画因果关系。

1. 相关系数

对于不同测量尺度的变数,有不同的相关系数可用:

(1) Pearson 相关系数(Pearson Correlation Coefficient):衡量两个等距尺度或等比尺度变数的相关性,是最常见的,也是学习统计学时第一个接触的相关系数。

(2) 净相关(Partial Correlation):在模型中有多个自变数(或解释变数)时,去除掉其他自变数的影响,只衡量特定一个自变数与因变数之间的相关性。自变数和因变数皆为连续变数。

(3) 相关比(Correlation Ratio):衡量两个连续变数的相关性。

(4) Gamma 相关系数:衡量两个次序尺度变数的相关性。

(5) Spearman 等级相关系数:衡量两个次序尺度变数的相关性。

(6) Kendall 等级相关系数(Kendall Tau Rank Correlation Coefficient):衡量两个人为次序尺度变数(原始资料为等距尺度)的相关性。

(7) Kendall 和谐系数:衡量两个次序尺度变数的相关性。

(8) Phi 相关系数(Phi Coefficient):衡量两个真正名目尺度的二分变数的相关性。

(9) 列联相关系数(Contingency Coefficient):衡量两个真正名目尺度变数的相关性。

(10) 四分相关(Tetrachoric Correlation):衡量两个人为名目尺度(原始资料为等距尺度)的二分变数的相关性。

(11) Kappa 一致性系数(K Coefficient of Agreement):衡量两个名目尺度变数的相关性。

(12) 点二系列相关系数(Point-Biserial Correlation Coefficient):X 变数是真正名目尺度

二分变数。Y 变数是连续变数。

（13）二系列相关系数（Biserial Correlation Coefficient）：X 变数是人为名目尺度二分变数。Y 变数是连续变数。

2. 数据种类

（1）高维数据的相关分析

在探索随机向量间相关性度量的研究中，随机向量的高维特征导致巨大的矩阵计算量，这成为高维数据相关分析中的关键困难问题。面临高维特征空间的相关分析时，数据可能呈现块分布现象，如医疗数据仓库、电子商务推荐系统。探测高维特征空间中是否存在数据的块分布现象，并发现各数据块对应的特征子空间，从本质上来看，这是基于相关关系度量的特征子空间发现问题。结合子空间聚类技术发现相关特征子空间，并以此为基础探索新的分块矩阵计算方法，有望为高维数据相关分析与处理提供有效的求解途径。然而，面临的挑战在于：① 如果数据维度很高、数据表示非常稀疏，如何保证相关关系度量的有效性？②分块矩阵的计算可以有效提升计算效率，但是，如何对分块矩阵的计算结果进行融合？

（2）多变量数据的相关分析

在现实的大数据相关分析中，往往面临多变量的情况。显然，发展多变量非线性相关关系的度量方法是我们面临的一个重要的挑战。

（3）大规模数据的相关分析

大数据时代，相关分析面向的是数据集的整体，因此高效地开展相关分析与处理仍然非常困难。为了快速计算大数据的相关性，需要探索数据集整体的拆分与融合策略。显然，在这种"分而治之"的策略中，如何有效保持整体的相关性是大规模数据相关分析中必须解决的关键问题。有关学者给出了一种可行的拆分与融合策略，指出随机拆分策略是可能的解决路径。当然，在设计拆分与融合策略时，如何确定样本子集规模、如何保持子集之间的信息传递、如何设计各子集结果的融合原理等都是具有挑战性的问题。

（4）增长性数据的相关分析

在大数据中，数据呈现快速增长的特征。更为重要的是，诸如电商精准推荐等典型增长性数据相关分析任务迫切需要高效的在线相关分析技术。就增长性数据而言，可表现为样本规模的增长、维数规模的增长以及数据取值的动态更新。显然，对增长性数据相关分析而言，特别是对在线相关分析任务而言，每次对数据整体进行重新计算对于用户都是难以接受的，更难以满足用户的实时性需求。

我们认为，无论何种类型的数据增长，往往与原始数据集存在某种的关联模式，利用已有的关联模式设计具有递推关系的批增量算法是一种行之有效的计算策略。那么，面向大数据的相关分析任务，探测增长性数据与原始数据集的关联模式，进而发展具有递推关系的高效批增量算法，可为增长性数据相关分析尤其是在线相关分析提供有效的技术手段。

3. 相关关系的种类

现象之间的相互关系很复杂，它们涉及的变动因素多少不同，作用方向不同，表现出来的形态也不同。相关关系大体分为以下几种：

（1）正相关与负相关

按相关关系的方向可分为正相关和负相关。当两个因素（或变量）的变动方向相同时，即自变量 x 的值增大（或减小），因变量 y 的值也相应地增大（或减小），这样的关系就是正相关。例如家庭消费支出随收入的增加而增加就属于正相关。如果两个因素（或变量）变动的方向相反，即自变量 x 的值增大（或减小），因变量 y 的值随之减小（或增大），就称为负相关。例如商品流通费用率随商品经营的规模增大而逐渐减小就属于负相关。

（2）单相关与复相关

按自变量的多少可分为单相关和复相关。单相关是指两个变量之间的相关关系，即所研究的问题只涉及一个自变量和一个因变量，如职工的生活水平与工资之间的关系就是单相关。复相关是指 3 个或 3 个以上变量之间的相关关系，即所研究的问题涉及若干个自变量与一个因变量，如同时研究成本、市场供求状况、消费倾向对利润的影响时，这几个因素之间的关系就是复相关。

（3）线性相关与非线性相关

按相关关系的表现形态可分为线性相关与非线性相关。线性相关是指在两个变量之间，当自变量 x 的值发生变动时，因变量 y 的值发生大致均等的变动，在相关图的分布上，近似地表现为直线形式。比如，商品销售额与销售量即为线性相关。非线性相关是指在两个变量之间，当自变量 x 的值发生变动时，因变量 y 的值发生不均等的变动，在相关图的分布上，表现为抛物线、双曲线、指数曲线等非直线形式。比如，从人的生命全过程来看，年龄与医疗费支出呈非线性相关。

（4）完全相关、不完全相关与不相关

按相关程度可分为完全相关、不完全相关和不相关。完全相关是指两个变量之间具有完全确定的关系，即因变量 y 的值完全随自变量 x 的值的变动而变动，它在相关图上表现为所有的观察点都落在同一条直线上，这时相关关系就转化为函数关系。不相关是指两个变量之间不存在相关关系，即两个变量的变动彼此互不影响。自变量 x 的值变动时，因变量 y 的值不随之做相应变动。比如，家庭收入多少与孩子多少之间不存在相关关系。不完全相关是介于完全相关和不相关之间的一种相关关系。比如，农作物产量与播种面积之间的关系。不完全相关关系是统计研究的主要对象。

2.2.2　数据相关分析的主要内容

相关分析是指对客观现象的相互依存关系进行分析、研究，这种分析方法叫相关分析法。相关分析的目的在于研究相互关系的密切程度及其变化规律，以便做出判断，进行必要的预测和控制。下面介绍相关分析的主要内容。

（1）确定现象之间有无相关关系

这是相关与回归分析的起点，只有存在相互依存关系，才有必要进行进一步的分析。

（2）确定相关关系的密切程度和方向

确定相关关系的密切程度主要是通过绘制相关图表和计算相关系数。只有对达到一定密切程度的相关关系，才可配合具有一定意义的回归方程。

（3）确定相关关系的数学表达式

为确定现象之间变化上的一般关系，我们必须使用函数关系的数学公式作为相关关系的数学表达式。如果现象之间表现为直线相关，就可采用配合直线方程的方法；如果现象之间表现为曲线相关，就可采用配合曲线方程的方法。

（4）确定因变量估计值的误差程度

使用配合直线或曲线的方法可以找到现象之间一般的变化关系，也就是自变量 x 变化时，因变量 y 将会发生多大的变化。根据得出的直线方程或曲线方程可以给出自变量的若干数值，求得因变量的若干个估计值。估计值与实际值是有出入的，确定因变量估计值误差大小的指标是估计标准误差。估计标准误差大，表明估计不太精确；估计标准误差小，表明估计较精确。

2.2.3　相关关系的测定

相关分析的主要方法有相关表、相关图和相关系数 3 种。下面详细介绍这 3 种方法。

（1）相关表

在统计中，制作相关表或相关图可以直观地判断现象之间大致存在的相关关系的方向、形式和密切程度。

在对现象总体中两种相关变量进行相关分析，以研究其相互依存关系时，如果将实际调查取得的一系列成对变量值的资料顺序地排列在一张表格上，这张表格就是相关表。相关表是统计表的一种。根据资料是否分组，相关表可以分为简单相关表和分组相关表。

① 简单相关表

简单相关表是资料未经分组的相关表，它是一种把自变量按从小到大的顺序并配合因变量一一对应、平行排列起来的统计表。

②分组相关表

在大量观察的情况下，原始资料很多，运用简单相关表就很难表示。这时就要将原始资料进行分组，然后编制相关表，这种相关表称为分组相关表。分组相关表包括单变量分组相关表和双变量分组相关表两种。

- 单变量分组相关表。在原始资料很多时，对自变量数值进行分组，而对应的因变量不分组，只计算其平均值。根据资料的具体情况，自变量可以是单项式，也可以是组距式。
- 双变量分组相关表。对两种有关变量都进行分组，交叉排列，并列出两种变量各组间的共同次数，这种统计表称为双变量分组相关表。这种表格形似棋盘，故又称棋盘式相关表。

（2）相关图

相关图又称散点图。它是以直角坐标系的横轴代表自变量 x，纵轴代表因变量 y，将两个变量间相对应的变量值用坐标点的形式描绘出来，用来反映两个变量之间相关关系的图形。

相关图可以按未经分组的原始资料来编制，也可以按分组的资料，包括按单变量分组相关表和双变量分组相关表来编制。通过相关图将会发现，当 y 对 x 是函数关系时，所有的相关点都会分布在某一条线上；在相关关系的情况下，由于其他因素的影响，这些点并非处在一条线上，但所有相关点的分布会显示出某种趋势。所以相关图会很直观地显示现象之间相关的方向和密切程度。

（3）相关系数

相关表和相关图大体说明变量之间有无关系，但它们的相关关系的紧密程度却无法表达，因此需运用数学解析方法构建一个恰当的数学模型来显示相关关系及其密切程度。如果要对现象之间的相关关系的紧密程度做出确切的数量说明，就需要计算相关系数。

接下来介绍相关系数的计算。相关系数是在直线相关条件下，说明两个现象之间关系密切程度的统计分析指标，记为 γ。

相关系数的计算公式为：

$$\gamma = \frac{\sigma_{xy}^{2}}{\sigma_x \sigma_y} = \frac{\dfrac{1}{n}\sum(x-\bar{x})\sum(y-\bar{y})}{\sqrt{\dfrac{1}{n}\sum(x-\bar{x})^2}\sqrt{\dfrac{1}{n}\sum(y-\bar{y})^2}} \tag{2.40}$$

式中，n 表示资料项数，$\bar{x}$ 表示 x 变量的算术平均数，$\bar{y}$ 表示 y 变量的算术平均数，σ_x 表示 x 变量的标准差，σ_y 表示 y 变量的标准差，σ_{xy} 表示 xy 变量的协方差。

在实际问题中，如果根据原始资料计算相关系数，可运用相关系数的简捷法计算，其计算公式为：

$$\gamma = \frac{n\sum xy - \sum x\sum y}{\sqrt{n\sum x^2 - \left(\sum x\right)^2}\sqrt{n\sum y^2 - \left(\sum y\right)^2}} \tag{2.41}$$

（4）相关系数的分析

明晰相关系数的性质是进行相关系数分析的前提。现将相关系数的性质总结如下：

①相关系数的数值范围在-1 和+1 之间，即$-1 \leqslant \gamma \leqslant 1$。

②计算结果，当$\gamma > 0$ 时，x 与y 为正相关；当$\gamma < 0$ 时，x 与y 为负相关。

③相关系数γ 的绝对值越接近 1，表示相关关系越强；越接近于 0，表示相关关系越弱。若$|\gamma|=1$，则表示两个现象完全直线相关。若$|\gamma|=0$，则表示两个现象完全不相关（不是直线相关）。

④相关系数γ 的绝对值在 0.3 以下表示无直线相关，0.3 以上表示有直线相关，0.3～0.5表示低度直线相关，0.5～0.8 表示显著相关，0.8 以上表示高度相关。

2.3 数据聚类性分析

所谓数据聚类，是指根据数据的内在性质将数据分成一些聚合类，每一聚合类中的元素尽可能具有相同的特性，不同聚合类之间的特性差别尽可能大。

聚类分析的目的是分析数据是否属于各个独立的分组，使一组中的成员彼此相似，而与其他组中的成员不同。聚类分析对一个数据对象的集合进行分析，但与分类分析不同的是，所划分的类是未知的，因此聚类分析也称为无指导或无监督的（Unsupervised）学习。聚类分析的一般方法是将数据对象分组为多个类或簇（Cluster），在同一簇中的对象具有较高的相似度，而不同簇中的对象差异较大。由于聚类分析的上述特征，在许多应用中，对数据集进行聚类分析后，可将一个簇中的各数据对象作为一个整体对待。

数据聚类（Cluster Analysis）是对静态数据进行分析的一门技术，在许多领域受到广泛应用，包括机器学习、数据挖掘、模式识别、图像分析以及生物信息。

2.3.1 聚类分析定义

1. 聚类应用

随着信息技术高速发展，数据库应用的规模、范围和深度不断扩大，导致积累了大量的数据，而这些激增的数据后面隐藏着许多重要的信息，因此人们希望能够对其进行更高层次的分析，以便更好地利用这些数据。目前的数据库系统可以高效、方便地实现数据的录入、查询、统计等功能，但是无法发现数据中存在的各种关系和规则，更无法根据现有的数据预测未来的发展趋势。而数据聚类分析正是解决这一问题的有效途径，它是数据挖掘的重要组成部分，用于发现在数据库中未知的对象类,为数据挖掘提供有力的支持,它是近年来广为研究的问题之一。

聚类分析是一个极富有挑战性的研究领域,采用基于聚类分析方法的数据挖掘在实践中已取得了较好的效果。聚类分析也可以作为其他算法的预处理步骤,聚类可以作为一个独立的工具来获知数据的分布情况,使数据形成簇,其他算法再在生成的簇上进行处理。聚类算法既可作为特征和分类算法的预处理步骤,也可将聚类结果用于进一步的关联分析。迄今为止,人们提出了许多聚类算法,这些算法都试图解决大规模数据的聚类问题。聚类分析还成功地应用在模式识别、图像处理、计算机视觉、模糊控制等领域,并在这些领域中取得了长足的发展。

2. 数据聚类

所谓聚类,就是将一个数据单位的集合分割成几个称为簇或类别的子集,每个类中的数据都有相似性,它的划分依据就是"物以类聚"。数据聚类分析是根据事物本身的特性,研究对被聚类的对象进行类别划分的方法。聚类分析依据的原则是使同一聚簇中的对象具有尽可能高的相似性,而不同聚簇中的对象具有尽可能高的相异性。聚类分析主要解决的问题是如何在没有先验知识的前提下,实现满足这种要求的聚簇的聚合。聚类分析称为无监督学习（Unsuper-Vised Study）,主要体现在聚类学习的数据对象没有类别标记,需要由聚类学习算法自动计算。

2.3.2　聚类类型

经过持续了半个多世纪深入研究聚类算法,聚类技术已经成为常用的数据分析技术之一。其各种算法的提出、发展、演化使得聚类算法家族不断壮大。下面就针对目前数据分析和数据挖掘业界主流的认知对聚类算法进行介绍。

1. 划分方法

给定具有 n 个对象的数据集,采用划分方法对数据集进行 k 个划分,每个划分（每个组）代表一个簇。$k \leqslant n$,并且每个簇至少包含一个对象,而且每个对象一般来说只能属于一个组。对于给定的 k 值,划分方法是:一般要做一个初始划分,然后采取迭代重新定位技术,通过让对象在不同组间移动来改进划分的准确度和精度。一个好的划分原则是:同一个簇中对象之间的相似性很高（或距离很近）,而不同簇的对象之间相异度很高（或距离很远）。

（1）K-Means 算法:又叫 K 均值算法,这是目前最著名、使用最广泛的聚类算法。在给定一个数据集和需要划分的数目 k 后,该算法可以根据某个距离函数反复把数据划分到 k 个簇中,直到收敛为止。K-Means 算法用簇中对象的平均值来表示划分的每个簇,大致的步骤是:首先把随机抽取的 k 个数据点作为初始的聚类中心（种子中心）,然后计算每个数据点到每个种子中心的距离,并把每个数据点分配到距离它最近的种子中心;一旦所有的数据点都被分配完成,每个聚类的聚类中心（种子中心）按照本聚类（本簇）的现有数据点重新计算;这个过程不断重复,直到收敛,即满足某个终止条件为止,最常见的终止条件是误差平方和 SSE（指令集）局部最小。

（2）K-Medoids 算法：又叫 K 中心点算法，该算法用最接近簇中心的一个对象来表示划分的每个簇。K-Medoids 算法与 K-Means 算法的划分过程相似，两者最大的区别是 K-Medoids 算法是用簇中最靠近中心点的一个真实的数据对象来代表该簇的，而 K-Medoids 算法是用计算出来的簇中对象的平均值来代表该簇的，这个平均值是虚拟的，并没有一个真实的数据对象具有这些平均值。

2. 层次方法

在给定 n 个对象的数据集后，可用层次方法（Hierarchical Methods）对数据集进行层次分解，直到满足某种收敛条件为止。按照层次分解的形式不同，层次方法又可以分为凝聚层次聚类和分裂层次聚类。

（1）凝聚层次聚类：又叫自底向上方法，一开始将每个对象作为单独的一类，然后相继合并与其相近的对象或类，直到所有小的类别合并成一个类，即层次的最上面，或者达到一个收敛，即终止条件为止。

（2）分裂层次聚类：又叫自顶向下方法，一开始将所有对象置于一个簇中，在迭代的每一步中，类会被分裂成更小的类，直到最终每个对象在一个单独的类中，或者满足一个收敛，即终止条件为止。

3. 基于密度的方法

传统的聚类算法都是基于对象之间的距离，即距离作为相似性的描述指标进行聚类划分，但是这些基于距离的方法只能发现球状类型的数据，而对于非球状类型的数据来说，只根据距离来描述和判断是不够的。鉴于此，人们提出了基于密度的方法（Density-Based Methods），其原理是：只要邻近区域内的密度（对象的数量）超过了某个阈值，就继续聚类。换言之，给定某个簇中的每个数据点（数据对象），在一定范围内必须包含一定数量的其他对象。该算法从数据对象的分布密度出发，把密度足够大的区域连接在一起，因此可以发现任意形状的类。该算法还可以过滤噪声数据（异常值）。基于密度的方法的典型算法包括 DBSCAN（Density-Based Spatial Clustering of Application with Noise），以及其扩展算法 OPTICS（Ordering Points to Identify the Clustering Structure）。其中，DBSCAN 算法会根据一个密度阈值来控制簇的增长，将具有足够高密度的区域划分为类，并可在带有噪声的空间数据库里发现任意形状的聚类。尽管此算法优势明显，但是其最大的缺点就是，该算法需要用户确定输入参数，而且对参数十分敏感。

4. 基于网格的方法

基于网格的方法（Grid-Based Methods）将把对象空间量化为有限数目的单元，而这些单元则形成了网格结构，所有的聚类操作都是在这个网格结构中进行的。该算法的优点是处理速度快，其处理时间常常独立于数据对象的数目，只跟量化空间中每一维的单元数目有关。基于网格的方法的典型算法是 STING（Statistical Information Grid，统计信息网格）算法。该算法是一种基于网格的多分辨率聚类技术，将空间区域划分为不同分辨率级别的矩形单元，并形成一个层次结构，且高层的低分辨率单元会被划分为多个低一层次的较高分辨率单元。这种算法从最底层的网格开始逐渐向上计算网格内数据的统计信息并储存。网格建立完成后，用类似DBSCAN 的方法对网格进行聚类。

2.3.3　聚类应用

1. 数据聚类需要解决的问题

在聚类分析的研究中，有许多急待进一步解决的问题，比如：

- 处理大数据量、具有复杂数据类型的数据集合时，聚类分析结果的精确性问题。
- 对高属性维数据的处理能力。
- 数据对象分布形状不规则时的处理能力。
- 处理噪声数据的能力，能够处理数据中包含的孤立点以及未知数据、空缺或者错误的数据。
- 对数据输入顺序的独立性，也就是对于任意的数据输入顺序产生相同的聚类结果。
- 减少对先决知识或参数的依赖性等问题。

这些问题的存在使得我们研究高正确率、低复杂度、I/O 开销小、适合高维数据、具有高度的可伸缩性的聚类方法迫在眉睫，这也是今后聚类方法研究的方向。

2. 数据聚类的应用

聚类分析可以作为一个独立的工具来获得数据的分布情况，通过观察每个簇的特点，集中对特定的某些簇进行进一步的分析，以获得需要的信息。聚类分析应用广泛，除了在数据挖掘、模式识别、图像处理、计算机视觉、模糊控制等领域的应用外，它还被应用在气象分析、食品检验、生物种群划分、市场细分、业绩评估等诸多方面。例如在商务上，聚类分析可以帮助市场分析人员从客户基本库中发现不同的客户群，并且用购买模式来刻画不同的客户群的特征；聚类分析还可以应用在欺诈探测中，聚类中的孤立点就可能预示着欺诈行为的存在。聚类分析的发展过程也是聚类分析的应用过程，目前聚类分析在相关领域已经取得了丰硕的成果。

2.4　数据主成分分析

在实际问题中，我们经常会遇到研究多个变量的问题，而且在多数情况下，多个变量之间常常存在一定的相关性。由于变量个数较多，再加上变量之间的相关性，势必增加了分析问题的复杂性。如何把多个变量综合为少数几个代表性变量，既能够代表原始变量的绝大多数信息，又互不相关，并且在新的综合变量的基础上可以进一步统计分析，就需要进行主成分分析。

2.4.1 主成分分析的原理及模型

1. 主成分分析的原理

主成分分析是采取一种数学降维的方法找出几个综合变量来代替原来众多的变量,使这些综合变量能尽可能地代表原来变量的信息量,而且彼此之间互不相关。这种把多个变量化为少数几个互相无关的综合变量的统计分析方法就叫作主成分分析或主分量分析。

主成分分析所要做的就是:设法将原来众多的具有一定相关性的变量重新组合为一组新的、相互无关的综合变量。通常,数学上的处理方法是将原来的变量进行线性组合,作为新的综合变量,但若这种组合不加以限制,则会有很多,应该如何选择呢?如果将选取的第一个线性组合(第一个综合变量)记为 F_1,自然希望它尽可能多地反映原来变量的信息,这里"信息"用方差来测量,即希望 $Var(F_1)$ 越大,表示 F_1 包含的信息越多。因此,在所有的线性组合中所选取的 F_1 应该是方差最大的,故称 F_1 为第一主成分。如果第一主成分不足以代表原来 P 个变量的信息,再考虑选取 F_2(第二个线性组合),为了有效地反映原来的信息,F_1 已有的信息就不需要再出现在 F_2 中,用数学语言表达就是要求 $Cov(F_1, F_2)=0$,称 F_2 为第二主成分,以此类推,可以构造出第三、第四……第 P 个主成分。

2. 主成分分析的数学模型

对于一个样本资料,观测 p 个变量 $x_1, x_2, ..., x_p$,n 个样品的数据资料阵为:

$$X = \begin{pmatrix} x_{11} & x_{12} & \cdots & x_{1p} \\ x_{21} & x_{22} & \cdots & x_{2p} \\ \vdots & \vdots & \vdots & \vdots \\ x_{n1} & x_{n2} & \cdots & x_{np} \end{pmatrix} = \begin{pmatrix} x_1, x_2, ..., x_p \end{pmatrix} \tag{2.42}$$

其中,$x_j = \begin{pmatrix} x_{1j} \\ x_{2j} \\ \vdots \\ x_{nj} \end{pmatrix}$, $j = 1, 2, ..., p$。

主成分分析就是将 p 个观测变量综合成 p 个新的变量(综合变量),即:

$$\begin{cases} F_1 = a_{11}x_1 + a_{12}x_2 + \cdots + a_{1p}x_p \\ F_2 = a_{21}x_1 + a_{22}x_2 + \cdots + a_{2p}x_p \\ \qquad\qquad\cdots \\ F_p = a_{p1}x_1 + a_{p2}x_2 + \cdots + a_{pp}x_p \end{cases} \tag{2.43}$$

简写为:

$$F_j = \alpha_{j1}x_1 + \alpha_{j2}x_2 + \cdots + \alpha_{jp}x_p \qquad (2.44)$$

$$j = 1,2,\cdots,p$$

要求模型满足以下条件：

① F_i、F_j 互不相关（$i \neq j$，$i,j = 1,2,\cdots,p$）。

② F_1 的方差大于 F_2 的方差大于 F_3 的方差。

③ $a_{k1}^2 + a_{k2}^2 + \cdots + a_{kp}^2 = 1$，$k = 1,2,\cdots p$。

于是，称 F_1 为第一主成分，F_2 为第二主成分，以此类推，有第 p 个主成分。主成分又叫主分量。这里 a_{ij} 称为主成分系数。

上述模型可用矩阵表示为：$F = AX$。

其中：

$$F = \begin{pmatrix} F_1 \\ F_2 \\ \vdots \\ F_p \end{pmatrix} \qquad X = \begin{pmatrix} x_1 \\ x_2 \\ \vdots \\ x_p \end{pmatrix} \qquad (2.45)$$

$$A = \begin{pmatrix} a_{11} & a_{12} & \cdots & a_{1p} \\ a_{21} & a_{22} & \cdots & a_{2p} \\ \vdots & \vdots & \vdots & \vdots \\ a_{p1} & a_{p2} & \cdots & a_{pp} \end{pmatrix} = \begin{pmatrix} a_1 \\ a_2 \\ \vdots \\ a_p \end{pmatrix} \qquad (2.46)$$

A 称为主成分系数矩阵。

2.4.2　数据主成分分析的几何解释

假设有 n 个样品，每个样品有两个变量，即在二维空间中讨论主成分的几何意义。设 n 个样品在二维空间中的分布大致为一个椭圆，如图 2.2 所示。

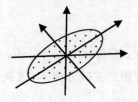

图 2.2　主成分几何解释图

将坐标系正交旋转一个角度 θ，使其在椭圆长轴方向取坐标 y_1，在椭圆短轴方向取坐标 y_2，旋转公式为：

$$\begin{cases} y_{1j} = x_{1j}\cos\theta + x_{2j}\sin\theta \\ y_{2j} = x_{1j}(-\sin\theta) + x_{2j}\cos\theta \end{cases}$$

$$j = 1, 2, \ldots, n \tag{2.47}$$

写成矩阵形式为：

$$Y = \begin{bmatrix} y_{11} & y_{12} & \cdots & y_{1n} \\ y_{21} & y_{22} & \cdots & y_{2n} \end{bmatrix}$$

$$= \begin{bmatrix} \cos\theta & \sin\theta \\ -\sin\theta & \cos\theta \end{bmatrix} \cdot \begin{bmatrix} x_{11} & x_{12} & \cdots & x_{1n} \\ x_{21} & x_{22} & \cdots & x_{2n} \end{bmatrix} = U \cdot X \tag{2.48}$$

其中, U 为坐标旋转变换矩阵, 它是正交矩阵, 即有 $U' = U^{-1}$, $UU' = I$, 即满足 $\sin^2\theta + \cos^2\theta = 1$。

经过旋转变换后, 得到图 2.3 所示的新坐标。

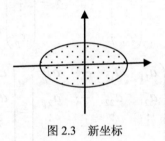

图 2.3　新坐标

新坐标 $y_1 - y_2$ 有如下性质：

（1）n 个点的坐标 y_1 和 y_2 的相关几乎为零。

（2）二维平面上的 n 个点的方差大部分都归结为 y_1 轴上, 而 y_2 轴上的方差较小。

y_1 和 y_1 称为原始变量 x_1 和 x_2 的综合变量。由于 n 个点在 y_1 轴上的方差最大, 因此将二维空间的点用在 y_1 轴上的一维综合变量来代替所损失的信息量最小, 由此称 y_1 轴为第一主成分, y_2 轴与 y_1 轴正交, 有较小的方差, 称它为第二主成分。

2.4.3　数据主成分的导出

根据主成分分析的数学模型的定义, 要进行主成分分析, 就需要根据原始数据以及模型的 3 个条件的要求, 求出主成分系数, 以便得到主成分模型。这就是导出主成分所要解决的问题。

（1）根据 2.4.1 节中主成分数学模型的条件①要求主成分之间互不相关, 主成分之间的协差阵应该是一个对角阵。即, 对于主成分：

$$F = AX \tag{2.49}$$

其协差阵应为：

$$Var(F) = Var(AX) = (AX) \cdot (AX)' = AXX'A'$$

$$= \Lambda = \begin{pmatrix} \lambda_1 & & & \\ & \lambda_2 & & \\ & & \ddots & \\ & & & \lambda_p \end{pmatrix} \tag{2.50}$$

（2）设原始数据的协方差阵为 V，若原始数据进行了标准化处理，则协方差阵等于相关矩阵，即有：

$$V = R = XX' \tag{2.51}$$

（3）再由 2.4.1 节中主成分数学模型条件③和正交矩阵的性质，若能够满足条件③，则最好要求 A 为正交矩阵，即满足：

$$AA' = I \tag{2.52}$$

于是，将原始数据的协方差代入主成分的协差阵公式得：

$$Var(F) = AXX'A' = ARA' = \Lambda$$

$$ARA' = \Lambda \qquad RA' = A'\Lambda \tag{2.53}$$

展开上式得：

$$\begin{pmatrix} r_{11} & r_{12} & \cdots & r_{1p} \\ r_{21} & r_{22} & \cdots & r_{2p} \\ \vdots & \vdots & \vdots & \vdots \\ r_{p1} & r_{p2} & \cdots & r_{pp} \end{pmatrix} \cdot \begin{pmatrix} a_{11} & a_{21} & \cdots & a_{p1} \\ a_{12} & a_{22} & \cdots & a_{p2} \\ \vdots & \vdots & \vdots & \vdots \\ a_{1p} & a_{2p} & \cdots & a_{pp} \end{pmatrix} =$$

$$\begin{pmatrix} a_{11} & a_{21} & \cdots & a_{p1} \\ a_{12} & a_{22} & \cdots & a_{p2} \\ \vdots & \vdots & \vdots & \vdots \\ a_{1p} & a_{2p} & \cdots & a_{pp} \end{pmatrix} \cdot \begin{pmatrix} \lambda_1 & & & \\ & \lambda_2 & & \\ & & \ddots & \\ & & & \lambda_p \end{pmatrix} \tag{2.54}$$

展开等式两边，根据矩阵相等的性质，这里只根据第一列得出的方程为：

$$\begin{cases} (r_{11} - \lambda_1)a_{11} + r_{12}a_{12} + \cdots + r_{1p}a_{1p} = 0 \\ r_{21}a_{11} + (r_{22} - \lambda_1)a_{12} + \cdots + r_{2p}a_{1p} = 0 \\ \cdots \\ r_{p1}a_{11} + r_{p2}a_{12} + \cdots + (r_{pp} - \lambda_1)a_{1p} = 0 \end{cases} \tag{2.55}$$

为了得到该齐次方程的解，要求其系数矩阵行列式为 0，即：

$$\begin{vmatrix} r_{11} - \lambda_1 & r_{12} & \cdots & r_{1p} \\ r_{21} & r_{22} - \lambda_1 & \cdots & r_{2p} \\ \vdots & \vdots & \vdots & \vdots \\ r_{1p} & r_{p2} & \cdots & r_{pp} - \lambda_1 \end{vmatrix} = 0 \qquad (2.56)$$

$$|R - \lambda_1 I| = 0$$

显然，λ_1 是相关系数矩阵的特征值，$a_1 = (a_{11}, a_{12}, \ldots, a_{1p})$ 是相应的特征向量。根据第二列、第三列等可以得到类似的方程，于是 λ_i 是特征方程 $|R - \lambda I| = 0$ 的特征根，a_j 是其特征向量的分量。

2.4.4 证明主成分的方差是依次递减的

设相关系数矩阵 R 的 p 个特征根为 $\lambda_1 \geqslant \lambda_2 \geqslant \ldots \geqslant \lambda_p$，相应的特征向量为 a_j。

$$A = \begin{pmatrix} a_{11} & a_{12} & \cdots & a_{1p} \\ a_{21} & a_{22} & \cdots & a_{2p} \\ \vdots & \vdots & \vdots & \vdots \\ a_{p1} & a_{p2} & \cdots & a_{pp} \end{pmatrix} = \begin{pmatrix} a_1 \\ a_2 \\ \vdots \\ a_p \end{pmatrix} \qquad (2.57)$$

相对于 F_1 的方差为：

$$Var(F_1) = a_1 XX' a_1' = a_1 R a_1' = \lambda_1 \qquad (2.58)$$

同样有：$Var(F_i) = \lambda_i$，即主成分的方差依次递减。并且协方差为：

$$Cov(a_i' X', a_j X) = a_i' R a_j$$

$$= a_i' (\sum_{\alpha=1}^{p} \lambda_\alpha a_\alpha a_\alpha') a_j$$

$$= \sum_{\alpha=1}^{p} \lambda_\alpha (a_i' a_\alpha)(a_\alpha' a_j) = 0, \quad i \neq j \qquad (2.59)$$

综上所述，根据证明得知，主成分分析中的主成分协方差应该是对角矩阵，其对角线上的元素恰好是原始数据相关矩阵的特征值，而主成分系数矩阵 A 的元素则是原始数据相关矩阵特征值相应的特征向量。矩阵 A 是一个正交矩阵。

于是，变量 $(x_1, x_2, \ldots, x_p)$ 经过变换后得到新的综合变量：

$$\begin{cases} F_1 = a_{11}x_1 + a_{12}x_2 + \cdots + a_{1p}x_p \\ F_2 = a_{21}x_1 + a_{22}x_2 + \cdots + a_{2p}x_p \\ \qquad\qquad \cdots \\ F_p = a_{p1}x_1 + a_{p2}x_2 + \cdots + a_{pp}x_p \end{cases} \tag{2.60}$$

新的随机变量彼此不相关，且方差依次递减。

2.4.5　数据主成分分析的计算

样本观测数据矩阵为：

$$X = \begin{pmatrix} x_{11} & x_{12} & \cdots & x_{1p} \\ x_{21} & x_{22} & \cdots & x_{2p} \\ \vdots & \vdots & \vdots & \vdots \\ x_{n1} & x_{n2} & \cdots & x_{np} \end{pmatrix} \tag{2.61}$$

（1）对原始数据进行标准化处理：

$$x_{ij}^{*} = \frac{x_{ij} - \bar{x}_j}{\sqrt{\mathrm{var}(x_j)}} \qquad (i = 1, 2, \ldots, n, j = 1, 2, \ldots, p) \tag{2.62}$$

其中：

$$\bar{x}_j = \frac{1}{n}\sum_{i=1}^{n} x_{ij}, \mathrm{var}(x_j) = \frac{1}{n-1}\sum_{i=1}^{n}(x_{ij} - \bar{x}_j)^2 \tag{2.63}$$

$$(j = 1, 2, \ldots, p)$$

（2）计算样本相关系数矩阵：

$$R = \begin{bmatrix} r_{11} & r_{12} & \cdots & r_{1p} \\ r_{21} & r_{22} & \cdots & r_{2p} \\ \vdots & \vdots & \cdots & \vdots \\ r_{p1} & r_{p2} & \cdots & r_{pp} \end{bmatrix} \tag{2.64}$$

为了方便，假定原始数据标准化后仍用 X 表示，则经标准化处理后的数据的相关系数为：

$$r_{ij} = \frac{1}{n-1}\sum_{t=1}^{n} x_{ti}x_{tj} \tag{2.65}$$

$$(i, j = 1, 2, \ldots, p)$$

（3）用雅克比方法求相关系数矩阵 R 的特征值（$\lambda_1, \lambda_2, \ldots, \lambda_p$）和相应的特征向量

$a_i=(a_{i1},a_{i2},\ldots,a_{ip})$, $i=1,2,\ldots,p$。

（4）选择重要的主成分，并写出主成分表达式。

主成分分析可以得到 p 个主成分，但是，由于各个主成分的方差是递减的，包含的信息量也是递减的，因此在实际分析时，一般不选取 p 个主成分，而是根据各个主成分累计贡献率的大小选取前 k 个主成分。这里贡献率是指某个主成分的方差占全部方差的比重，实际上就是某个特征值占全部特征值合计的比重，即：

$$贡献率=\frac{\lambda_i}{\sum_{i=1}^{p}\lambda_i} \tag{2.66}$$

贡献率越大，说明该主成分所包含的原始变量的信息越强。主成分个数 k 的选取主要根据主成分的累积贡献率来决定，即一般要求累计贡献率达到 85%以上，这样才能保证综合变量包括原始变量的绝大多数信息。

另外，在实际应用中，选择了重要的主成分后，还要注意主成分的实际含义解释。主成分分析中一个很关键的问题是如何给主成分赋予新的意义，给出合理的解释。一般而言，这个解释是根据主成分表达式的系数结合定性分析来进行的。主成分是原来变量的线性组合，在这个线性组合中，变量的系数有大有小，有正有负，有的大小相当，因而不能简单地认为这个主成分是某个原变量的属性的作用结果，线性组合中各变量系数的绝对值大者表明该主成分主要综合了绝对值大的变量，有几个变量系数大小相当时，应认为这一主成分是这几个变量的总和，这几个变量综合在一起应赋予怎样的实际意义，要结合实际问题和专业给出恰当的解释，进而达到深刻分析的目的。

（5）计算主成分得分。

根据标准化的原始数据，按照各个样品分别代入主成分表达式，就可以得到各主成分下的各个样品的新数据，即为主成分得分。具体形式如下：

$$\begin{pmatrix} F_{11} & F_{12} & \cdots & F_{1k} \\ F_{21} & F_{22} & \cdots & F_{2k} \\ \vdots & \vdots & \vdots & \vdots \\ F_{n1} & F_{n2} & \cdots & F_{nk} \end{pmatrix} \tag{2.67}$$

（6）进一步的统计分析依据主成分得分的数据，可以进行进一步的统计分析。其中，常见的应用有主成分回归、变量子集合的选择、综合评价等。

2.5 数据动态性分析

动态数据是指观察或记录下来的、一组按时间先后顺序排列起来的数据序列。

1. 数据特征

（1）构成

- 时间。
- 反映现象在一定时间条件下的数量特征的指标值。

（2）表示

- $x(t)$：时间 t 为自变量。
- 整数：离散的、等间距的。
- 非整数：连续的，实际分析时必须进行采样处理。
- 时间单位：秒、分、小时、日、周、月、年。

2. 动态数据分类——按照指标值的表现形式

（1）绝对数序列

- 时期序列：可加性。
- 时点序列：不可加性。

（2）相对数/平均数序列

3. 时间数据分类——按照时间的表现形式

- 连续。
- 离散。
- 时间序列中，时间必须是等间隔的。

4. 动态数据的特点

- 数据取值随时间变化。
- 在每一时刻取什么值，不可能完全准确地用历史值预报。
- 前后时刻（不一定是相邻时刻）的数值或数据点有一定的相关性。
- 整体存在某种趋势或周期性。

5. 动态数据的构成与分解

$$时间序列=趋势+周期+平稳随机成分+白噪声$$

6. 动态数据分析模型分类

（1）研究单变量或少数几个变量的变化

- 随机过程：周期分析和时间序列分析。
- 灰色系统：关联分析，GM 模型。

（2）研究多变量的变化

- 系统动力学建模。

7. 时间序列模型

- 研究一个或多个被解释变量随时间变化规律的模型。
- 模型主要用于预测分析。
- 目的——精确预测未来的变化。
- 数据要求——序列平稳。
- 研究角度：
  - ➤ 时间域。
  - ➤ 频率域。
- 模型内容：
  - ➤ 周期分析。
  - ➤ 时间序列预测。

时间序列模型的表示：

$$x_t = f(x_{t-1}, x_{t-2}, \cdots) + \varepsilon_t \tag{2.68}$$

ε_t 表示白噪声。

8. 动态系统模型

- 研究具有时变特点的多个因素之间的相互作用，以及这些作用与系统整体发展之间的关系的模型。
- 模型主要用于模拟和情景分析。
- 研究重点：各种因素是如何相互作用影响系统总体发展的。

9. 模型表示

- 因果反馈逻辑图。
- 未来系统要素变化趋势图。

10. 建模步骤

（1）分析数据的动态特征。
（2）进行数据序列分解。
（3）数据预处理。
（4）模型构建模型确认。

11. 建模方法

（1）时间序列模型

- 统计学方法：随机过程理论。
- 灰色系统方法。

（2）动态系统模型

- 动态系统仿真方法。

12. 时间序列模型

（1）平稳随机过程

如果一个随机过程的均值和方差在时间过程上是常数，并且在任何两个时期之间的协方差值仅依赖于这两个时期间的距离和滞后，而不依赖于计算这个协方差的实际时间，那么这个随机过程称为平稳的随机过程。

- 严平稳：一种条件比较苛刻的平稳性定义。认为只有当序列所有的统计性质都不会随着时间的推移而发生变化时，该序列才能被认为是平稳的。
- 宽平稳：使用序列的特征统计量来定义的一种平稳性。认为序列的统计性质主要由它的低阶矩决定，所以只要保证序列低阶矩平稳（二阶），就能保证序列的主要性质近似稳定。

（2）平稳序列的统计性质

- 常数均值。
- 自协方差函数和自相关函数只依赖于时间的平移长度而与时间的起止点无关。

（3）自相关函数

$$\hat{\rho}_k = \frac{\sum_{t=1}^{n-k}(x_t - \overline{x})(x_{t+k} - \overline{x})}{\sum_{t=1}^{n}(x_t - \overline{x})^2} \tag{2.69}$$

其他的动态数据模型有线性模型法、非线性趋势等。

13. 时间序列建模

任何时间序列都可以看作是一个平稳的过程。所看到的数据集可以看作是该平稳过程的一个实现。主要方法有自回归 AR(p)、移动平均 MA(q) 与自回归移动平均 ARMA(p,q) 等。

（1）自回归（AR）模型

时间序列可以表示成它的先前值和一个冲击值的函数：

$$x_t = \emptyset_1 x_{t-1} + \emptyset_{12} x_{t-2} + \cdots + \emptyset_p x_{t-p} + \varepsilon_t \tag{2.70}$$

（2）滑动平均（MA）模型

序列值是现在和过去的误差或冲击值的线性组合：

$$x_t = \varepsilon_t - \theta_1 \varepsilon_{t-1} - \theta_2 \varepsilon_{t-2} - \cdots - \theta_q \varepsilon_{t-q} \tag{2.71}$$

（3）自回归滑动平均（ARMA）模型

序列值是现在和过去的误差或冲击值以及先前的序列值的线性组合：

$$x_t = \varphi_1 x_{t-1} + \varphi_2 x_{t-2} + \cdots + \varphi_p x_{t-p} + \varepsilon_t - \theta_1 \varepsilon_{t-1} - \theta_2 \varepsilon_{t-2} - \cdots - \theta_q \varepsilon_{t-q} \tag{2.72}$$

2.6 数据可视化

数据可视化是关于数据视觉表现形式的科学技术研究。其中，这种数据的视觉表现形式被定义为一种以某种概要形式抽提出来的信息，包括相应信息单位的各种属性和变量。这是一个处于不断演变之中的概念，其边界在不断地扩大。主要指的是技术上较为高级的技术方法，而这些技术方法允许利用图形、图像处理、计算机视觉以及用户界面，通过表达、建模以及对立体、表面、属性以及动画的显示，对数据加以可视化解释。与立体建模之类的特殊技术方法相比，数据可视化所涵盖的技术方法要广泛得多。为了有效地传达思想概念，美学形式与功能需要齐头并进，通过直观地传达关键的方面与特征，从而实现对于相当稀疏而又复杂的数据集的深入洞察。

数据可视化与信息图形、信息可视化、科学可视化以及统计图形密切相关。当前，在研究、教学和开发领域，数据可视化是一个极为活跃而又关键的方面。"数据可视化"这条术语实现了成熟的科学可视化领域与较年轻的信息可视化领域的统一。

数据可视化技术包含以下几个基本概念。

（1）数据空间：是由 n 维属性和 m 个元素组成的数据集所构成的多维信息空间。

（2）数据开发：是指利用一定的算法和工具对数据进行定量的推演和计算。

（3）数据分析：是指对多维数据进行切片、块、旋转等动作剖析数据，从而能够多角度多侧面观察数据。

（4）数据可视化：是指将大型数据集中的数据以图形图像形式表示，并利用数据分析和开发工具发现其中未知信息的处理过程。

数据可视化已经提出了许多方法，这些方法根据其可视化的原理不同，可以划分为基于几何的技术、面向像素技术、基于图标的技术、基于层次的技术、基于图像的技术和分布式技术等。数据可视化的适用范围存在着不同的划分方法。一个常见的关注焦点就是信息的呈现。数据可视化的两个主要组成部分是：统计图形和主题图。

1. 数据的特性

要理解数据可视化，先要理解数据，再去掌握可视化的方法，这样才能实现高效的数据可视化。下面是常见的数据类型，在设计时，你可能会遇到以下几种数据类型：

（1）量性：数据是可以计量的，所有的值都是数字。
（2）离散性：数字类数据可能在有限的范围内取值。
（3）持续性：数据可以测量，且在有限范围内。
（4）范围性：数据可以根据编组和类别而分类。

可视化的意义是帮助人更好地分析数据，也就是说，这是一种高效的手段，并不是数据分析的必要条件。如果我们采用了可视化方案，就意味着机器并不能精确地分析。当然，要明确可视化不能直接带来结果，它需要人来介入分析结论。

2. 数据可视化方法及工具

下面介绍代表性的图形化数据的可视化方法。

- 柱形图。
- 散点图。
- 地图。
- 面积图。
- 漏斗图。
- 仪表盘。
- 饼图。
- 折线图。
- 矩形树图。

编程语言类数据可视化工具如下：

- R

R经常被称为"统计人员为统计人员开发的一种语言"。如果需要深奥的统计模型用于计算，那么可以在CRAN上找到它，CRAN叫综合R档案网络（Comprehensive R Archive Network）并非无缘无故。说到用于分析和标绘，没有什么比得过 ggplot2。而如果想利用比机器提供的功能还强大的功能，那么可以使用 SparkR 绑定，在 R 上运行 Spark。

- Scala

Scala是最轻松的语言，因为大家都欣赏其类型系统。Scala在JVM上运行，基本上成功地结合了函数范式和面向对象范式，目前它在金融界和需要处理海量数据的企业中取得了巨大进展，常常采用一种大规模分布式方式来处理（比如Twitter和LinkedIn）。它还是驱动Spark和Kafka的一种语言。

- Python

Python 在学术界一直很流行，尤其是在自然语言处理（NLP）等领域。因而，如果你有一个需要 NLP 处理的项目，就会面临数量多得让人眼花缭乱的选择，包括经典的 NTLK、使用 GenSim 的主题建模或者超快、准确的 spaCy。同样，说到神经网络，Python 同样游刃有余，有Theano和TensorFlow；还有面向机器学习的Scikit-Learn，以及面向数据分析的NumPy和Pandas。

- Java

Java 很适合大数据项目。Hadoop MapReduce 是用 Java 编写的。HDFS 也是用 Java 编写的。连 Storm、Kafka 和 Spark 都可以在 JVM 上运行（使用 Clojure 和 Scala），这意味着 Java 是这些项目中的"一等公民"。另外，还有像 Google Cloud Dataflow（现在是 Apache Beam）这些新技术，直到最近它们还只支持 Java。

在大数据时代，可视化图表工具不可能"单独作战"，而我们都知道大数据的价值在于数据挖掘，一般数据可视化都是和数据分析功能组合，数据分析又需要数据接入整合、数据处理、ETL 等数据功能，发展成为一站式的大数据分析平台。

2.7　本章小结

数据和特征决定了机器学习的上限，而模型和算法只是逼近这个上限而已。机器学习数据分析的目的其实就是直观地展现数据，例如让花费数小时甚至更久才能归纳的数据量转化成一眼就能读懂的指标；通过加减乘除、各类公式权衡计算得到两组数据的差异，在图中通过元素的颜色敏感、长短大小形成对比。

本章从机器学习的数据分布性、数据相关性、数据聚类性、数据成分、数据动态性及数据可视化等方面介绍了机器学习的数据特征。

第 3 章
大数据分析工具：NumPy

Python 是数据处理常用的工具，可以处理数量级从几千字节至几太字节不等的数据，具有较高的开发效率和可维护性，还具有较强的通用性和跨平台性。Python 可用于数据分析，但其单纯依赖 Python 本身自带的库进行数据分析还是具有一定的局限性的，需要安装第三方扩展库来增强分析和挖掘能力。

Python 数据分析需要安装的第三方扩展库有：NumPy、Pandas、SciPy、Matplotlib、Scikit-Learn、Keras、Gensim 等。

3.1 NumPy 简介

NumPy 是 Python 的一个科学计算的库，提供了矩阵运算的功能，其一般与 SciPy、Matplotlib 一起使用。其实，List 已经提供了类似于矩阵的表示形式，不过 NumPy 为我们提供了更多的函数。如果接触过 Matlab、Scilab，那么 NumPy 很好入手。

NumPy 是一个 Python 包。它代表 Numeric Python。它是一个由多维数组对象和用于处理数组的例程集合组成的库。

Numeric 是 NumPy 的前身，是由 Jim Hugunin 开发的。他还开发了另一个包 Numarray，拥有一些额外的功能。2005 年，Travis Oliphant 通过将 Numarray 的功能集成到 Numeric 包中来创建 NumPy 包。这个开源项目有很多贡献者。

使用 NumPy，开发人员可以执行以下操作：

- 数组的算术和逻辑运算。
- 傅里叶变换和用于图形操作的例程。
- 与线性代数有关的操作，NumPy 拥有线性代数和随机数生成的内置函数。

NumPy 通常与 SciPy（Scientific Python）和 Matplotlib（绘图库）一起使用。这种组合广泛用于替代 Matlab，是一个流行的技术计算平台。Python 作为 Matlab 的替代方案，现在被视为一种更加现代和完整的编程语言。

3.2 NumPy 环境安装配置

标准的 Python 发行版不会与 NumPy 模块捆绑在一起。一个轻量级的替代方法是使用流行的 Python 包安装程序 pip 来安装 NumPy（http://www.lfd.uci.edu/~gohlke/pythonlibs/）。

```
pip install numpy
```

启用 NumPy 的方法是使用操作系统的可安装的二进制包。这些二进制包包含完整的 SciPy 技术栈（包括 NumPy、SciPy、Matplotlib、IPython、SymPy 以及 Python 核心自带的其他包）。

1. Windows

Anaconda（www.continuum.io）是一个带有 SciPy 技术栈的免费 Python 发行版。它可用于 Linux 和 Mac 系统。

Canopy（www.enthought.com/products/canopy/）是可用的免费和商业发行版，带有完整的 SciPy 技术栈，可用于 Windows, Linux 和 Mac 系统。

Python (x,y)（www.python-xy.github.io/）是一个免费的 Python 发行版，带有 SciPy 技术栈和 Spyder IDE，可用于 Windows。

2. Linux

Linux 发行版的相应软件包管理器可用于安装一个或多个 SciPy 技术栈中的软件包。

3. Ubuntu

```
sudo apt-get install python-numpy
python-scipy python-matplotlibipythonipythonnotebook python-pandas
python-sympy python-nose
```

4. Fedora

```
sudo yum install numpyscipy python-matplotlibipython
python-pandas sympy python-nose atlas-devel
```

5. 从源码构建

核心 Python（2.6.x、2.7.x 和 3.2.x 起）必须安装distutils, zlib模块应该启用。GNU（4.2 及以上）C编译器（GCC）必须可用。要安装 NumPy，请运行以下命令。

```
Python setup.py install
```

要测试 NumPy 模块是否正确安装，可尝试从 Python 提示符导入它。如果未安装，那么将显示以下错误消息：

```
Traceback (most recent call last):
  File "<pyshell#0>", line 1, in <module>
    import numpy
ImportError: No module named 'numpy'
```

3.3　ndarray 对象

NumPy 中定义的最重要的对象是称为 ndarray 的 N 维数组类型。它描述相同类型的元素集合，可以使用基于零的索引访问集合中的项目。

ndarray 中的每个元素在内存中使用相同大小的块。ndarray 中的每个元素是数据类型对象的对象（称为 dtype）。

从 ndarray 对象提取的任何元素（通过切片）由一个数组标量类型的 Python 对象表示。图 3.1 显示了 ndarray 数据类型对象（dtype）和数组标量类型之间的关系。

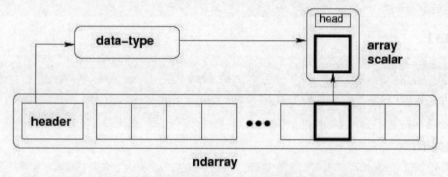

图 3.1　ndarray 数据类型对象（dtype）和数组标量类型之间的关系

ndarray类的实例可以通过不同的数组创建例程来构造。基本的ndarray是使用NumPy中的数组函数创建的，如下所示：

```
numpy.array
```

它从任何暴露数组接口的对象或从返回数组的任何方法创建一个ndarray。

```
numpy.array(object, dtype = None, copy = True, order = None, subok = False, ndmin = 0)
```

上面的构造器接收以下参数：

- object: 任何暴露数组接口方法的对象都会返回一个数组或任何（嵌套）序列。
- dtype: 数组所需的数据类型，可选。
- copy: 可选，默认为 true，对象是否被复制。
- order: C（按行）、F（按列）或 A（任意，默认）。
- subok: 默认情况下，返回的数组强制为基类数组。如果为 true，就返回子类。
- ndmin: 指定返回数组的最小维数。

【例3.1】

```
import numpy as np
a = np.array([1,2,3])
print a
```

输出如下：

```
[1, 2, 3]
```

【例3.2】

```
# 多于一个维度
import numpy as np
a = np.array([[1, 2], [3, 4]])
print a
```

输出如下：

```
[[1, 2]
 [3, 4]]
```

【例3.3】

```
# 最小维度
import numpy as np
a = np.array([1, 2, 3,4,5], ndmin = 2)
print a
```

输出如下：

```
[[1, 2, 3, 4, 5]]
```

【例3.4】

```
# dtype 参数
import numpy as np
a = np.array([1, 2, 3], dtype = complex)
print a
```

输出如下：

```
[ 1.+0.j, 2.+0.j, 3.+0.j]
```

ndarray 对象由计算机内存中的一维连续区域组成，带有将每个元素映射到内存块中某个位置的索引方案。内存块以按行（C 风格）或按列（Fortran 或 MATLAB 风格）的方式保存元素。

3.4　数据类型

1. NumPy 数据类型

NumPy 支持比 Python 更多种类的数据类型。表 3.1 定义了不同标量的数据类型。

表 3.1　不同标量的数据类型

数据类型	描述
bool	存储为一字节的布尔值（真或假）
int	默认为整数，相当于 C 的 long，通常为 int32 或 int64
intc	相当于 C 的 int，通常为 int32 或 int64
intp	用于索引的整数，相当于 C 的 size_t，通常为 int32 或 int64
int8	字节（-128 ~ 127）
int16	16 位整数（-32768 ~ 32767）
int32	32 位整数（-2147483648 ~ 2147483647）
int64	64 位整数（-9223372036854775808 ~ 9223372036854775807）
uint8	8 位无符号整数（0 ~ 255）
uint16	16 位无符号整数（0 ~ 65535）
uint32	32 位无符号整数（0 ~ 4294967295）
uint64	64 位无符号整数（0 ~ 18446744073709551615）
float_	float64 的简写
float16	半精度浮点数，包括 1 个符号位，5 个指数位，10 个尾数位
float32	单精度浮点数，包括 1 个符号位，8 个指数位，23 个尾数位
float64	双精度浮点数，包括 1 个符号位，11 个指数位，52 个尾数位
complex_	complex128 的简写
complex64	复数，由两个 32 位浮点数表示（实部和虚部）
complex128	复数，由两个 64 位浮点数表示（实部和虚部）

NumPy 数值类型是 dtype（数据类型）对象的实例，每个对象具有唯一的特征。这些类型可以是 np.bool_、np.float32 等。

2. 数据类型对象（dtype）

数据类型对象描述了对应于数组的固定内存块的解释，取决于以下5个方面：

- 数据类型（整数、浮点数或者 Python 对象）。
- 数据大小。
- 字节序（小端或大端）。
- 在结构化类型的情况下，字段的名称、每个字段的数据类型和每个字段占用的内存块部分。
- 数据类型是子序列的形状和数据类型。

字节顺序取决于数据类型的前缀"<"或">"。<意味着编码是小端（最小有效字节存储在最小地址中），>意味着编码是大端（最大有效字节存储在最小地址中）。

dtype可由以下语法构造：

```
numpy.dtype(object, align, copy)
```

参数说明如下：

- object：被转换为数据类型的对象。
- align：如果为 true，就向字段添加间隔，使其类似 C 的结构体。
- copy：生成 dtype 对象的新副本，如果为 false，结果就是内建数据类型对象的引用。

【例3.5】

```
# 使用数组标量类型
import numpy as np
dt = np.dtype(np.int32)
print dt
```

输出如下：

```
int32
```

【例3.6】

```
# 首先创建结构化数据类型
import numpy as np
dt = np.dtype([('age',np.int8)])
print dt
```

输出如下：

```
[('age', 'i1')]
```

【例3.7】

```
# 现在将其应用于 ndarray 对象
import numpy as np

dt = np.dtype([('age',np.int8)])
a = np.array([(10,),(20,),(30,)], dtype = dt)
print a
```

输出如下：

```
[(10,) (20,) (30,)]
```

每个内建类型都有一个唯一定义它的字符代码：

- 'b'：布尔值。
- 'i'：符号整数。
- 'u'：无符号整数。
- 'f'：浮点数。
- 'c'：复数浮点数。
- 'm'：时间间隔。
- 'M'：日期时间。
- 'O'：Python 对象。
- 'S', 'a'：字节串。
- 'U'：Unicode。
- 'V'：原始数据（void）。

3.5　数组属性

这一节讨论 NumPy 的多种数组属性。

（1）shape

语法：ndarray.shape

这一数组属性返回一个包含数组维度的元组，它也可以用于调整数组大小。

【例3.8】

```
import numpy as np
a = np.array([[1,2,3],[4,5,6]])
print a.shape
```

输出如下：

```
(2, 3)
```

【例3.9】

```
# 这会调整数组大小
import numpy as np
a = np.array([[1,2,3],[4,5,6]]) a.shape = (3,2)
print a
```

输出如下：

```
[[1, 2]
 [3, 4]
 [5, 6]]
```

【例3.10】

NumPy还提供了reshape函数来调整数组大小。

```
import numpy as np
a = np.array([[1,2,3],[4,5,6]])
b = a.reshape(3,2)
print b
```

输出如下：

```
[[1, 2]
 [3, 4]
 [5, 6]]
```

（2）ndim

语法：ndarray. ndim

这一数组属性返回数组的维数。

【例3.11】

```
# 等间隔数字的数组
import numpy as np
a = np.arange(24)
print a.ndim
```

输出如下：

```
[0 1 2 3 4 5 6 7 8 9 10 11 12 13 14 15 16 17 18 19 20 21 22 23]
```

【例3.12】

```
# 一维数组
import numpy as np
a = np.arange(24) a.ndim
# 现在调整其大小
b = a.reshape(2,4,3)
print b
# b 现在拥有3个维度
```

输出如下：

```
[[[ 0,  1,  2]
  [ 3,  4,  5]
  [ 6,  7,  8]
  [ 9, 10, 11]]
 [[12, 13, 14]
```

```
[15, 16, 17]
[18, 19, 20]
[21, 22, 23]]]
```

（3）itemsize

语法：numpy. itemsize

这一数组属性返回数组中每个元素的字节单位长度。

【例3.13】

```
# 数组的 dtype 为 int8(一字节)
import numpy as np
x = np.array([1,2,3,4,5], dtype = np.int8)
print x.itemsize
```

输出如下：

```
1
```

（4）flags

语法：numpy. flags

ndarray 对象拥有以下属性。这个函数返回了它们的当前值。

【例3.14】

展示当前的标志。

```
import numpy as np
x = np.array([1,2,3,4,5])
print x.flags
```

输出如下：

```
C_CONTIGUOUS : True
F_CONTIGUOUS : True
OWNDATA : True
WRITEABLE : True
ALIGNED : True
UPDATEIFCOPY : False
```

表 3.2 列出了 ndarray 对象的属性及描述。

表 3.2　ndarray 对象属性

属性	描述
C_CONTIGUOUS (C)	数组位于单一的、C 风格的连续区段内
F_CONTIGUOUS (F)	数组位于单一的、Fortran 风格的连续区段内
OWNDATA (O)	数组的内存从其他对象处借用
WRITEABLE (W)	数据区域可写入。将它设置为 false 会锁定数据，使其只读
ALIGNED (A)	数据和所有元素都适当地对齐到硬件上
UPDATEIFCOPY (U)	这个数组是另一个数组的副本。当这个数组释放时，源数组会由这个数组中的元素更新

3.6　数组创建例程

1. NumPy 数组创建例程

新的 ndarray 对象可以通过下列数组创建例程或使用低级 ndarray 构造函数构造。

（1）语法：numpy.empty

创建指定形状和 dtype 的未初始化数组。该函数的用法如下：

numpy.empty(shape, dtype = float, order = 'C')

构造器接收下列参数：

● shape: 空数组的形状，整数或整数元组。

● dtype: 所需的输出数组类型，可选。

● order : 'C'为按行的 C 风格数组, 'F'为按列的 Fortran 风格数组。

【例3.15】

下面是一个展示空数组的例子：

```
import numpy as np
x = np.empty([3,2], dtype = int)
print x
```

输出如下：

```
[[22649312   1701344351]
 [1818321759  1885959276]
 [16779776    156368896]]
```

注意：数组元素为随机值，因为它们未初始化。

（2）语法：numpy.zeros

返回特定大小，以 0 填充的新数组。该函数的用法如下：

numpy.zeros(shape, dtype = float, order = 'C')
构造器接收下列参数：

- shape: 空数组的形状，整数或整数元组。
- dtype: 所需的输出数组类型，可选。
- order : 'C'为按行的 C 风格数组，'F'为按列的 Fortran 风格数组。

【例3.16】

```
# 含有 5 个 0 的数组，默认类型为 float
import numpy as np
x = np.zeros(5)
print x
```

输出如下：

```
[ 0.  0.  0.  0.  0.]
```

（3）语法：numpy.ones

返回特定大小，以 1 填充的新数组。该函数的用法如下：
numpy.ones(shape, dtype = None, order = 'C')
构造器接收下列参数：

- shape: 空数组的形状，整数或整数元组。
- dtype: 所需的输出数组类型，可选。
- order: 'C'为按行的 C 风格数组，'F'为按列的 Fortran 风格数组。

【例3.17】

```
# 含有 5 个 1 的数组，默认类型为 float
import numpy as np
x = np.ones(5)  print x
```

输出如下：

```
[ 1.  1.  1.  1.  1.]
```

2. NumPy 现有数据数组

（1）语法：numpy.asarray

该函数类似于 numpy. array，除了它有较少的参数外。这个例程对于将 Python 序列转换为 ndarray 非常有用。该函数的用法如下：
numpy.asarray(a, dtype = None, order = None)
构造器接收下列参数：

- a: 任意形式的输入参数，比如列表、列表的元组、元组、元组的元组、元组的列表。
- dtype: 通常输入数据的类型会应用到返回的 ndarray。

- order: 'C'为按行的 C 风格数组，'F'为按列的 Fortran 风格数组。

【例3.18】

```
# 将列表转换为 ndarray
import numpy as np


x = [1,2,3]
a = np.asarray(x)
print a
```

输出如下：

```
[1  2  3]
```

【例3.19】

```
# 设置了 dtype
import numpy as np


x = [1,2,3]
a = np.asarray(x, dtype = float)
print a
```

输出如下：

```
[ 1.  2.  3.]
```

（2）语法：numpy.frombuffer

此函数将缓冲区解释为一维数组。暴露缓冲区接口的任何对象都用作参数来返回 ndarray。该函数的用法如下：

numpy.frombuffer(buffer, dtype = float, count = -1, offset = 0)

构造器接收下列参数：

- buffer: 任何暴露缓冲区接口的对象。
- dtype: 返回数组的数据类型，默认为 float。
- count: 需要读取的数据数量，默认为-1，读取所有数据。
- offset: 需要读取的起始位置，默认为 0。

【例3.20】

frombuffer函数的用法：

```
import numpy as np
s = 'Hello World'
a = np.frombuffer(s, dtype = 'S1')
print a
```

输出如下：

```
['H' 'e' 'l' 'l' 'o' ' ' 'W' 'o' 'r' 'l' 'd']
```

（3）语法：numpy.fromiter

此函数从任何可迭代对象构建一个 ndarray 对象，返回一个新的一维数组。该函数的用法如下：

numpy.fromiter(iterable, dtype, count = -1)

构造器接收下列参数：

- iterable: 任何可迭代对象。
- dtype: 返回数组的数据类型。
- count: 需要读取的数据数量，默认为-1，读取所有数据。

【例3.21】

使用内置的range()函数返回列表对象，此列表的迭代器用于形成ndarray对象。

```
# 使用 range 函数创建列表对象
import numpy as np
list = range(5)
print list
```

输出如下：

```
[0, 1, 2, 3, 4]
```

3. NumPy 数值范围数组

（1）语法：numpy.arange

该函数从数值范围创建数组，返回 ndarray 对象，包含给定范围内的等间隔值。该函数的用法如下：

numpy.arange(start, stop, step, dtype)

构造器接收下列参数：

- start: 范围的起始值，默认为 0。
- stop: 范围的终止值（不包含）。
- step: 两个值的间隔，默认为 1。
- dtype: 返回 ndarray 的数据类型，如果没有提供，就会使用输入数据的类型。

【例3.22】

```
import numpy as np
x = np.arange(5)
print x
```

输出如下：

```
[0 1 2 3 4]
```

（2）语法：numpy.linspace

该函数类似于 arange() 函数。在此函数中，指定了范围之间的均匀间隔数量，而不是步长。该函数的用法如下：

numpy.linspace(start, stop, num, endpoint, retstep, dtype)

构造器接收下列参数：

- start: 序列的起始值。
- stop: 序列的终止值，如果 endpoint 为 true，该值就包含于序列中。
- num: 要生成的等间隔样例数量，默认为 50。
- endpoint: 序列中是否包含 stop 值，默认为 ture。
- retstep: 如果为 true，就返回样例以及连续数字之间的步长。
- dtype: 输出 ndarray 的数据类型。

【例3.23】

```
import numpy as np
x = np.linspace(10,20,5)
print x
```

输出如下：

```
[10.   12.5   15.   17.5  20.]
```

（3）语法：numpy.logspace

该函数返回一个 ndarray 对象，其中包含在对数刻度上均匀分布的数字。 刻度的开始和结束端点是某个底数的幂，通常为 10。该函数的用法如下：

numpy.logscale(start, stop, num, endpoint, base, dtype)

logspace函数的输出由以下参数决定：

- start: 起始值是 base ** start。
- stop: 终止值是 base ** stop。
- num: 范围内的数值数量，默认为 50。
- endpoint: 如果为 true，终止值就包含在输出数组中。
- base: 对数空间的底数，默认为 10。
- dtype: 输出数组的数据类型，如果没有提供，就取决于其他参数。

【例3.24】

```
import numpy as np
# 默认底数是 10
a = np.logspace(1.0,  2.0, num =  10)
print a
```

输出如下：

```
[ 10.            12.91549665      16.68100537      21.5443469  27.82559402
  35.93813664    46.41588834      59.94842503      77.42636827  100.      ]
```

3.7　切片和索引

ndarray 对象的内容可以通过索引或切片来访问和修改，就像 Python 的内置容器对象一样。如前所述，ndarray 对象中的元素遵循基于零的索引。有 3 种可用的索引方法类型：字段访问、基本切片和高级索引。

1. 切片

基本切片是 Python 中基本切片概念到 n 维的扩展。通过将 start、stop 和 step 参数提供给内置的 slice 函数来构造一个 Python slice 对象。此 slice 对象被传递给数组来提取数组的一部分。

【例3.25】

```
import numpy as np
a = np.arange(10)
s = slice(2,7,2)
print a[s]
```

输出如下：

```
[2 4 6]
```

在【例 3.25】中，ndarray 对象由 arange()函数创建。然后，分别用起始值、终止值和步长值 2、7 和 2 定义切片对象。当这个切片对象传递给 ndarray 时，会对它的一部分进行切片，从索引 2 到 7，步长为 2。通过将由冒号分隔的切片参数（start：stop：step）直接提供给 ndarray 对象也可以获得相同的结果。

【例3.26】

```
import numpy as np
a = np.arange(10)
b = a[2:7:2]
print b
```

输出如下：

```
[2 4 6]
```

如果只输入一个参数，那么将返回与索引对应的单个项目。如果使用 a:，那么从该索引向后的所有项目将被提取。如果使用两个参数（以:分隔），那么对两个索引（不包括停止索引）之间的元素以默认步骤进行切片。

【例3.27】

```
import numpy as np
a = np.array([[1,2,3],[3,4,5],[4,5,6]])
print a
# 对始于索引的元素进行切片
print  '现在我们从索引 a[1:] 开始对数组切片'
print a[1:]
```

输出如下：

```
[[1 2 3]
 [3 4 5]
 [4 5 6]]
现在我们从索引 a[1:] 开始对数组切片
[[3 4 5]
 [4 5 6]]
```

切片还可以包括省略号（...），来使选择元组的长度与数组的维度相同。如果在行位置使用省略号，就会返回包含行中元素的 ndarray。

2. NumPy 高级索引

如果一个 ndarray 是非元组序列，数据类型为整数或布尔值的 ndarray，或者至少一个元素为序列对象的元组，我们就能够用它来索引 ndarray。高级索引始终返回数据的副本。与此相反，切片只提供了一个视图。有两种类型的高级索引：整数和布尔值。

（1）整数索引

这种机制有助于基于 N 维索引来获取数组中的任意元素。每个整数数组表示该维度的下标值。当索引的元素个数就是目标 ndarray 的维度时，会变得相当直接。

以下示例获取了 ndarray 对象中每一行指定列的一个元素。因此，行索引包含所有行号，列索引指定要选择的元素。

【例3.28】

```
import numpy as np

x = np.array([[1,  2],  [3,  4],  [5,  6]])
y = x[[0,1,2],  [0,1,0]]
print y
```

输出如下：

```
[1  4  5]
```

该结果包括数组中(0,0)、(1,1)和(2,0)位置处的元素。

下面的示例获取了 4×3 数组中的每个角处的元素。行索引是[0,0]和[3,3]，而列索引是[0,2]和[0,2]。

【例3.29】

```
import numpy as np
x = np.array([[ 0,  1,  2],[ 3,  4,  5],[ 6,  7,  8],[ 9, 10, 11]])
print  '我们的数组是：'
print x
print  '\n'
rows = np.array([[0,0],[3,3]])
cols = np.array([[0,2],[0,2]])
y = x[rows,cols]
print  '这个数组的每个角处的元素是：'
print y
```

输出如下：

```
我们的数组是：
[[ 0  1  2]
 [ 3  4  5]
 [ 6  7  8]
 [ 9 10 11]]

这个数组的每个角处的元素是：
[[ 0  2]
 [ 9 11]]
```

返回的结果是包含每个角元素的 ndarray 对象。

高级和基本索引可以通过使用切片（:）或省略号（...）与索引数组组合。以下示例使用
slice 作为列索引和高级索引。当切片用于两者时，结果是相同的。但高级索引会导致复制，
并且可能有不同的内存布局。

（2）布尔值索引

当结果对象是布尔运算（例如比较运算符）的结果时，将使用此类型的高级索引。

【例3.30】

这个例子中，大于 5 的元素会作为布尔索引的结果返回。

```
import numpy as np
x = np.array([[ 0,  1,  2],[ 3,  4,  5],[ 6,  7,  8],[ 9, 10, 11]])
print  '我们的数组是：'
print x
print  '\n'
# 现在我们会打印出大于 5 的元素
print  '大于 5 的元素是：'
print x[x > 5]
```

输出如下：

```
我们的数组是：
```

```
[[ 0  1  2]
 [ 3  4  5]
 [ 6  7  8]
 [ 9 10 11]]

大于 5 的元素是：
[ 6  7  8  9 10 11]
```

3.8　广播

广播是指 NumPy 在算术运算期间处理不同形状的数组的能力。对数组的算术运算通常在相应的元素上进行。如果两个阵列具有完全相同的形状，这些操作就会被无缝执行。

【例3.31】

```
import numpy as np
a = np.array([1,2,3,4])
b = np.array([10,20,30,40])
c = a * b
print c
```

输出如下：

```
[10   40   90   160]
```

如果两个数组的维数不相同，元素到元素的操作就是不可能的。然而，在 NumPy 中仍然可以对形状不相似的数组进行操作，因为它拥有广播功能。较小的数组会广播到较大数组的大小，以便使它们的形状可兼容。

如果满足以下规则，就可以进行广播：

- ndim 较小的数组会在前面追加一个长度为 1 的维度。
- 输出数组的每个维度的大小是输入数组该维度大小的最大值。
- 若输入数组的某个维度的长度为 1 时，则沿着此维度运算时都用此维度上的第一组值。
- 若输入的某个维度大小为 1，则该维度中的第一个数据元素将用于该维度的所有计算。

如果上述规则产生有效结果，并且满足以下条件之一，那么数组被称为可广播的。

- 数组拥有相同形状。
- 数组拥有相同的维数，每个维度拥有相同长度，或者长度为 1。
- 数组拥有极少的维度，可以在其前面追加长度为 1 的维度，使上述条件成立。

【例3.32】

```
import numpy as np
a  =  np.array([[0.0,0.0,0.0],[10.0,10.0,10.0],[20.0,20.0,20.0],[30.0,30.0,
```

```
30.0]])
   b = np.array([1.0,2.0,3.0])
   print '第一个数组：'
   print a
   print '\n'
   print '第二个数组：'
   print b
   print '\n'
   print '第一个数组加第二个数组：'
   print a + b
```

输出如下：

```
第一个数组：
[[ 0.  0.  0.]
 [ 10. 10. 10.]
 [ 20. 20. 20.]
 [ 30. 30. 30.]]

第二个数组：
[ 1.  2.  3.]

第一个数组加第二个数组：
[[ 1.  2.  3.]
 [ 11. 12. 13.]
 [ 21. 22. 23.]
 [ 31. 32. 33.]]
```

3.9　数组与元素操作

3.9.1 数值迭代

NumPy 包含一个迭代器对象 numpy.nditer。它是一个有效的多维迭代器对象，可以用于在数组上进行迭代。数组的每个元素可使用 Python 的标准 Iterator 接口来访问。

【例3.33】使用arange()函数创建一个3×4 数组，并使用nditer对它进行迭代。

```
import numpy as np
a = np.arange(0,60,5)
a = a.reshape(3,4)
print '原始数组是：'
print a print '\n'
print '修改后的数组是：'
for x in np.nditer(a):
```

```
    print x,
Python
```

输出如下：

原始数组是：
```
[[ 0  5 10 15]
 [20 25 30 35]
 [40 45 50 55]]
```

修改后的数组是：
```
0 5 10 15 20 25 30 35 40 45 50 55
```

【例3.34】迭代的顺序匹配数组的内容布局，而不考虑特定的排序。这可以通过迭代上述数组的转置来看到。

```
import numpy as np
a = np.arange(0,60,5)
a = a.reshape(3,4)
print   '原始数组是：'
print a
print   '\n'
print   '原始数组的转置是：'
b = a.T
print b
print   '\n'
print   '修改后的数组是：'
for x in np.nditer(b):
    print x,
Python
```

输出如下：

原始数组是：
```
[[ 0  5 10 15]
 [20 25 30 35]
 [40 45 50 55]]
```

原始数组的转置是：
```
[[ 0 20 40]
 [ 5 25 45]
 [10 30 50]
 [15 35 55]]
```

修改后的数组是：
```
0 5 10 15 20 25 30 35 40 45 50 55
```

【例3.35】可以通过显式提醒来强制nditer对象使用某种顺序。

```
import numpy as np
```

```
a = np.arange(0,60,5)
a = a.reshape(3,4)
print  '原始数组是：'
print a
print  '\n'
print '以 C 风格顺序排序：'
for x in np.nditer(a, order = 'C'):
    print x,
print  '\n'
print '以 F 风格顺序排序：'
for x in np.nditer(a, order = 'F'):
    print x,
Python
```

输出如下：

```
原始数组是：
[[ 0  5 10 15]
 [20 25 30 35]
 [40 45 50 55]]


以 C 风格顺序排序：
0 5 10 15 20 25 30 35 40 45 50 55

以 F 风格顺序排序：
0 20 40 5 25 45 10 30 50 15 35 55
```

【例3.36】nditer对象有另一个可选参数op_flags，其默认值为只读，也可以设置为读写或只写模式。这将允许使用此迭代器修改数组元素。

```
import numpy as np
a = np.arange(0,60,5)
a = a.reshape(3,4)
print  '原始数组是：'
print a
print  '\n'
for x in np.nditer(a, op_flags=['readwrite']):
    x[...]=2*x
print  '修改后的数组是：'
print a
```

输出如下：

```
原始数组是：
[[ 0  5 10 15]
 [20 25 30 35]
 [40 45 50 55]]


修改后的数组是：
```

```
[[  0  10  20  30]
 [ 40  50  60  70]
 [ 80  90  100  110]]
```

nditer类的构造器拥有flags参数，它可以接收下列值：

- c_index：可以跟踪 C 顺序的索引。
- f_index：可以跟踪 Fortran 顺序的索引。
- multi-index：每次迭代可以跟踪一种索引类型。
- external_loop：给出的值是具有多个值的一维数组，而不是零维数组。

【例3.37】迭代器遍历对应于每列的一维数组。

```
import numpy as np
a = np.arange(0,60,5)
a = a.reshape(3,4)
print  '原始数组是：'
print a
print  '\n'
print  '修改后的数组是：'
for x in np.nditer(a, flags = ['external_loop'], order = 'F'):
    print x,
```

输出如下：

```
原始数组是：
[[  0  5  10  15]
 [20  25  30  35]
 [40  45  50  55]]

修改后的数组是：
[ 0  20  40]  [ 5  25  45]  [10  30  50]  [15  35  55]
```

【例3.38】如果两个数组是可广播的，nditer组合对象就能够同时迭代它们。假设数组a具有维度3×4，并且存在维度为1×4的另一个数组b，则使用以下类型的迭代器（数组b被广播到a的大小）。

```
import numpy as np
a = np.arange(0,60,5)
a = a.reshape(3,4)
print  '第一个数组：'
print a
print  '\n'
print  '第二个数组：'
b = np.array([1, 2, 3, 4], dtype = int)
print b
print  '\n'
print  '修改后的数组是：'
```

```
for x,y in np.nditer([a,b]):
    print "%d:%d" % (x,y),
```

输出如下：

```
第一个数组：
[[ 0  5 10 15]
 [20 25 30 35]
 [40 45 50 55]]

第二个数组：
[1 2 3 4]

修改后的数组是：
0:1 5:2 10:3 15:4 20:1 25:2 30:3 35:4 40:1 45:2 50:3 55:4
```

3.9.2 数组变形

NumPy 包中有几个例程用于处理 ndarray 对象中的元素。它们可以分为以下类型：

- reshape：在不改变数据的条件下修改形状。
- flat：数组上的一维迭代器。
- flatten：返回折叠为一维的数组副本。
- ravel：返回连续的展开数组。

（1）语法：numpy.reshape

这个函数在不改变数据的条件下修改形状，它接收如下参数：

numpy.reshape(arr, newshape, order')

其中：

- arr：要修改形状的数组。
- newshape：整数或者整数数组，新的形状应当兼容原有形状。
- order：'C'为 C 风格顺序，'F'为 F 风格顺序，'A'为保留原顺序。

【例3.39】

```
import numpy as np
a = np.arange(8)
print '原始数组：'
print a
print '\n'

b = a.reshape(4,2)
print '修改后的数组：'
print b
Python
```

输出如下：

```
原始数组：
[0 1 2 3 4 5 6 7]

修改后的数组：
[[0 1]
 [2 3]
 [4 5]
 [6 7]]
```

（2）语法：numpy.ndarray.flat

该函数返回数组上的一维迭代器，行为类似 Python 内建的迭代器。

【例3.40】

```
import numpy as np
a = np.arange(8).reshape(2,4)
print '原始数组：'
print a
print '\n'

print '调用 flat 函数之后：'
# 返回展开数组中的下标的对应元素
print a.flat[5]
Python
```

输出如下：

```
原始数组：
[[0 1 2 3]
 [4 5 6 7]]

调用 flat 函数之后：
5
```

（3）语法：numpy.ndarray.flatten

该函数返回折叠为一维的数组副本，函数接收下列参数：

ndarray.flatten(order)

其中：

● order: 'C'为按行，'F'为按列，'A'为原顺序，'k'为元素在内存中出现的顺序。

【例3.41】

```
import numpy as np
a = np.arange(8).reshape(2,4)

print '原数组：'
```

```
print a
print '\n'
# default is column-major

print '展开的数组：'
print a.flatten()
print '\n'

print '以 F 风格顺序展开的数组：'
print a.flatten(order = 'F')
Python
```

输出如下：

```
原数组：
[[0 1 2 3]
 [4 5 6 7]]

展开的数组：
[0 1 2 3 4 5 6 7]

以 F 风格顺序展开的数组：
[0 4 1 5 2 6 3 7]
```

（4）语法：numpy.ravel

这个函数返回展开的一维数组，并且按需生成副本。返回的数组和输入数组拥有相同数据类型。这个函数接收两个参数。

numpy.ravel(a, order)

其中：

- a：要修改形状的数组。
- order：'C'为按行，'F'为按列，'A'为原顺序，'k'为元素在内存中出现的顺序。

【例3.42】

```
import numpy as np
a = np.arange(8).reshape(2,4)

print '原数组：'
print a
print '\n'

print '调用 ravel 函数之后：'
print a.ravel()
print '\n'

print '以 F 风格顺序调用 ravel 函数之后：'
```

```
print a.ravel(order = 'F')
Python
```

输出如下：

```
原数组:
[[0 1 2 3]
 [4 5 6 7]]

调用 ravel 函数之后:
[0 1 2 3 4 5 6 7]

以 F 风格顺序调用 ravel 函数之后:
[0 4 1 5 2 6 3 7]
```

3.9.3　数组翻转

- transpose：翻转数组的维度。
- ndarray.T：与 self.transpose() 作用相同。
- rollaxis：向后滚动指定的轴。
- swapaxes：互换数组的两个轴。

（1）语法：numpy.transpose

这个函数翻转给定数组的维度。如果可能的话，它会返回一个视图。函数接收下列参数：
numpy.transpose(arr, axes)
其中：

- arr：要转置的数组。
- axes：整数的列表，对应维度，通常所有维度都会翻转。

【例3.43】

```
import numpy as np
a = np.arange(12).reshape(3,4)

print '原数组: '
print a
print '\n'

print '转置数组: '
print np.transpose(a)
Python
```

输出如下：

```
原数组:
[[ 0  1  2  3]
```

```
 [ 4 5 6 7]
 [ 8 9 10 11]]
```

转置数组：
```
[[ 0 4 8]
 [ 1 5 9]
 [ 2 6 10]
 [ 3 7 11]]
```

（2）语法：numpy.ndarray.T

该函数属于 ndarray 类，行为类似于 numpy.transpose。

【例3.44】

```
import numpy as np
a = np.arange(12).reshape(3,4)

print '原数组：'
print a
print '\n'

print '转置数组：'
print a.T
Python
```

输出如下：

原数组：
```
[[ 0 1 2 3]
 [ 4 5 6 7]
 [ 8 9 10 11]]
```

转置数组：
```
[[ 0 4 8]
 [ 1 5 9]
 [ 2 6 10]
 [ 3 7 11]]
```

（3）语法：numpy.rollaxis

该函数向后滚动特定的轴，直到一个特定位置。这个函数接收 3 个参数：

numpy.rollaxis(arr, axis, start)

其中：

- arr：输入数组。
- axis：要向后滚动的轴，其他轴的相对位置不会改变。
- start：默认为零，表示完整的滚动，会滚动到特定位置。

【例3.45】

```
# 创建了三维的 ndarray
import numpy as np
a = np.arange(8).reshape(2,2,2)

print '原数组: '
print a
print '\n'
# 将轴 2 滚动到轴 0(宽度到深度)

print '调用 rollaxis 函数: '
print np.rollaxis(a,2)
# 将轴 0 滚动到轴 1：(宽度到高度)
print '\n'

print '调用 rollaxis 函数: '
print np.rollaxis(a,2,1)
Python
```

输出如下：

```
原数组:
[[[0 1]
  [2 3]]
 [[4 5]
  [6 7]]]

调用 rollaxis 函数:
[[[0 2]
  [4 6]]
 [[1 3]
  [5 7]]]

调用 rollaxis 函数:
[[[0 2]
  [1 3]]
 [[4 6]
  [5 7]]]
```

（4）语法：numpy.swapaxes

该函数交换数组的两个轴。对于 1.10 之前的 NumPy 版本，会返回交换后数组的视图。这个函数接收下列参数：

numpy.swapaxes(arr, axis1, axis2)

- arr: 要交换其轴的输入数组。
- axis1: 对应第一个轴的整数。

- axis2：对应第二个轴的整数。

【例3.46】

```
# 创建了三维的 ndarray
import numpy as np
a = np.arange(8).reshape(2,2,2)

print '原数组：'
print a
print '\n'
# 现在交换轴 0(深度方向)到轴 2(宽度方向)

print '调用 swapaxes 函数后的数组：'
print np.swapaxes(a, 2, 0)
Python
```

输出如下：

```
原数组：
[[[0 1]
  [2 3]]

 [[4 5]
  [6 7]]]

调用 swapaxes 函数后的数组：
[[[0 4]
  [2 6]]

 [[1 5]
  [3 7]]]
```

3.9.4　修改维度

- broadcast：产生模仿广播的对象。
- broadcast_to：将数组广播到新形状。
- expand_dims：扩展数组的形状。
- squeeze：从数组的形状中删除单维条目。

（1）语法：broadcast

如前所述，NumPy 已经内置了对广播的支持。此功能模仿广播机制。它返回一个对象，该对象封装了将一个数组广播到另一个数组的结果。该函数使用两个数组作为输入参数：

numpy.broadcast(x,y)

下面的例子说明了它的用法。

【例3.47】

```
import numpy as np
x = np.array([[1], [2], [3]])
y = np.array([4, 5, 6])

# 对 y 广播 x
b = np.broadcast(x,y)
# 它拥有 iterator 属性，基于自身组件的迭代器元组

print '对 y 广播 x：'
r,c = b.iters
print r.next(), c.next()
print r.next(), c.next()
print '\n'
# shape 属性返回广播对象的形状

print '广播对象的形状：'
print b.shape
print '\n'
# 手动使用 broadcast 将 x 与 y 相加
b = np.broadcast(x,y)
c = np.empty(b.shape)

print '手动使用 broadcast 将 x 与 y 相加：'
print c.shape
print '\n'
c.flat = [u + v for (u,v) in b]

print '调用 flat 函数：'
print c
print '\n'
# 获得了和 NumPy 内建的广播支持相同的结果

print 'x 与 y 的和：'
print x + y
Python
```

输出如下：

```
对 y 广播 x：
1 4
1 5


广播对象的形状：
(3, 3)


手动使用 broadcast 将 x 与 y 相加：
```

```
(3, 3)

调用 flat 函数：
[[ 5. 6. 7.]
 [ 6. 7. 8.]
 [ 7. 8. 9.]]

x 与 y 的和：
[[5 6 7]
 [6 7 8]
 [7 8 9]]
```

（2）语法：numpy.broadcast_to

此函数将数组广播到新形状。它在原始数组上返回只读视图，通常不连续。如果新形状不符合 NumPy 的广播规则，该函数就可能会抛出 ValueError。该函数接收以下参数：

numpy.broadcast_to(array, shape, subok)

【例3.48】

```
import numpy as np
a = np.arange(4).reshape(1,4)

print '原数组： '
print a
print '\n'

print '调用 broadcast_to 函数之后： '
print np.broadcast_to(a,(4,4))
Python
```

输出如下：

```
[[0  1  2  3]
 [0  1  2  3]
 [0  1  2  3]
 [0  1  2  3]]
```

（3）语法：numpy.expand_dims

函数通过在指定位置插入新的轴来扩展数组形状。该函数需要两个参数：

numpy.expand_dims(arr, axis)

其中：

- arr: 输入数组。
- axis: 新轴插入的位置。

【例3.49】

```
import numpy as np
```

```
x = np.array(([1,2],[3,4]))

print '数组 x：'
print x
print '\n'
y = np.expand_dims(x, axis = 0)

print '数组 y：'
print y
print '\n'

print '数组 x 和 y 的形状：'
print x.shape, y.shape
print '\n'
# 在位置 1 插入轴
y = np.expand_dims(x, axis = 1)

print '在位置 1 插入轴之后的数组 y：'
print y
print '\n'

print 'x.ndim 和 y.ndim：'
print x.ndim,y.ndim
print '\n'

print 'x.shape 和 y.shape：'
print x.shape, y.shape
Python
```

输出如下：

```
数组 x：
[[1 2]
 [3 4]]

数组 y：
[[[1 2]
  [3 4]]]

数组 x 和 y 的形状：
(2, 2) (1, 2, 2)

在位置 1 插入轴之后的数组 y：
[[[1 2]]

 [[3 4]]]
```

```
x.ndim 和 y.ndim：
2 3

x.shape 和 y.shape：
(2, 2) (2, 1, 2)
```

（4）语法：numpy.squeeze

函数从给定数组的形状中删除一维条目。此函数需要两个参数：

numpy.squeeze(arr, axis)

其中：

- arr：输入数组。
- axis：整数或整数元组，用于选择形状中单一维度条目的子集。

【例3.50】

```
import numpy as np
x = np.arange(9).reshape(1,3,3)

print '数组 x：'
print x
print '\n'
y = np.squeeze(x)

print '数组 y：'
print y
print '\n'

print '数组 x 和 y 的形状：'
print x.shape, y.shape
Python
```

输出如下：

```
数组 x：
[[[0 1 2]
  [3 4 5]
  [6 7 8]]]

数组 y：
[[0 1 2]
 [3 4 5]
 [6 7 8]]

数组 x 和 y 的形状：
(1, 3, 3) (3, 3)
```

3.9.5　数组连接

- concatenate：沿着现存的轴连接数据序列。
- stack：沿着新轴连接数组序列。
- hstack：水平堆叠序列中的数组（列方向）。
- vstack：竖直堆叠序列中的数组（行方向）。

（1）语法：numpy.concatenate

连接沿现有轴的数组序列。此函数用于沿指定轴连接相同形状的两个或多个数组。该函数接收以下参数：

numpy.concatenate((a1, a2, ...), axis)

其中：

- a1, a2, ...：相同类型的数组序列。
- axis：沿着它连接数组的轴，默认为 0。

【例3.51】

```
import numpy as np
a = np.array([[1,2],[3,4]])

print '第一个数组：'
print a
print '\n'
b = np.array([[5,6],[7,8]])

print '第二个数组：'
print b
print '\n'
# 两个数组的维度相同

print '沿轴 0 连接两个数组：'
print np.concatenate((a,b))
print '\n'

print '沿轴 1 连接两个数组：'
print np.concatenate((a,b),axis = 1)
Python
```

输出如下：

```
第一个数组：
[[1 2]
 [3 4]]
```

第二个数组：
```
[[5 6]
 [7 8]]
```

沿轴 0 连接两个数组：
```
[[1 2]
 [3 4]
 [5 6]
 [7 8]]
```

沿轴 1 连接两个数组：
```
[[1 2 5 6]
 [3 4 7 8]]
```

（2）语法：numpy.stack

此函数沿新轴连接数组序列。此功能添加自 NumPy 版本 1.10.0。需要提供以下参数：

numpy.stack(arrays, axis)

其中：

- arrays：相同形状的数组序列。
- axis：返回数组中的轴，输入数组沿着它来堆叠。

【例3.52】

```
import numpy as np
a = np.array([[1,2],[3,4]])

print '第一个数组：'
print a
print '\n'
b = np.array([[5,6],[7,8]])

print '第二个数组：'
print b
print '\n'

print '沿轴 0 堆叠两个数组：'
print np.stack((a,b),0)
print '\n'

print '沿轴 1 堆叠两个数组：'
print np.stack((a,b),1)
Python
```

输出如下：

第一个数组：
```
[[1 2]
```

```
 [3 4]]
```

第二个数组：
```
[[5 6]
 [7 8]]
```

沿轴 0 堆叠两个数组：
```
[[[1 2]
  [3 4]]
 [[5 6]
  [7 8]]]
```

沿轴 1 堆叠两个数组：
```
[[[1 2]
  [5 6]]
 [[3 4]
  [7 8]]]
```

（3）语法：numpy.hstack

numpy.stack 函数的变体，通过堆叠来生成水平的单个数组。

【例3.53】

```
import numpy as np
a = np.array([[1,2],[3,4]])

print '第一个数组：'
print a
print '\n'
b = np.array([[5,6],[7,8]])

print '第二个数组：'
print b
print '\n'

print '水平堆叠：'
c = np.hstack((a,b))
print c
print '\n'
Python
输出如下：
第一个数组：
[[1 2]
 [3 4]]

第二个数组：
[[5 6]
```

```
 [7 8]]
```

水平堆叠：

```
[[1 2 5 6]
 [3 4 7 8]]
```

（4）语法：numpy.vstack

numpy.stack 函数的变体，通过堆叠来生成竖直的单个数组。

【例3.54】

```
import numpy as np
a = np.array([[1,2],[3,4]])

print '第一个数组：'
print a
print '\n'
b = np.array([[5,6],[7,8]])

print '第二个数组：'
print b
print '\n'

print '竖直堆叠：'
c = np.vstack((a,b))
print c
Python
```

输出如下：

第一个数组：

```
[[1 2]
 [3 4]]
```

第二个数组：

```
[[5 6]
 [7 8]]
```

竖直堆叠：

```
[[1 2]
 [3 4]
 [5 6]
 [7 8]]
```

3.9.6　数组分割

- split：将一个数组分割为多个子数组。

- hsplit: 将一个数组水平分割为多个子数组（按列）。
- vsplit: 将一个数组竖直分割为多个子数组（按行）。

（1）语法：numpy.split

该函数沿特定的轴将数组分割为子数组。该函数接收 3 个参数：

numpy.split(ary, indices_or_sections, axis)

其中：

- ary: 被分割的输入数组。
- indices_or_sections: 可以是整数，表明要从输入数组创建的等大小的子数组的数量。若此参数是一维数组，则其元素表明要创建的新子数组的点。
- axis: 默认为 0。

【例3.55】

```
import numpy as np
a = np.arange(9)

print '第一个数组：'
print a
print '\n'

print '将数组分为三个大小相等的子数组：'
b = np.split(a,3)
print b
print '\n'

print '将数组在一维数组中表明的位置分割：'
b = np.split(a,[4,7])
print b
Python
```

输出如下：

```
第一个数组：
[0 1 2 3 4 5 6 7 8]

将数组分为三个大小相等的子数组：
[array([0, 1, 2]), array([3, 4, 5]), array([6, 7, 8])]

将数组在一维数组中表明的位置分割：
[array([0, 1, 2, 3]), array([4, 5, 6]), array([7, 8])]
```

（2）语法：numpy.hsplit

numpy.hsplit 是 split()函数的特例，其中轴为 1 表示水平分割，无论输入数组的维度是什么。

【例3.56】

```
import numpy as np
a = np.arange(16).reshape(4,4)

print '第一个数组：'
print a
print '\n'

print '水平分割：'
b = np.hsplit(a,2)
print b
print '\n'
Python
```

输出：

```
第一个数组：
[[ 0 1 2 3]
 [ 4 5 6 7]
 [ 8 9 10 11]
 [12 13 14 15]]

水平分割：
[array([[ 0,  1],
       [ 4,  5],
       [ 8,  9],
       [12, 13]]), array([[ 2,  3],
       [ 6,  7],
       [10, 11],
       [14, 15]])]
```

（3）语法：numpy.vsplit

numpy.vsplit 是 split()函数的特例，其中轴为 0 表示竖直分割，无论输入数组的维度是什么。

【例3.57】

```
import numpy as np
a = np.arange(16).reshape(4,4)

print '第一个数组：'
print a
print '\n'

print '竖直分割：'
b = np.vsplit(a,2)
print b
Python
```

输出如下：

```
第一个数组:
[[ 0  1  2  3]
 [ 4  5  6  7]
 [ 8  9 10 11]
 [12 13 14 15]]

竖直分割:
[array([[0, 1, 2, 3],
       [4, 5, 6, 7]]), array([[ 8,  9, 10, 11],
       [12, 13, 14, 15]])]
```

3.9.7　添加/删除元素

- resize: 返回指定形状的新数组。
- append: 将值添加到数组末尾。
- insert: 沿指定轴将值插入指定下标之前。
- delete: 返回删掉某个轴的子数组的新数组。
- unique: 寻找数组内的唯一元素。

（1）语法：numpy.resize

该函数返回指定大小的新数组。如果新大小大于原始大小，就包含原始数组中的元素的重复副本。该函数接收以下参数：

numpy.resize(arr, shape)

其中：

- arr: 要修改大小的输入数组。
- shape: 返回数组的新形状。

【例3.58】

```python
import numpy as np
a = np.array([[1,2,3],[4,5,6]])

print '第一个数组: '
print a
print '\n'

print '第一个数组的形状: '
print a.shape
print '\n'
b = np.resize(a, (3,2))

print '第二个数组: '
```

```
print b
print '\n'

print '第二个数组的形状：'
print b.shape
print '\n'
# 要注意 a 的第一行在 b 中重复出现，因为尺寸变大了

print '修改第二个数组的大小：'
b = np.resize(a,(3,3))
print b
Python
```

输出如下：

```
第一个数组：
[[1 2 3]
 [4 5 6]]

第一个数组的形状：
(2, 3)

第二个数组：
[[1 2]
 [3 4]
 [5 6]]

第二个数组的形状：
(3, 2)

修改第二个数组的大小：
[[1 2 3]
 [4 5 6]
 [1 2 3]]
```

（2）语法：numpy.append

该函数在输入数组的末尾添加值。附加操作不是原地的，而是分配新的数组。此外，输入数组的维度必须匹配否则将生成 ValueError。函数接收下列函数：

numpy.append(arr, values, axis)

其中：

● arr：输入数组。

● values：要向 arr 添加的值，比如和 arr 形状相同（除了要添加的轴外）。

● axis：沿着它完成操作的轴。如果没有提供，那么两个参数都会被展开。

【例3.59】

```
import numpy as np
```

```
a = np.array([[1,2,3],[4,5,6]])

print '第一个数组：'
print a
print '\n'

print '向数组添加元素：'
print np.append(a, [7,8,9])
print '\n'

print '沿轴 0 添加元素：'
print np.append(a, [[7,8,9]],axis = 0)
print '\n'

print '沿轴 1 添加元素：'
print np.append(a, [[5,5,5],[7,8,9]],axis = 1)
Python
```

输出如下：

```
第一个数组：
[[1 2 3]
 [4 5 6]]

向数组添加元素：
[1 2 3 4 5 6 7 8 9]

沿轴 0 添加元素：
[[1 2 3]
 [4 5 6]
 [7 8 9]]

沿轴 1 添加元素：
[[1 2 3 5 5 5]
 [4 5 6 7 8 9]]
```

（3）语法：numpy.insert

该函数在给定索引之前，沿给定轴在输入数组中插入值。若值的类型转换为要插入类型，则它与输入数组不同。 插入没有原地的，函数会返回一个新数组。此外，若未提供轴，则输入数组会被展开。该函数接收以下参数：

numpy.insert(arr, obj, values, axis)

其中：

- arr: 输入数组。
- obj: 在其之前插入值的索引。
- values: 要插入的值。

- axis：沿着它插入的轴，如果未提供，输入数组就会被展开。

（4）语法：numpy.delete

该函数返回从输入数组中删除指定子数组的新数组。与 insert()函数的情况一样，若未提供轴参数，则输入数组将展开。该函数接收以下参数：

NumPy.delete(arr, obj, axis)

其中：

- arr：输入数组。
- obj：可以被切片，整数或者整数数组，表明要从输入数组删除的子数组。
- axis：沿着它删除给定子数组的轴，若未提供，则输入数组会被展开。

【例3.60】

```
import numpy as np
a = np.arange(12).reshape(3,4)

print '第一个数组：'
print a
print '\n'

print '未传递 Axis 参数。 在插入之前输入数组会被展开。'
print np.delete(a,5)
print '\n'

print '删除第二列：'
print np.delete(a,1,axis = 1)
print '\n'

print '包含从数组中删除的替代值的切片：'
a = np.array([1,2,3,4,5,6,7,8,9,10])
print np.delete(a, np.s_[::2])
Python
```

输出如下：

```
第一个数组：
[[ 0  1  2  3]
 [ 4  5  6  7]
 [ 8  9 10 11]]

未传递 Axis 参数。 在插入之前输入数组会被展开。
[ 0  1  2  3  4  6  7  8  9 10 11]

删除第二列：
[[ 0  2  3]
 [ 4  6  7]
```

```
 [ 8 10 11]]
```

包含从数组中删除的替代值的切片：

```
 [ 2 4 6 8 10]
```

（5）语法：numpy.unique

该函数返回输入数组中的去重元素数组。该函数能够返回一个元组，包含去重数组和相关索引的数组。索引的性质取决于函数调用中返回参数的类型。该函数接收以下参数：

numpy.unique(arr, return_index, return_inverse, return_counts)

其中：

- arr：输入数组。如果不是一维数组，就会展开。
- return_index：如果为 true，就返回输入数组中的元素下标。
- return_inverse：如果为 true，就返回去重数组的下标，可以用于重构输入数组。
- return_counts：如果为 true，就返回去重数组中的元素在原数组中出现的次数。

【例3.61】

```
import numpy as np
a = np.array([5,2,6,2,7,5,6,8,2,9])

print '第一个数组：'
print a
print '\n'

print '第一个数组的去重值：'
u = np.unique(a)
print u
print '\n'

print '去重数组的索引数组：'
u,indices = np.unique(a, return_index = True)
print indices
print '\n'

print '我们可以看到每个和原数组下标对应的数值：'
print a
print '\n'

print '去重数组的下标：'
u,indices = np.unique(a,return_inverse = True)
print u
print '\n'

print '下标为：'
print indices
```

```
print '\n'

print '使用下标重构原数组：'
print u[indices]
print '\n'

print '返回去重元素的重复数量：'
u,indices = np.unique(a,return_counts = True)
print u
print indices
Python
```

输出如下：

第一个数组：
[5 2 6 2 7 5 6 8 2 9]

第一个数组的去重值：
[2 5 6 7 8 9]

去重数组的索引数组：
[1 0 2 4 7 9]

我们可以看到每个和原数组下标对应的数值：
[5 2 6 2 7 5 6 8 2 9]

去重数组的下标：
[2 5 6 7 8 9]

下标为：
[1 0 2 0 3 1 2 4 0 5]

使用下标重构原数组：
[5 2 6 2 7 5 6 8 2 9]

返回唯一元素的重复数量：
[2 5 6 7 8 9]
 [3 2 2 1 1 1]

3.10　位操作与字符串函数

1. 位操作

下面是 NumPy 包中可用的位操作函数。

- bitwise_and: 对数组元素执行位与操作。
- bitwise_or: 对数组元素执行位或操作。
- invert: 计算位非。
- left_shift: 向左移动二进制表示的位。
- right_shift: 向右移动二进制表示的位。

（1）bitwise_and

通过 np.bitwise_and()函数，对输入数组中的整数的二进制表示的相应位执行位与运算。

【例3.62】

```
import numpy as np
print '13 和 17 的二进制形式：'
a,b = 13,17
print bin(a), bin(b)
print '\n'

print '13 和 17 的位与：'
print np.bitwise_and(13, 17)
```

输出如下：

```
13 和 17 的二进制形式：
0b1101 0b10001


13 和 17 的位与：
1
```

（2）bitwise_or

通过 np.bitwise_or()函数，对输入数组中的整数的二进制表示的相应位执行位或运算。

【例3.63】

```
import numpy as np
a,b = 13,17
print '13 和 17 的二进制形式：'
print bin(a), bin(b)

print '13 和 17 的位或：'
print np.bitwise_or(13, 17)
```

输出如下：

```
13 和 17 的二进制形式：
0b1101 0b10001


13 和 17 的位或：
29
```

（3）invert

此函数计算输入数组中整数的位非结果。对于有符号整数返回补码。

【例3.64】

```
import numpy as np

print '13 的位反转, 其中 ndarray 的 dtype 是 uint8: '
print np.invert(np.array([13], dtype = np.uint8))
print '\n'
# 比较 13 和 242 的二进制表示, 我们发现了位的反转

print '13 的二进制表示: '
print np.binary_repr(13, width = 8)
print '\n'

print '242 的二进制表示: '
print np.binary_repr(242, width = 8)
```

输出如下：

```
13 的位反转, 其中 ndarray 的 dtype 是 uint8:
[242]

13 的二进制表示:
00001101

242 的二进制表示:
11110010
```

注：np.binary_repr()函数返回给定宽度中十进制数的二进制表示。

2. 字符串函数

以下函数用于对dtype为numpy.string_或numpy.unicode_的数组执行向量化字符串操作。它们基于 Python 内置库中的标准字符串函数。

- add()：返回两个 Str 或 Unicode 数组的逐个字符串连接。
- multiply()：返回按元素多重连接后的字符串。
- center()：返回给定字符串的副本，其中元素位于特定字符串的中央。
- capitalize()：返回给定字符串的副本，其中只有第一个字符串为大写。
- title()：返回字符串或 Unicode 的按元素标题转换版本。
- lower()：返回一个数组，其元素转换为小写。
- upper()：返回一个数组，其元素转换为大写。
- split()：返回字符串中的单词列表，并使用分隔符来分割。
- splitlines()：返回元素中的行列表，以换行符分割。

- strip()：返回数组副本，其中元素移除了开头或者结尾处的特定字符。
- join()：返回一个字符串，它是序列中字符串的连接。
- replace()：返回字符串的副本，其中所有子字符串出现的位置都被新字符串取代。
- decode()：按元素调用 str.decode。
- encode() 按元素调用 str.encode。

这些函数在字符数组类（numpy.char）中定义。较旧的 Numarray 包包含 chararray 类。numpy.char 类中的上述函数，在执行向量化字符串操作时非常有用。

（1）numpy.char.add()，执行按元素的字符串连接。

【例3.65】

```
import numpy as np
print '连接两个字符串：'
print np.char.add(['hello'],[' xyz'])
print '\n'

print '连接示例：'
print np.char.add(['hello', 'hi'],[' abc', ' xyz'])
Python
```

输出如下：

```
连接两个字符串：
['hello xyz']
连接示例：
['hello abc' 'hi xyz']
```

（2）numpy.char.multiply()，执行多重连接。

【例3.66】

```
import numpy as np
print np.char.multiply('Hello ',3)
```

输出如下：

```
Hello Hello Hello
```

（3）numpy.char.center()，返回所需宽度的数组，以便输入字符串位于中心，并使用 fillchar 在左侧和右侧进行填充。

【例3.67】

```
import numpy as np
# np.char.center(arr, width,fillchar)
print np.char.center('hello', 20,fillchar = '*')
```

输出如下：

```
*******hello********
```

（4）numpy.char.capitalize()，返回字符串的副本，其中第一个字母大写。

【例3.68】

```
import numpy as np
print np.char.capitalize('hello world')
```

输出如下：

```
Hello world
```

其他函数就不一一列举了。

3.11　数学运算函数

NumPy 包含大量的数学运算函数。NumPy 提供标准的三角函数、算术运算函数、复数处理函数等。

1. 三角函数

NumPy 拥有标准的三角函数，它为弧度制单位的给定角度返回三角函数比值。

【例3.69】

```
import numpy as np
a = np.array([0,30,45,60,90])
print  '不同角度的正弦值：'
# 通过乘 pi/180 转化为弧度
print np.sin(a*np.pi/180)
print  '\n'
print  '数组中角度的余弦值：'
print np.cos(a*np.pi/180)
print  '\n'
print  '数组中角度的正切值：'
print np.tan(a*np.pi/180)
Python
```

输出如下：

```
不同角度的正弦值：
[ 0.         0.5         0.70710678  0.8660254  1.        ]

数组中角度的余弦值：
[  1.00000000e+00   8.66025404e-01   7.07106781e-01   5.00000000e-01
   6.12323400e-17]
```

数组中角度的正切值：

```
[ 0.00000000e+00    5.77350269e-01    1.00000000e+00    1.73205081e+00
    1.63312394e+16]
```

arcsin、arccos和arctan函数返回给定角度的sin、cos和tan的反三角函数。这些函数的结果可以通过numpy.degrees()函数将弧度制转换为角度制来验证。

2. 舍入函数

numpy.around()函数返回四舍五入到所需精度的值。该函数接收以下参数：

- a：输入数组。
- Decimals：要舍入的小数位数，默认值为 0。如果为负，整数将四舍五入到小数点左侧的位置。

【例3.70】

```
import numpy as np
a = np.array([1.0,5.55, 123, 0.567, 25.532])
print '原数组：'
print a
print '\n'
print '舍入后：'
print np.around(a)
print np.around(a, decimals = 1)
print np.around(a, decimals = -1)
```

输出如下：

```
原数组：
[ 1.      5.55  123.        0.567  25.532]

舍入后：
[ 1.    6.   123.    1.    26. ]
[ 1.    5.6  123.    0.6  25.5]
[ 0.   10.   120.    0.   30. ]
```

3. numpy.floor()

该函数返回不大于输入参数的最大整数，即标量 x 的下限是最大的整数 i，使得 i≤x。注意：在 Python 中，向下取整总是从 0 舍入。

【例3.71】

```
import numpy as np
a = np.array([-1.7, 1.5, -0.2, 0.6, 10])
print '提供的数组：'
print a
print '\n'
print '修改后的数组：'
```

```
print np.floor(a)
```

输出如下：

提供的数组：
```
[ -1.7  1.5  -0.2  0.6  10. ]
```

修改后的数组：
```
[ -2.  1.  -1.  0.  10.]
```

4. numpy.ceil()

ceil()函数返回输入值的上限，即标量 x 的上限是最小的整数 i ，使得 i≥x。

【例3.72】

```
import numpy as np
a = np.array([-1.7, 1.5, -0.2, 0.6, 10])
print '提供的数组：'
print a
print '\n'
print '修改后的数组：'
print np.ceil(a)
```

输出如下：

提供的数组：
```
[ -1.7  1.5  -0.2  0.6  10. ]
```

修改后的数组：
```
[ -1.  2.  -0.  1.  10.]
```

3.12　算术运算

用于执行算术运算的输入数组，如 add()、subtract()、multiply()和 divide()，必须具有相同的形状或符合数组广播规则。

【例3.73】

```
import numpy as np
a = np.arange(9, dtype = np.float_).reshape(3,3)
print '第一个数组：'
print a
print '\n'
print '第二个数组：'
b = np.array([10,10,10])
print b
print '\n'
```

```
print   '两个数组相加：'
print np.add(a,b)
print   '\n'
print   '两个数组相减：'
print np.subtract(a,b)
print   '\n'
print   '两个数组相乘：'
print np.multiply(a,b)
print   '\n'
print   '两个数组相除：'
print np.divide(a,b)
```

输出如下：

```
第一个数组：
[[ 0. 1. 2.]
 [ 3. 4. 5.]
 [ 6. 7. 8.]]

第二个数组：
[10 10 10]

两个数组相加：
[[ 10. 11. 12.]
 [ 13. 14. 15.]
 [ 16. 17. 18.]]

两个数组相减：
[[-10. -9. -8.]
 [ -7. -6. -5.]
 [ -4. -3. -2.]]

两个数组相乘：
[[ 0. 10. 20.]
 [ 30. 40. 50.]
 [ 60. 70. 80.]]

两个数组相除：
[[ 0. 0.1 0.2]
 [ 0.3 0.4 0.5]
 [ 0.6 0.7 0.8]]
```

1. numpy.reciprocal()

该函数返回参数逐元素的倒数。由于 Python 处理整数除法的方式，对于绝对值大于 1 的整数元素结果始终为 0，因此对于整数 0 发出溢出警告。

【例3.74】

```
import numpy as np
a = np.array([0.25, 1.33, 1, 0, 100])
print '我们的数组是：'
print a
print '\n'
print '调用 reciprocal 函数：'
print np.reciprocal(a)
print '\n'
b = np.array([100], dtype = int)
print '第二个数组：'
print b
print '\n'
print '调用 reciprocal 函数：'
print np.reciprocal(b)
```

输出如下：

```
的数组是：
[   0.25   1.33   1.     0.   100. ]

调用 reciprocal 函数：
main.py:9: RuntimeWarning: divide by zero encountered in reciprocal
  print np.reciprocal(a)
[ 4.          0.7518797 1.             inf 0.01     ]

第二个数组：
[100]

调用 reciprocal 函数：
[0]
```

2. numpy.power()

该函数将第一个输入数组中的元素作为底数，计算它与第二个输入数组中相应元素的幂。

【例3.75】

```
import numpy as np
a = np.array([10,100,1000])
print '我们的数组是；'
print a
print '\n'
print '调用 power 函数：'
print np.power(a,2)
print '\n'
print '第二个数组：'
b = np.array([1,2,3])
```

```
print b
print '\n'
print '再次调用 power 函数：'
print np.power(a,b)
```

输出如下：

```
我们的数组是：
[  10  100 1000]

调用 power 函数：
[    100   10000 1000000]

第二个数组：
[1 2 3]

再次调用 power 函数：
[       10    10000 1000000000]
```

3. numpy.mod()

该函数返回输入数组中相应元素的除法余数。函数 numpy.remainder()也产生相同的结果。

【例3.76】

```
import numpy as np
a = np.array([10,20,30])
b = np.array([3,5,7])
print '第一个数组：'
print a
print '\n'
print '第二个数组：'
print b
print '\n'
print '调用 mod() 函数：'
print np.mod(a,b)
print '\n'
print '调用 remainder() 函数：'
print np.remainder(a,b)
```

输出如下：

```
第一个数组：
[10 20 30]

第二个数组：
[3 5 7]

调用 mod() 函数：
[1 0 2]
```

调用 remainder() 函数：
[1 0 2]

以下函数用于对含有复数的数组执行操作。

- numpy.real()：返回复数类型参数的实部。
- numpy.imag()：返回复数类型参数的虚部。
- numpy.conj()：返回通过改变虚部的符号而获得的共轭复数。
- numpy.angle()：返回复数参数的角度。函数的参数是 degree。如果为 true，返回的角度就以角度制来表示，否则以弧度制来表示。

3.13 统计函数

NumPy 有很多有用的统计函数，用于从数组中给定的元素中查找最小元素、最大元素、百分位标准差和方差等。

1. numpy.amin() 和 numpy.amax()

这两个函数从给定数组的元素中沿指定轴返回最小值和最大值。

【例3.77】

```
import numpy as np
a = np.array([[3,7,5],[8,4,3],[2,4,9]])
print '我们的数组是：'
print a
print '\n'
print '调用 amin() 函数：'
print np.amin(a,1)
print '\n'
print '再次调用 amin() 函数：'
print np.amin(a,0)
print '\n'
print '调用 amax() 函数：'
print np.amax(a)
print '\n'
print '再次调用 amax() 函数：'
print np.amax(a, axis = 0)
```

输出如下：

```
我们的数组是：
[[3 7 5]
[8 4 3]
```

```
        [2 4 9]]

调用 amin() 函数：
[3 3 2]

再次调用 amin() 函数：
[2 4 3]

调用 amax() 函数：
9

再次调用 amax() 函数：
[8 7 9]
```

2. numpy.ptp()

该函数返回沿轴的值的范围（最大值-最小值）。

【例3.78】

```python
import numpy as np
a = np.array([[3,7,5],[8,4,3],[2,4,9]])
print '我们的数组是：'
print a
print '\n'
print '调用 ptp() 函数：'
print np.ptp(a)
print '\n'
print '沿轴 1 调用 ptp() 函数：'
print np.ptp(a, axis = 1)
print '\n'
print '沿轴 0 调用 ptp() 函数：'
print np.ptp(a, axis = 0)
```

输出如下：

```
我们的数组是：
[[3 7 5]
 [8 4 3]
 [2 4 9]]

调用 ptp() 函数：
7

沿轴 1 调用 ptp() 函数：
[4 5 7]

沿轴 0 调用 ptp() 函数：
[6 3 6]
```

3. numpy.percentile()

百分位数是统计中使用的度量,表示小于这个值的观察值的百分比。该函数接收以下参数:

numpy.percentile(a, q, axis)

- a: 输入数组。
- q: 要计算的百分位数，在 0～100 之间。
- axis: 沿着它计算百分位数的轴。

【例3.79】

```
import numpy as np
a = np.array([[30,40,70],[80,20,10],[50,90,60]])
print  '我们的数组是: '
print a
print '\n'
print  '调用 percentile() 函数: '
print np.percentile(a,50)
print '\n'
print  '沿轴 1 调用 percentile() 函数: '
print np.percentile(a,50, axis = 1)
print '\n'
print  '沿轴 0 调用 percentile() 函数: '
print np.percentile(a,50, axis =  0)
```

输出如下:

```
我们的数组是:
[[30 40 70]
 [80 20 10]
 [50 90 60]]

调用 percentile() 函数:
50.0

沿轴 1 调用 percentile() 函数:
[ 40. 20. 60.]

沿轴 0 调用 percentile() 函数:
[ 50. 40. 60.]
```

4. numpy.median()

中值，定义为将数据样本的上半部分与下半部分分开的值。

【例3.80】

```
import numpy as np
a = np.array([[30,65,70],[80,95,10],[50,90,60]])
print  '我们的数组是: '
```

```
print a
print '\n'
print '调用 median() 函数：'
print np.median(a)
print '\n'
print '沿轴 0 调用 median() 函数：'
print np.median(a, axis = 0)
print '\n'
print '沿轴 1 调用 median() 函数：'
print np.median(a, axis = 1)
```

输出如下：

```
我们的数组是：
[[30 65 70]
 [80 95 10]
 [50 90 60]]

调用 median() 函数：
65.0

沿轴 0 调用 median() 函数：
[ 50. 90. 60.]

沿轴 1 调用 median() 函数：
[ 65. 80. 60.]
```

5. numpy.mean()

算术平均值是沿轴的元素的总和除以元素的数量。numpy.mean()函数返回数组中元素的算术平均值。如果提供了轴，就沿其轴进行计算。

6. numpy.average()

加权平均值是由每个分量乘以反映其重要性的因子得到的平均值。numpy.average()函数根据在另一个数组中给出的各自的权重，计算数组中元素的加权平均值。该函数可以接收一个轴参数。如果没有指定轴，数组就会被展开。

考虑数组[1,2,3,4]和相应的权重[4,3,2,1]，通过将相应元素的乘积相加，并将和除以权重的和来计算加权平均值。

$$加权平均值 = (1*4+2*3+3*2+4*1)/(4+3+2+1)$$

7. 标准差

标准差是与均值的偏差的平方的平均值的平方根。标准差公式如下：

$$std = sqrt(mean((x - x.mean())**2)) \tag{3.1}$$

若数组是[1,2,3,4]，则其平均值为 2.5。因此，差的平方是[2.25,0.25,0.25,2.25]，其平均值的平方根除以 4，即 sqrt(5/4)是 1.1180339887498949。

8. 方差

方差是偏差的平方的平均值，即 mean((x - x.mean())** 2)。换句话说，标准差是方差的平方根。

3.14 排序、搜索和计数函数

NumPy 中提供了各种排序相关功能。这些排序函数实现不同的排序算法，每个排序算法的特征在于执行速度、最坏情况的性能、所需的工作空间和算法的稳定性。表 3.3 显示了 3 种排序算法的比较。

表 3.3　三种排序算法的比较

种类	速度	最坏情况	工作空间	稳定性
'quicksort'(快速排序)	1	O(n^2)	0	否
'mergesort'(归并排序)	2	O(n*log(n))	~n/2	是
'heapsort'(堆排序)	3	O(n*log(n))		否

1．numpy.sort()

sort()函数返回输入数组的排序副本。它有以下参数：

numpy.sort(a, axis, kind, order)

- a: 要排序的数组。
- axis: 要排序的数组的轴，如果没有数组就会被展开，沿着最后的轴排序。
- kind: 默认为'quicksort'（快速排序）。
- order: 如果数组包含字段，就是要排序的字段。

【例3.81】

```
import numpy as np
a = np.array([[3,7],[9,1]])
print '我们的数组是：'
print a
print '\n'
print '调用 sort() 函数：'
print np.sort(a)
print '\n'
print '沿轴 0 排序：'
print np.sort(a, axis =  0)
print '\n'
```

```
# 在 sort 函数中排序字段
dt = np.dtype([('name', 'S10'),('age', int)])
a = np.array([("raju",21),("anil",25),("ravi", 17), ("amar",27)], dtype =
dt)
print '我们的数组是：'
print a
print '\n'
print '按 name 排序：'
print np.sort(a, order = 'name')
```

输出如下：

```
我们的数组是：
[[3 7]
 [9 1]]

调用 sort() 函数：
[[3 7]
 [1 9]]

沿轴 0 排序：
[[3 1]
 [9 7]]

我们的数组是：
[('raju', 21) ('anil', 25) ('ravi', 17) ('amar', 27)]

按 name 排序：
[('amar', 27) ('anil', 25) ('raju', 21) ('ravi', 17)]
```

2. numpy.argsort()

该函数对输入数组沿给定轴执行间接排序，并使用指定排序类型返回数据的索引数组。这个索引数组用于构造排序后的数组。

【例3.82】

```
import numpy as np
x = np.array([3, 1, 2])
print '我们的数组是：'
print x
print '\n'
print '对 x 调用 argsort() 函数：'
y = np.argsort(x)
print y
print '\n'
print '以排序后的顺序重构原数组：'
print x[y]
print '\n'
```

```
print  '使用循环重构原数组：'
for i in y:
    print x[i],
```

输出如下：

```
我们的数组是：
[3 1 2]

对 x 调用 argsort() 函数：
[1 2 0]

以排序后的顺序重构原数组：
[1 2 3]

使用循环重构原数组：
1 2 3
```

3. numpy.lexsort()

该函数使用键序列执行间接排序。键可以看作电子表格中的一列。该函数返回一个索引数组，使用它可以获得排序数据。注意，最后一个键恰好是 sort 的主键。

【例3.83】

```
import numpy as np

nm = ('raju','anil','ravi','amar')
dv = ('f.y.',  's.y.',  's.y.',  'f.y.')
ind = np.lexsort((dv,nm))
print  '调用 lexsort() 函数：'
print ind
print '\n'
print  '使用这个索引来获取排序后的数据：'
print [nm[i]  + ", " + dv[i]  for i in ind]
```

输出如下：

```
调用 lexsort() 函数：
[3 1 0 2]

使用这个索引来获取排序后的数据：
['amar, f.y.', 'anil, s.y.', 'raju, f.y.', 'ravi, s.y.']
```

4. NumPy

NumPy 模块有一些用于在数组内搜索的函数，它提供了用于找到最大值、最小值以及满足给定条件的元素的函数，如 numpy.argmax()和 numpy.argmin()函数。这两个函数分别沿给定轴返回最大元素和最小元素的索引。

5. 其他函数

- numpy.nonzero()：该函数返回输入数组中非零元素的索引。
- numpy.where()：该函数返回输入数组中满足给定条件的元素的索引。
- numpy.extract()：该函数返回满足任何条件的元素。

3.15 字节交换

存储在计算机内存中的数据取决于 CPU 使用的架构。它可以是小端（最小有效位存储在最小地址中）或大端（最小有效字节存储在最大地址中）。

numpy.ndarray.byteswap()函数在两个表示：大端和小端之间切换。

【例3.84】

```
import numpy as np
a = np.array([1, 256, 8755], dtype = np.int16)
print '我们的数组是：'
print a
print '以十六进制表示内存中的数据：'
print map(hex,a)
# byteswap() 函数通过传入 true 来原地交换
print '调用 byteswap() 函数：'
print a.byteswap(True)
print '十六进制形式：'
print map(hex,a)
# 我们可以看到字节已经交换了
```

输出如下：

```
我们的数组是：
[1 256 8755]

以十六进制表示内存中的数据：
['0x1', '0x100', '0x2233']

调用 byteswap() 函数：
[256 1 13090]

十六进制形式：
['0x100', '0x1', '0x3322']
```

3.16　副本和视图

在执行函数时，其中一些返回输入数组的副本，而另一些返回视图。当内容物理存储在另一个位置时，称为副本。如果提供了相同内存内容的不同视图，就将其称为视图。

1. 无复制

简单的赋值不会创建数组对象的副本。相反，使用原始数组的相同 id() 来访问它。id() 返回 Python 对象的通用标识符，类似于 C 中的指针。

此外，一个数组的任何变化都反映在另一个数组上。例如，一个数组的形状改变会改变另一个数组的形状。

【例3.85】

```
import numpy as np
a = np.arange(6)
print '我们的数组是：'
print a
print '调用 id() 函数：'
print id(a)
print 'a 赋值给 b：'
b = a
print b
print 'b 拥有相同 id()：'
print id(b)
print '修改 b 的形状：'
b.shape =  3,2
print b
print 'a 的形状也修改了：'
print a
```

输出如下：

```
我们的数组是：
[0 1 2 3 4 5]

调用 id() 函数：
139747815479536

a 赋值给 b：
[0 1 2 3 4 5]
b 拥有相同 id()：
139747815479536
```

```
修改 b 的形状:
[[0 1]
 [2 3]
 [4 5]]


a 的形状也修改了:
[[0 1]
 [2 3]
 [4 5]]
```

2. 视图或浅复制

NumPy 拥有 ndarray.view() 方法, 它是一个新的数组对象, 并可查看原始数组的相同数据。与前一种情况不同, 新数组的维数更改不会更改原始数据的维数。

【例3.86】

```
import numpy as np
# 最开始 a 是个 3X2 的数组
a = np.arange(6).reshape(3,2)
print '数组 a:'
print a
print '创建 a 的视图:'
b = a.view()
print b
print '两个数组的 id() 不同:'
print 'a 的 id():'
print id(a)
print 'b 的 id():'
print id(b)
# 修改 b 的形状, 并不会修改 a
b.shape = 2,3
print 'b 的形状:'
print b
print 'a 的形状:'
print a
```

输出如下:

```
数组 a:
[[0 1]
 [2 3]
 [4 5]]
创建 a 的视图:
[[0 1]
 [2 3]
 [4 5]]
```

```
两个数组的 id() 不同：
a 的 id():
140424307227264
b 的 id():
140424151696288

b 的形状：
[[0 1 2]
 [3 4 5]]
a 的形状：
[[0 1]
 [2 3]
 [4 5]]
```

3.17 矩阵库

NumPy 包包含一个 Matrix 库 numpy.matlib。此模块的函数返回矩阵而不是返回 ndarray
对象。

1. matlib.empty()

该函数返回一个新的矩阵，而不初始化元素。该函数接收以下参数：

numpy.matlib.empty(shape, dtype, order)

- shape: 定义新矩阵形状的整数或整数元组。
- dtype: 可选，输出的数据类型。
- order: C 或者 F。

【例3.87】

```
import numpy.matlib
import numpy as np
print np.matlib.empty((2,2))
# 填充为随机数据
```

输出如下：

```
[[ 2.12199579e-314,   4.24399158e-314]
 [ 4.24399158e-314,   2.12199579e-314]]
```

2. numpy.matlib.zeros()

该函数返回以 0 填充的矩阵。

【例3.88】

```
import numpy.matlib
```

```
import numpy as np
print np.matlib.zeros((2,2))
```

输出如下：

```
[[ 0.  0.]
 [ 0.  0.]])
```

3. numpy.matlib.ones()

该函数返回以 1 填充的矩阵。

【例3.89】

```
import numpy.matlib
import numpy as np
print np.matlib.ones((2,2))
```

输出如下：

```
[[ 1.  1.]
 [ 1.  1.]]
```

4. numpy.matlib.eye()

该函数返回一个矩阵，对角线元素为 1，其他位置为0。该函数接收以下参数：

numpy.matlib.eye(n, M,k, dtype)

- n: 返回矩阵的行数。
- M: 返回矩阵的列数，默认为 n。
- k: 对角线的索引。
- dtype: 输出的数据类型。

【例3.90】

```
import numpy.matlib
import numpy as np
print np.matlib.eye(n = 3, M = 4, k = 0, dtype = float)
```

输出如下：

```
[[ 1.  0.  0.  0.]
 [ 0.  1.  0.  0.]
 [ 0.  0.  1.  0.]])
```

5. numpy.matlib.identity()

该函数返回给定大小的单位矩阵。单位矩阵是主对角线元素都为 1 的方阵。

【例3.91】

```
import numpy.matlib
import numpy as np
```

```
print np.matlib.identity(5, dtype =  float)
```

输出如下：

```
[[ 1.  0.  0.  0.  0.]
 [ 0.  1.  0.  0.  0.]
 [ 0.  0.  1.  0.  0.]
 [ 0.  0.  0.  1.  0.]
 [ 0.  0.  0.  0.  1.]]
```

6. numpy.matlib.rand()

该函数返回给定大小的填充随机值的矩阵。

【例3.92】

```
import numpy.matlib
import numpy as np
print np.matlib.rand(3,3)
```

输出如下：

```
[[ 0.82674464  0.57206837  0.15497519]
 [ 0.33857374  0.35742401  0.90895076]
 [ 0.03968467  0.13962089  0.39665201]]
```

注意，矩阵总是二维的，而 ndarray 是一个 n 维数组。两个对象是可互换的。

3.18　线性代数模块

NumPy 包包含numpy.linalg模块，提供线性代数所需的所有功能。此模块中的一些重要功能如下。

- dot：两个数组的点积。
- vdot：两个向量的点积。
- inner：两个数组的内积。
- matmul：两个数组的矩阵积。
- determinant：数组的行列式。
- solve：求解线性矩阵方程。
- inv：寻找矩阵的乘法逆矩阵。

1. numpy.dot()

该函数返回两个数组的点积。对于二维向量，其等效于矩阵乘法。对于一维数组，它是向量的内积。对于 N 维数组，它是 a 的最后一个轴上的和与 b 的倒数第二个轴的乘积。

【例3.93】

```
import numpy.matlib
import numpy as np

a = np.array([[1,2],[3,4]])
b = np.array([[11,12],[13,14]])
np.dot(a,b)
```

输出如下：

```
[[37  40]
 [85  92]]
```

要注意点积计算为：

[[1*11+2*13, 1*12+2*14],[3*11+4*13, 3*12+4*14]]

2. numpy.vdot()

该函数返回两个向量的点积。如果第一个参数是复数，那么它的共轭复数会用于计算。如果参数 id 是多维数组，它就会被展开。

【例3.94】

```
import numpy as np
a = np.array([[1,2],[3,4]])
b = np.array([[11,12],[13,14]])
print np.vdot(a,b)
```

输出如下：

```
130
```

注意：1*11 + 2*12 + 3*13 + 4*14 = 130。

3. numpy.inner()

该函数返回一维数组的向量内积。 对于更高的维度，它返回最后一个轴上的和的乘积。

【例3.95】

```
import numpy as np
print np.inner(np.array([1,2,3]),np.array([0,1,0]))
# 等价于 1*0+2*1+3*0
```

输出如下：

```
2
```

4. numpy.matmul()

该函数返回两个数组的矩阵乘积。 虽然它返回二维数组的正常乘积，但若任一参数的维数大于 2，则将其视为存在于最后两个索引的矩阵的栈，并进行相应广播。若任一参数是一维数组，则通过在其维度上附加 1 来将其提升为矩阵，并在乘法之后被去除。

【例3.96】

```
# 对于二维数组，它就是矩阵乘法
import numpy.matlib
import numpy as np

a = [[1,0],[0,1]]
b = [[4,1],[2,2]]
print np.matmul(a,b)
```

输出如下：

```
[[4  1]
 [2  2]]
```

5. numpy.linalg.det()

行列式在线性代数中是非常有用的值。它从方阵的对角元素计算。对于 2×2 矩阵，它是左上和右下元素的乘积与其他两个的乘积的差。换句话说，对于矩阵[[a，b]，[c，d]]，行列式计算为 ad-bc。较大的方阵被认为是 2×2 矩阵的组合。

【例3.97】

```
b = np.array([[6,1,1], [4, -2, 5], [2,8,7]])
print b
print np.linalg.det(b)
print 6*(-2*7 - 5*8) - 1*(4*7 - 5*2) + 1*(4*8 - -2*2)
```

输出如下：

```
[[ 6 1 1]
 [ 4 -2 5]
 [ 2 8 7]]

-306.0

-306
```

6. numpy.linalg.solve()

该函数给出了矩阵形式的线性方程的解。

【例3.98】

考虑以下线性方程：

```
x + y + z = 6
2y + 5z = -4
2x + 5y - z = 27
```

可以使用矩阵表示为：

$$\begin{bmatrix} 1 & 1 & 1 \\ 0 & 2 & 5 \\ 2 & 5 & -1 \end{bmatrix} \begin{bmatrix} x \\ y \\ z \end{bmatrix} = \begin{bmatrix} 6 \\ -4 \\ 27 \end{bmatrix}$$

如果矩阵成为A、X和B，方程可变为：

```
AX = B
```

或

```
X = A^(-1)B
```

7. numpy.linalg.inv()

该函数用来计算矩阵的逆。矩阵的逆是这样的，若它乘以原始矩阵，则得到单位矩阵。

【例3.99】

```
import numpy as np

x = np.array([[1,2],[3,4]])
y = np.linalg.inv(x)
print x
print y
print np.dot(x,y)
```

输出如下：

```
[[1 2]
 [3 4]]
[[-2.   1. ]
 [ 1.5 -0.5]]
[[  1.00000000e+00   1.11022302e-16]
 [  0.00000000e+00   1.00000000e+00]]
```

3.19 Matplotlib 库

Matplotlib 是 Python 的绘图库。它可与 NumPy 一起使用，提供了一种有效的 MatLab 开源替代方案。它也可以和图形工具包一起使用，如 PyQt 和 wxPython。

Matplotlib 模块最初是由 John D. Hunter 编写的。自 2012 年以来，Michael Droettboom 是主要开发者。目前，Matplotlib 1.5.1 是可用的稳定版本。该软件包可以进行二进制分发，其源代码形式在 www.matplotlib.org 上提供。

通常，通过添加以下语句将包导入Python 脚本中：

```
from matplotlib import pyplot as plt
```

这里 pyplot()是 Matplotlib 库中最重要的函数，用于绘制 2D 数据。

【例3.100】

使用以下脚本绘制方程y = 2x + 5。

```
import numpy as np
from matplotlib import pyplot as plt

x = np.arange(1,11)
y = 2 * x + 5
plt.title("Matplotlib demo")
plt.xlabel("x axis caption")
plt.ylabel("y axis caption")
plt.plot(x,y) plt.show()
```

ndarray 对象 x 由 np.arange()函数创建为 x 轴上的值，y 轴上的对应值存储在另一个数组对象 y 中。这些值使用 Matplotlib 软件包的 pyplot 子模块的 plot()函数绘制，如图 3.2 所示。图形由 show()函数展示。

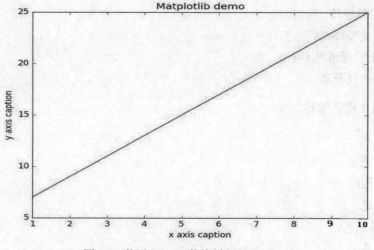

图 3.2　使用 plot()函数绘制方程 y = 2x + 5

作为线性图的替代，可以通过向plot()函数添加格式字符串来显示离散值。可以使用以下格式化字符。

- '-': 实线样式。
- '--': 短横线样式。
- '-.': 点划线样式。
- ':': 虚线样式。
- '.': 点标记。
- ',': 像素标记。
- 'o': 圆标记。

- 'v': 倒三角标记。
- '^': 正三角标记。
- '<': 左三角标记。
- '>': 右三角标记。
- '1': 下箭头标记。
- '2': 上箭头标记。
- '3': 左箭头标记。
- '4': 右箭头标记。
- 's': 正方形标记。
- 'p': 五边形标记。
- '*': 星形标记。
- 'h': 六边形标记 1。
- 'H': 六边形标记 2。
- '+': 加号标记。
- 'x': X 标记。
- 'D': 菱形标记。
- 'd': 窄菱形标记。
- '|': 竖直线标记。
- '_': 水平线标记。

还定义了以下颜色缩写。

- 'b': 蓝色。
- 'g': 绿色。
- 'r': 红色。
- 'c': 青色。
- 'm': 品红色。
- 'y': 黄色。
- 'k': 黑色。
- 'w': 白色。

3.20 Matplotlib 绘制直方图

NumPy 有一个 numpy.histogram() 函数，它用于实现数据的频率分布的图形表示。水平尺寸相等的矩形对应于类间隔，称为 bin，变量 height 对应频率。

1. numpy.histogram()

该函数将输入数组和 bin 作为两个参数。bin 数组中的连续元素用作每个 bin 的边界。

【例3.101】

```
import numpy as np

a = np.array([22,87,5,43,56,73,55,54,11,20,51,5,79,31,27]) ]
np.histogram(a,bins = [0,20,40,60,80,100])
hist,bins = np.histogram(a,bins = [0,20,40,60,80,100])
print hist
print bins
```

输出如下：

```
[3 4 5 2 1]
[0 20 40 60 80 100]
```

2. plt()

Matplotlib 可以将直方图的数字表示转换为图形。pyplot 子模块的 plt()函数将包含数据和 bin 数组的数组作为参数，并转换为直方图。

【例3.102】

```
from matplotlib import pyplot as plt
import numpy as np

a = np.array([22,87,5,43,56,73,55,54,11,20,51,5,79,31,27])
plt.hist(a, bins = [0,20,40,60,80,100])
plt.title("histogram")
plt.show()
```

效果如图 3.3 所示。

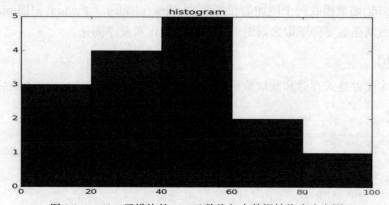

图 3.3　pyplot 子模块的 plt()函数将包含数据转换为直方图

3.21 IO 文件操作

ndarray对象可以保存到磁盘文件并从磁盘文件加载。可用的 IO 功能有：

- load()和 save()函数处理 NumPy 二进制文件（带.npy 扩展名）。
- loadtxt()和 savetxt()函数处理正常的文本文件。

NumPy 为 ndarray 对象引入了一个简单的文件格式。这个.npy 文件在磁盘文件中，存储重建 ndarray 所需的数据、图形、dtype 和其他信息，以便正确获取数组，即使该文件在具有不同架构的另一台机器上。

1. numpy.save()

该函数将输入数组存储在具有.npy 扩展名的磁盘文件中。

【例3.103】

```
import numpy as np
a = np.array([1,2,3,4,5])
np.save('outfile',a)
```

为了从outfile.npy重建数组，请使用load()函数。

```
import numpy as np
b = np.load('outfile.npy')
print b
```

输出如下：

```
array([1, 2, 3, 4, 5])
```

save()和 load()函数接收一个附加的布尔参数 allow_pickles。 Python 中的 pickle 用于在保存到磁盘文件或从磁盘文件读取之前对对象进行序列化和反序列化。

2. savetxt()

以简单文本文件格式存储和获取数组数据，是通过 savetxt()和 loadtx()函数完成的。

【例3.104】

```
import numpy as np

a = np.array([1,2,3,4,5])
np.savetxt('out.txt',a)
b = np.loadtxt('out.txt')
print b
```

输出如下：

```
[ 1.  2.  3.  4.  5.]
```

savetxt()和 loadtxt()函数接收附加的可选参数，例如页首、页尾和分隔符。

3.22　NumPy 实例：GPS 定位

以 GPS 系统为例介绍卫星定位的计算方法。GPS 定位的基本原理：根据高速运动卫星的瞬间位置作为已知的起算数据，采用空间距离后方交会的方法确定待测点的位置。

假设 t 时刻在地面待测点上安置 GPS 接收机，可以测定 GPS 信号到达接收机的时间$\triangle t$，再加上接收机所接收到的卫星星历等其他数据，就可以确定一个方程组来对位置信息进行求解。假设地球上一个点 R，同时收到 6 颗卫星（$S_1, S_2, \cdots, S_6$）发射的信号，假设接收信息如图 3.4 所示（图来源于网络）。其中 x、y 表示卫星的经纬度，z 表示卫星的高度。

信号源	x, y, z位置	收到信号的时间戳
S1	3, 2, 3	10010. 00692286
S2	1, 3, 1	10013. 34256381
S3	5, 7, 4	10016. 67820476
S4	1, 7, 3	10020. 01384571
S5	7, 6, 7	10023. 34948666
S6	1, 4, 9	10030. 02076857

图 3.4　6 颗卫星的空间位置和信号接收时间戳

【例3.105】

由于上述 6 个卫星和地球在高速运动，从卫星发出的位置信息以光速传输到 GPS 接收端需要一定的时间。假设(x,y,z,t)表示 R 当前的位置，t 是 R 的相对时间，卫星 S_1 发出信号时刻到当前接收时刻满足以下关系（其中 c 是光速）：

$$(x\text{-}3)\wedge 2 + (y\text{-}2)\wedge 2 + (z\text{-}3)\wedge 2 = [(10010.00692286 - t)*c]\wedge 2$$

该公式表示以(x, y, z,t)为参数的（欧式空间距离）与信号传输距离相等。

对于卫星 $S_1, S_2, \cdots, S_6$，满足方程组：

$$\begin{cases} (x-3)^2+(y-2)^2+(z-3)^2-[(10010.00692286-t)*c]^2=0 \\ (x-1)^2+(y-3)^2+(z-1)^2-[(10013.34256381-t)*c]^2=0 \\ (x-5)^2+(y-7)^2+(z-4)^2-[(10016.67820476-t)*c]^2=0 \\ (x-1)^2+(y-7)^2+(z-3)^2-[(10020.01384571-t)*c]^2=0 \\ (x-7)^2+(y-6)^2+(z-7)^2-[(10023.34948666-t)*c]^2=0 \\ (x-1)^2+(y-4)^2+(z-9)^2-[(10030.02076857-t)*c]^2=0 \end{cases} \tag{3.2}$$

其中，光速为常数 c=0.299792458km/us。上述方程组是非线性的，但很容易将所有二次项都消去（每个公式减去第一个公式），从而得到：

$$\begin{pmatrix} 4 & -4 & -12 & 3.59751 \\ 0 & -2 & -16 & 2.99792 \\ 8 & 6 & -10 & 2.39834 \\ 0 & 6 & -12 & 1.79875 \\ 12 & 4 & -4 & 1.19917 \end{pmatrix} \begin{pmatrix} x \\ y \\ z \\ t \end{pmatrix} = \begin{pmatrix} 35971.1 \\ 29957.2 \\ 24031.4 \\ 17993.5 \\ 12059.7 \end{pmatrix} \tag{3.3}$$

此时，上述等式变成了 A*X=B 形式，根据线性代数方法，X=A^{-1}*B，即只需对系数矩阵求逆，再乘以常数矩阵便可以得到方程组的解。

GPS 定位的问题建模，上面给出了 GPS 的定位原理，如何利用计算机辅助 GPS 的定位计算呢？以 6 颗卫星为例，GPS 定位计算问题的 IPO 模式描述如下：

● 输入：6 颗卫星的欧式坐标和信号时间戳。

● 处理：GPS 定位算法。

● 输出：GPS 接收设备的地理坐标和当前时间。

假设第 i 颗卫星的坐标和时间戳表示为(x_i, y_i, z_i, t_i)，结合上述例子，GPS 定位算法可以描述为如下公式：

$$\begin{pmatrix} x_1-x_2 & y_1-y_2 & z_1-z_2 & c^2(t_1-t_2) \\ x_1-x_3 & y_1-y_3 & z_1-z_3 & c^2(t_1-t_3) \\ x_1-x_4 & y_1-y_4 & z_1-z_4 & c^2(t_1-t_4) \\ x_1-x_5 & y_1-y_5 & z_1-z_5 & c^2(t_1-t_5) \\ x_1-x_6 & y_1-y_6 & z_1-z_6 & c^2(t_1-t_6) \end{pmatrix} \begin{pmatrix} x \\ y \\ z \\ t \end{pmatrix} = \begin{pmatrix} [(t_2^2-t_1^2)c^2-(x_2^2-x_1^2+y_2^2-y_1^2+z_2^2-z_1^2)]/2 \\ [(t_3^2-t_1^2)c^2-(x_3^2-x_1^2+y_3^2-y_1^2+z_3^2-z_1^2)]/2 \\ [(t_4^2-t_1^2)c^2-(x_4^2-x_1^2+y_4^2-y_1^2+z_4^2-z_1^2)]/2 \\ [(t_5^2-t_1^2)c^2-(x_5^2-x_1^2+y_5^2-y_1^2+z_5^2-z_1^2)]/2 \\ [(t_6^2-t_1^2)c^2-(x_6^2-x_1^2+y_6^2-y_1^2+z_6^2-z_1^2)]/2 \end{pmatrix} \tag{3.4}$$

下面将使用 NumPy 函数库实现上述矩阵操作。程序中用到的函数如下：

● numpy.dot(a,b)：计算矩阵 a 与矩阵 b 的点积。

● numpy.linalg.inv(a)：求矩阵 a 的逆矩阵。

GPS 定位实现的 Python 代码如下：

```
from numpy import *
def main_GPSLocation():
    i = 1
    c = 0.299792458  # 光速 0.299792458km/us
    x = zeros((6, 4)) #存储6个卫星的 (x,y,z,t) 参数
    while i<=6:
        print(" %s %d" % ("please input (x,y,z,t) of group",i) )
        temp=input()
        x[i-1]=temp.split()
        j=0
        while j<4:
            x[i-1][j]=float(x[i-1][j])
            j=j+1
        i=i+1
    a=zeros((4,4)) #系数矩阵
    b=zeros((4,1)) #常数项
    j=0
    while j<4:
        a[j][0]=2*(x[5][0]-x[j][0])
        a[j][1]=2*(x[5][1]-x[j][1])
        a[j][2]=2*(x[5][2]-x[j][2])
        a[j][3]=2*c*c*(x[j][3]-x[5][3])
        b[j][0]=x[5][0] * x[5][0] - x[j][0] * x[j][0] + \
                x[5][1] * x[5][1] - x[j][1] * x[j][1] + \
                x[5][2] * x[5][2] - x[j][2] * x[j][2] + \
            c*c*(x[j][3] * x[j][3] - x[5][3] * x[5][3])
        j=j+1
    a_ni=linalg.inv(a)  #系数矩阵求逆
    print(dot(a_ni,b))

main_GPSLocation()
```

其中，zeros 是 NumPy 提供的函数，用来建立指定维度的数组。zeros 用来生成数组 x 用于存储接收来自外部输入的 6 颗卫星的坐标，数组 a、b 用来存放前面算法中的系数矩阵。例程中还展示了两种数组的索引方法，最后调用求矩阵逆的函数及点乘操作完成坐标计算。

运行程序后，依次输入 6 颗卫星的坐标，运算结果如图 3.5 所示。

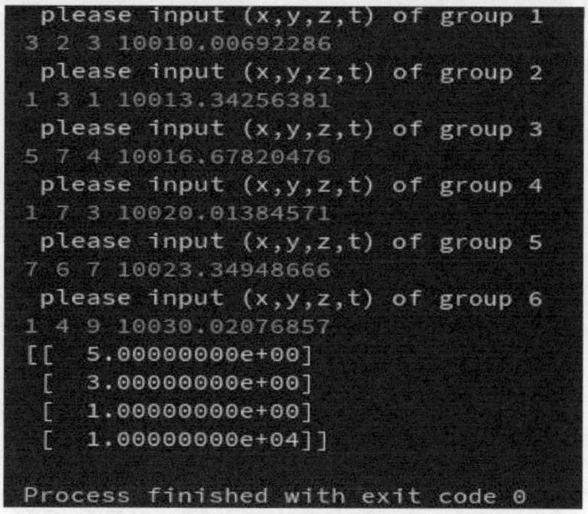

```
please input (x,y,z,t) of group 1
3 2 3 10010.00692286
please input (x,y,z,t) of group 2
1 3 1 10013.34256381
please input (x,y,z,t) of group 3
5 7 4 10016.67820476
please input (x,y,z,t) of group 4
1 7 3 10020.01384571
please input (x,y,z,t) of group 5
7 6 7 10023.34948666
please input (x,y,z,t) of group 6
1 4 9 10030.02076857
[[ 5.00000000e+00]
 [ 3.00000000e+00]
 [ 1.00000000e+00]
 [ 1.00000000e+04]]

Process finished with exit code 0
```

图 3.5　GPS 定位的程序实现运算结果

3.23 本章小结

　　Python 没有提供数组功能，NumPy 可以提供数组支持以及相应的高效处理函数，是 Python 数据分析的基础，也是 SciPy、Pandas 等数据处理和科学计算库基本的函数功能库，且其数据类型对 Python 数据分析十分有用。本章详细介绍了 NumPy 的语法及操作等。

第 4 章
大数据分析工具：SciPy

SciPy库构建于NumPy之上，提供了一个用于在Python中进行科学计算的工具集，如数值计算的算法和一些功能函数，可以方便地处理数据。SciPy库主要包含以下内容：

- 统计
- 优化
- 集成
- 线性代数
- 傅里叶变换
- 信号和图像处理

4.1　SciPy 简介

SciPy 是一个高级的科学计算库，它和 NumPy 的联系很密切，SciPy 一般都是操控 NumPy 数组来进行科学计算，所以可以说 SciPy 是基于 NumPy 的。

SciPy 由一些特定功能的子模块组成：

- SciPy.cluster：向量量化。
- SciPy.constants：数学常量。
- SciPy.fftpack：快速傅里叶变换。
- SciPy.integrate：积分。
- SciPy.interpolate：插值。
- SciPy.io：数据输入输出。
- SciPy.linalg：线性代数。
- SciPy.ndimage：N 维图像。
- SciPy.odr：正交距离回归。

- SciPy.optimize: 优化算法。
- SciPy.signal: 信号处理。
- SciPy.sparse: 稀疏矩阵。
- SciPy.spatial: 空间数据结构和算法。
- SciPy.special: 特殊数学函数。
- SciPy.stats: 统计函数。

它们全依赖NumPy，但是每个模块之间基本独立。导入NumPy和这些SciPy模块的标准方式是：

```
import numpy as np
from scipy import stats    # 其他子模块相同
```

主 SciPy 命名空间大多包含真正的 NumPy 函数（尝试 SciPy.cos 就是 np.cos）。这些仅仅是由于历史原因，通常没有理由在代码中使用 import SciPy。

4.2   文件输入和输出：SciPy.io

（1）这个模块可以加载和保存 Matlab 文件

【例4.1】

```
>>> from scipy import io as spio
>>> a = np.ones((3, 3))
>>> spio.savemat('file.mat', {'a': a}) # 保存字典到 file.mat
>>> data = spio.loadmat('file.mat', struct_as_record=True)
>>> data['a']
array([ [ 1., 1., 1.],
        [ 1., 1., 1.],
        [ 1., 1., 1.]])
```

（2）读取图片

【例4.2】

```
In [16]: from scipy import misc
In [17]: misc.imread('scikit.png')
Out[17]:
array([[[255, 255, 255, 255],
        [255, 255, 255, 255],
        [255, 255, 255, 255],
    ...,
    ...,
        [255, 255, 255, 255],
        [255, 255, 255, 255],
```

```
              [255, 255, 255, 255]]], dtype=uint8)

In [18]: import matplotlib.pyplot as plt
In [19]: plt.imread('scikit.png')
Out[19]:
array([[[ 1.,  1.,  1.,  1.],
         [ 1.,  1.,  1.,  1.],
         [ 1.,  1.,  1.,  1.],
       ...,

        [[ 1.,  1.,  1.,  1.],
         [ 1.,  1.,  1.,  1.],
         [ 1.,  1.,  1.,  1.],
       ...,
         [ 1.,  1.,  1.,  1.],
         [ 1.,  1.,  1.,  1.],
         [ 1.,  1.,  1.,  1.]]], dtype=float32)
```

（3）载入 TXT 文件

```
numpy.loadtxt()
numpy.savetxt()
```

（4）智能导入文本/CSV 文件

```
numpy.genfromtxt()
numpy.recfromcsv()
```

（5）高速、有效率，但 NumPy 特有的二进制格式

```
numpy.save()
numpy.load()
```

4.3　特殊函数：SciPy.special

特殊函数是先验函数，常用的有：

- 贝塞尔函数，如 SciPy.special.jn()（整数 n 阶贝塞尔函数）。
- 椭圆函数，如 SciPy.special.ellipj()（雅可比椭圆函数）。
- 伽马函数，如 SciPy.special.gamma()。还要注意 SciPy.special.gammaln()，这个函数给出对数坐标的伽马函数，因此有更高的数值精度。

4.4   线性代数操作：SciPy.linalg

SciPy.linalg 模块提供标准线性代数运算，依赖于底层有效率的实现（BLAS，LAPACK）。假如要计算一个方阵的行列式，需要调用 det()函数：

【例4.3】

```
>>> from scipy import linalg
>>> arr = np.array([[1, 2],
...                 [3, 4]])
>>> linalg.det(arr)
-2.0
>>> arr = np.array([[3, 2],
...                 [6, 4]])
>>> linalg.det(arr)
0.0
```

比如求一个矩阵的转置：

【例4.4】

```
>>> arr = np.array([[1, 2],
...                 [3, 4]])
>>> iarr = linalg.inv(arr)
>>> iarr
array([[-2. ,  1. ],
       [ 1.5, -0.5]])
```

4.5   快速傅里叶变换：sipy.fftpack

首先用 NumPy 初始化正弦信号，示例代码如下：

【例4.5】

```
>>> import numpy as np
>>> time_step = 0.02
>>> period = 5.
>>> time_vec = np.arange(0, 20, time_step)
>>> sig = np.sin(2 * np.pi / period * time_vec) + \
...       0.5 * np.random.randn(time_vec.size)
```

如果我们要计算该信号的采样频率，那么可以用 SciPy.fftpack.fftfreq()函数。计算它的快速傅里叶变换使用 SciPy.fftpack.fft()函数：

【例4.6】

```
>>> from scipy import fftpack
>>> sample_freq = fftpack.fftfreq(sig.size, d=time_step)
>>> sig_fft = fftpack.fft(sig)
```

NumPy 中也有用于计算快速傅里叶变换的模块：numpy.fft。但是 SciPy.fftpack 是我们的首选，因为它应用了更多底层的工具，工作效率要高一些。

4.6　　优化器：SciPy.optimize

优化是找到最小值或等式的数值解的问题。SciPy.optimization子模块提供了函数最小值（标量或多维）、曲线拟合和寻找等式的根的有用算法。SciPy.optimize通常用来最小化一个函数值，构建一个函数并绘制函数图。

【例4.7】

```
>>> def f(x):
...     return x**2 + 10*np.sin(x)
>>> x = np.arange(-10, 10, 0.1)
>>> plt.plot(x, f(x))
>>> plt.show()
```

效果如图 4.1 所示。

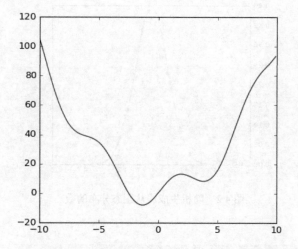

图 4.1　SciPy.optimize 构建一个函数并绘制函数图

如果要找出这个函数的最小值，也就是曲线的最低点，就可以使用BFGS优化算法（Broyden

Fletcher Goldfarb Shanno Algorithm）：

```
>>> optimize.fmin_bfgs(f, 0)
Optimization terminated successfully.
        Current function value: -7.945823
        Iterations: 5
        Function evaluations: 24
        Gradient evaluations: 8
array([-1.30644003])
```

可以得到最低点的值为-1.30644003，optimize.fmin_bfgs(f, 0)第二个参数0表示从0点的位置最小化，找到最低点（该点刚好为全局最低点）。假如从3点的位置开始梯度下降，那么得到的将会是局部最低点 3.83746663：

```
>>> optimize.fmin_bfgs(f, 3, disp=0)
array([ 3.83746663])
```

4.7   统计工具：SciPy.stats

Python 有一个很好的统计推断包，就是 SciPy 里面的 stats。

SciPy 的 stats 模块包含了多种概率分布的随机变量，随机变量分为连续的和离散的两种。所有的连续随机变量都是 rv_continuous 的派生类的对象，而所有的离散随机变量都是 rv_discrete 的派生类的对象。各个随机过程的随机数生成器可以从 numpy.random 中找到。

首先随机生成 1000 个服从正态分布的数，如图 4.2 所示。

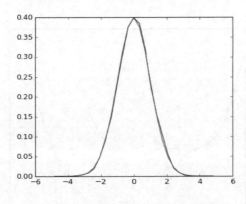

图 4.2   随机生成服从正态分布的数

【例4.8】

```
>>> a = np.random.normal(size=1000)
#用 stats 模块计算该分布的均值和标准差
>>> loc, std = stats.norm.fit(a)
>>> loc
```

126

```
0.0314345570...
>>> std
0.9778613090...
#中位数
>>> np.median(a)
0.04041769593...
```

SciPy 的其他模块（计算积分、信号处理、图像处理的模块）就不一一介绍了。其实机器学习最基础的部分还是统计算法和优化算法。

4.8　　SciPy 实例

4.8.1　最小二乘拟合

假设有一组实验数据($x[i]$, $y[i]$)，知道它们之间的函数关系：$y = f(x)$，通过这些已知信息，需要确定函数中的一些参数项。例如，如果 f 是一个线型函数 $f(x) = k*x+b$，那么参数 k 和 b 就是需要确定的值。如果将这些参数用 P 表示的话，就要找到一组 P 值使得如下公式中的 S 函数最小：

$$S(P) = \sum_{i=1}^{m}[y_i - f(x_i, P)]^2 \tag{4.1}$$

这种算法被称为最小二乘拟合（Least-Square Fitting）。

用已知数据集(x,y)去确定一组参数(k,b)，使得实际的 y 值减去预测的 y 值的平方和最小。

SciPy 中的子函数库 optimize 已经提供了实现最小二乘拟合算法的函数 leastsq。下面是用 leastsq 进行数据拟合的一个例子。

【例4.9】

```
# -*- coding: utf-8 -*-
# 注意，如果代码里有中文，那么文件开头必须添加上面这句话，或者添加"#encoding:utf-8"
import numpy as np
from scipy.optimize import leastsq
import pylab as pl

def func(x, p):
    """
    数据拟合所用的函数：A*sin(2*pi*k*x + theta)
    """
    A, k, theta = p
    return A*np.sin(2*np.pi*k*x+theta)
```

```
def residuals(p, y, x):
    """
    实验数据 x, y 和拟合函数之间的差, p 为拟合需要找到的系数
    """
    return y - func(x, p)


x = np.linspace(0, -2*np.pi, 100)
A, k, theta = 10, 0.34, np.pi/6           # 真实数据的函数参数
y0 = func(x, [A, k, theta])               # 真实数据
y1 = y0 + 2 * np.random.randn(len(x))     # 加入噪声之后的实验数据


p0 = [7, 0.2, 0]                          # 第一次猜测的函数拟合参数


# 调用 leastsq 进行数据拟合
# residuals 为计算误差的函数
# p0为拟合参数的初始值
# args 为需要拟合的实验数据
plsq = leastsq(residuals, p0, args=(y1, x))

print u"真实参数:", [A, k, theta]
print u"拟合参数", plsq[0]                  # 实验数据拟合后的参数

pl.plot(x, y0, label=u"真实数据")
pl.plot(x, y1, label=u"带噪声的实验数据")
pl.plot(x, func(x, plsq[0]), label=u"拟合数据")
pl.legend()
pl.show()
```

这个例子中要拟合的函数是一个正弦波函数, 它有 3 个参数: A、k 和 theta, 分别对应振幅、频率和相角。假设实验数据是一组包含噪声的数据 x, y1, 其中 y1 是在真实数据 y0 的基础上加入噪声得到的。

通过 leastsq 函数对带噪声的实验数据 x, y1 进行数据拟合, 可以找到 x 和真实数据 y0 之间的正弦关系的 3 个参数: A、k 和 theta。

最后可以发现拟合参数虽然和真实参数完全不同, 但是由于正弦函数具有周期性, 实际上拟合参数得到的函数和真实参数对应的函数是一致的。

4.8.2 函数最小值

optimize 库提供了几个求函数最小值的算法: fmin、fmin_powell、fmin_cg 和 fmin_bfgs。

对于一个离散的线性时不变系统传递函数 h, 如果它的输入是 x, 那么其输出 y 可以用 x 和 h 的卷积表示: y = x (*) h。

现在的问题是如果已知系统的输入 x 和输出 y, 如何计算系统的传递函数 h; 或者已知系统的传递函数 h 和系统的输出 y, 如何计算系统的输入 x。这种运算被称为反卷积运算, 是十

分困难的，特别是在实际的运用中，测量系统的输出总是存在误差的。

下面用 fmin 计算反卷积，这种方法只能用在很小规模的数列上，因此没有很大的实用价值，不过用来评价 fmin 函数的性能还是不错的。

【例4.10】

```
# -*- coding: utf-8 -*-
# 本程序用各种 fmin 函数求卷积的逆运算

import scipy.optimize as opt
import numpy as np

def test_fmin_convolve(fminfunc, x, h, y, yn, x0):
    """
    x (*) h = y, (*)表示卷积
    yn 为在 y 的基础上添加一些干扰噪声的结果
    x0为求解 x 的初始值
    """
    def convolve_func(h):
        """
        计算 yn - x (*) h 的 power
        fmin 将通过计算使得此 power 最小
        """
        return np.sum((yn - np.convolve(x, h))**2)

    # 调用 fmin 函数，以 x0为初始值
    h0 = fminfunc(convolve_func, x0)

    print fminfunc.__name__
    print "--------------------"
    # 输出 x (*) h0 和 y 之间的相对误差
    print "error of y:", np.sum((np.convolve(x, h0)-y)**2)/np.sum(y**2)
    # 输出 h0 和 h 之间的相对误差
    print "error of h:", np.sum((h0-h)**2)/np.sum(h**2)
    print
def test_n(m, n, nscale):
    """
    随机产生 x, h, y, yn, x0等数列，调用各种 fmin 函数求解 b
    m 为 x 的长度，n 为 h 的长度，nscale 为干扰的强度
    """
    x = np.random.rand(m)
    h = np.random.rand(n)
    y = np.convolve(x, h)
    yn = y + np.random.rand(len(y)) * nscale
    x0 = np.random.rand(n)

    test_fmin_convolve(opt.fmin, x, h, y, yn, x0)
```

```
        test_fmin_convolve(opt.fmin_powell, x, h, y, yn, x0)
        test_fmin_convolve(opt.fmin_cg, x, h, y, yn, x0)
        test_fmin_convolve(opt.fmin_bfgs, x, h, y, yn, x0)

    if __name__ == "__main__":
        test_n(200, 20, 0.1)

    if __name__ == "__main__"
```

上面这段代码的功能是,在当前文件下编译运行的时候执行 if 下面的语句。如果在其他文件内通过 import 调用本文件,if 内语句就不执行。

4.9　　本章小结

SciPy 依赖于 NumPy,提供了真正的矩阵,包含的功能有最优化、线性代数、积分、插值、拟合、特殊函数、快速傅里叶变换、信号处理、图像处理、常微分方程求解器等。SciPy 是高端科学计算工具包,由一些特定功能的子模块组成。

第 5 章
大数据分析工具：Matplotlib

Matplotlib 是 Python 2D 绘图领域使用广泛的套件。它能让使用者很轻松地将数据图形化，并且提供多样化的输出格式。本章将会探索 Matplotlib 的常见用法。在 Matplotlib 中使用最多的模块是 Pyplot。Pylab 是 Matplotlib 面向对象绘图库的一个接口。它的语法和 Matlab 十分相近。也就是说，它主要的绘图命令和 Matlab 对应的命令有相似的参数。

5.1　初级绘制

使用Matplotlib库绘图，原理很简单，就是下面这5步：

- 创建一个图纸（figure）。
- 在图纸上创建一个或多个绘图（plotting）区域（也叫子图、坐标系/轴）。
- 在 plotting 区域上描绘点、线等各种 marker。
- 为 plotting 添加修饰标签（绘图线上的或坐标轴上的）。
- 其他各种 DIY。

在上面的过程中，主要涉及下面3个元素：

- 变量。
- 函数。
- 图纸（figure）和子图（axes，也可以理解成坐标轴）。

其中，变量和函数通过改变 figure 和 axes 中的元素（例如标题、标签、点和线等）一起描述 figure 和 axes，也就是在画布上绘图。图片结构如图 5.1 所示。

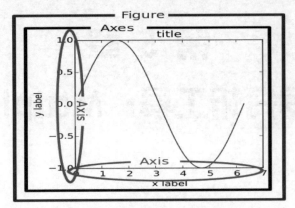

图 5.1　Matplotlib 库绘图图片结构

这一节将从简到繁：先尝试用默认配置在同一张图上绘制正弦和余弦函数图像，然后逐步美化它。

下面取得正弦函数和余弦函数的值：

```
from pylab import *

X = np.linspace(-np.pi, np.pi, 256,endpoint=True)
C,S = np.cos(X), np.sin(X)
```

X 现在是一个 NumPy 数组，包含从-π 到+π（包含 π）等差分布的 256 个值。C 是正弦值（256 个值），S 是余弦值（256 个值）。

可以在 IPython 的交互模式下测试代码，也可以执行Python文件。

```
python exercise_1.py
```

1. 使用默认配置

Matplotlib 的默认配置都允许用户自定义。可以调整大多数的默认配置：图片大小和分辨率（dpi）、线宽、颜色、风格、坐标轴以及网格的属性、文字与字体属性等。不过，Matplotlib 的默认配置在大多数情况下已经做得足够好，只在很少的情况下才会更改这些默认配置。

```
from pylab import *

X = np.linspace(-np.pi, np.pi, 256,endpoint=True)
C,S = np.cos(X), np.sin(X)

plot(X,C)
plot(X,S)

show()
```

Matplotlib 使用默认配置的正余弦图如图 5.2 所示。

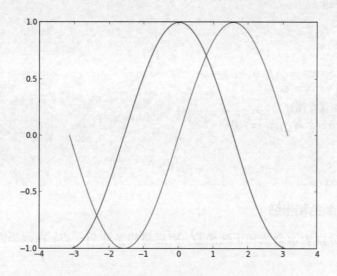

图 5.2　Matplotlib 使用默认配置的正余弦图

　　下面的代码中展现了 Matplotlib 的默认配置并辅以注释说明，这部分配置包含有关绘图样式的所有配置。代码中的配置与默认配置完全相同，可以在交互模式中修改其中的值来观察效果。

```
# 导入 Matplotlib 的所有内容（NymPy 可以用 np 这个名字）
from pylab import *

# 创建一个 8 * 6 点（point）的图，并设置分辨率为 80
figure(figsize=(8,6), dpi=80)

# 创建一个新的 1 * 1 的子图，接下来的图样绘制在其中的第 1 块（也是唯一的一块）
subplot(1,1,1)

X = np.linspace(-np.pi, np.pi, 256,endpoint=True)
C,S = np.cos(X), np.sin(X)

# 绘制余弦曲线，使用蓝色的、连续的、宽度为 1 （像素）的线条
plot(X, C, color="blue", linewidth=1.0, linestyle="-")

# 绘制正弦曲线，使用绿色的、连续的、宽度为 1 （像素）的线条
plot(X, S, color="green", linewidth=1.0, linestyle="-")

# 设置横轴的上下限
xlim(-4.0,4.0)

# 设置横轴记号
xticks(np.linspace(-4,4,9,endpoint=True))
```

```
# 设置纵轴的上下限
ylim(-1.0,1.0)

# 设置纵轴记号
yticks(np.linspace(-1,1,5,endpoint=True))

# 以分辨率 72 来保存图片
# savefig("exercice_2.png",dpi=72)

# 在屏幕上显示
show()
```

2. 改变线条的颜色和粗细

以蓝色和红色分别表示余弦和正弦函数，而后将线条变粗一点。在水平方向拉伸一下整个图，如图 5.3 所示。

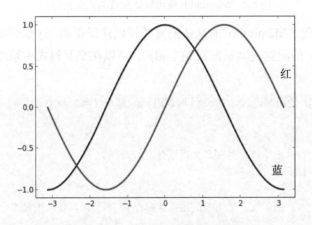

图 5.3　改变线条的颜色和粗细

```
figure(figsize=(10,6), dpi=80)
plot(X, C, color="blue", linewidth=2.5, linestyle="-")
plot(X, S, color="red",  linewidth=2.5, linestyle="-")
```

3. 设置边界

当前的图像边界有点太紧了，而且想要预留一点空间使数据点更清晰。

```
xlim(X.min()*1.1, X.max()*1.1)
ylim(C.min()*1.1, C.max()*1.1)
```

4. 设置刻度

当前的刻度并不理想，因为不显示正余弦中我们感兴趣的值（+/-π,+/-π/2）。我们将进行更改，让其只显示这些值。

```
xticks( [-np.pi, -np.pi/2, 0, np.pi/2, np.pi])
```

```
yticks([-1, 0, +1])
```

效果如图 5.4 所示。

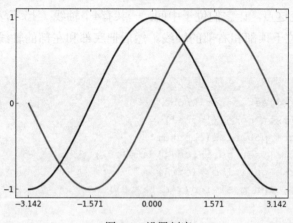

图 5.4　设置刻度

5. 设置刻度标签

刻度已经设置得很合适了，但是其标签并不是很清楚，可以猜出 3.142 是 π，但是最好让它更直接。当设置刻度值时，也可以在第二个参数列表中提供相应的标签。注意，用 latex 可以获得更好渲染的标签。

```
xticks([-np.pi, -np.pi/2, 0, np.pi/2, np.pi],
      [r'$-\pi$', r'$-\pi/2$', r'$0$', r'$+\pi/2$', r'$+\pi$'])

yticks([-1, 0, +1],
      [r'$-1$', r'$0$', r'$+1$'])
```

效果如图 5.5 所示。

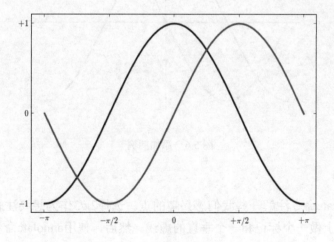

图 5.5　设置刻度标签

6. 移动轴线

轴线（spines）是连接刻度标志和标示数据区域边界的线。它们可以被放置在任意地方，现在是轴的边界。改变这点，让它们位于中间。一共有4个轴线（上/下/左/右）。通过将它们的颜色设置成None舍弃位于顶部和右部的轴线。然后把底部和左部的轴线移动到数据空间坐标中的零点。

```
ax = gca()
ax.spines['right'].set_color('none')
ax.spines['top'].set_color('none')
ax.xaxis.set_ticks_position('bottom')
ax.spines['bottom'].set_position(('data',0))
ax.yaxis.set_ticks_position('left')
ax.spines['left'].set_position(('data',0))
```

7. 添加图例

下面在图片左上角添加一个图例。这仅仅需要向plot命令添加关键字参数label（之后将被图例框使用）。

```
plot(X, C, color="blue", linewidth=2.5, linestyle="-", label="cosine")
plot(X, S, color="red",  linewidth=2.5, linestyle="-", label="sine")

legend(loc='upper left')
```

效果如图 5.6 所示。

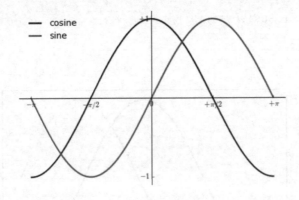

图 5.6　添加图例

8. 注解某些点

现在使用annotate命令注解一些我们感兴趣的点。选择$2\pi/3$作为想要注解的正弦值和余弦值。我们将在曲线上做一个标记和一个垂直的虚线。然后，使用annotate命令来显示一个箭头和一些文本。

```
t = 2*np.pi/3
```

```
plot([t,t],[0,np.cos(t)], color ='blue', linewidth=2.5, linestyle="--")
scatter([t,],[np.cos(t),], 50, color ='blue')

annotate(r'$sin(\frac{2\pi}{3})=\frac{\sqrt{3}}{2}$',
         xy=(t, np.sin(t)), xycoords='data',
         xytext=(+10, +30), textcoords='offset points', fontsize=16,
         arrowprops=dict(arrowstyle="->", connectionstyle="arc3,rad=.2"))

plot([t,t],[0,np.sin(t)], color ='red', linewidth=2.5, linestyle="--")
scatter([t,],[np.sin(t),], 50, color ='red')

annotate(r'$cos(\frac{2\pi}{3})=-\frac{1}{2}$',
         xy=(t, np.cos(t)), xycoords='data',
         xytext=(-90, -50), textcoords='offset points', fontsize=16,
         arrowprops=dict(arrowstyle="->", connectionstyle="arc3,rad=.2"))
```

效果如图 5.7 所示。

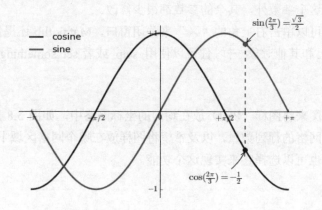

图 5.7　注解某些点

5.2　图像、子区、子图、刻度

到目前为止，我们都用隐式的方法来绘制图像和坐标轴。在快速绘图中，这种方法很方便。我们也可以显式地控制图像（Figures）、子图（Axes）和坐标轴。Matplotlib 中的"图像"指的是用户在界面上看到的整个窗口内容。在图像里面有所谓的"子图"。子图的位置是由坐标网格确定的，而"坐标轴"却不受此限制，可以放在图像的任意位置。我们已经隐式地使用过图像和子图：在调用 plot 函数的时候，Matplotlib 调用 gca() 函数和 gcf() 函数来获取当前的坐标轴和图像。如果无法获取图像，就会调用 figure() 函数来创建一个图像，严格地说，是用 subplot(1,1,1) 创建一个只有一个子图的图像。

1. 图像

所谓图像，就是 GUI 里以"Figure #"为标题的那些窗口。图像编号从 1 开始，与 Matlab 的风格一致，而与 Python 从 0 开始编号的风格不同。表 5.1 所示的参数是图像的属性。

表 5.1 图像的属性参数

参数	默认值	描述
num	1	图像的数量
figsi ze	figure.figsize	图像的长和宽（英寸）
dpi	figure.dpi	分辨率（点/英寸）
facecolor	figure.facecolor	绘图区域的背景颜色
edgecolor	figure.edgecolor	绘图区域边缘的颜色
frameon	True	是否绘制图像边缘

除了图像数量这个参数外，其余的参数都很少修改。

在图形界面中可以单击右上角的"×"来关闭窗口，Matplotlib 还提供了名为 close 的函数来关闭这个窗口。和其他对象一样，你可以使用 setp 或者 set_something 来设置图像的属性。

2. 子图

用户可以用子图来将图样（Plot）放在均匀的坐标网格中，如图 5.8 所示。用 subplot 函数的时候需要指明网格的行列数量，以及希望将图样放在哪个网格区域中。此外，gridspec 函数的功能更强大，也可以选择它来实现这个功能。

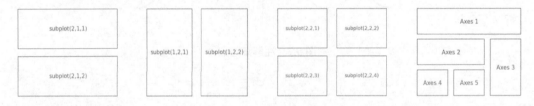

图 5.8 子图样式

3. 坐标轴

坐标轴和子图的功能类似，不过它可以放在图像的任意位置，样例图如图 5.9 所示。因此，如果希望在一幅图中绘制一个小图，就可以用这个功能。

4. 刻度

良好的刻度是图像的重要组成部分。Matplotlib 的刻度系统里的各个细节都可以由用户个性化配置。可以用 Tick Locators 来指定在哪些位置放置刻度，用 Tick Formatters 来调整刻度的样式。主要和次要的刻度可以以不同的方式呈现。默认情况下，每一个次要的刻度都是隐藏的，也就是说，次要刻度列表是空的（NullLocator）。坐标轴样例图如图 5.9 所示。

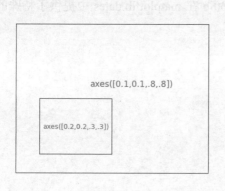 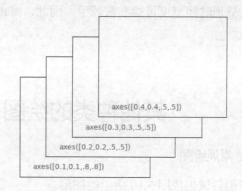

图 5.9　坐标轴样例图

表 5.2 所示为不同需求设计的一些 Locators。这些 Locators 都是 matplotlib.ticker.Locator 的子类，用户可以据此定义自己的 Locator。以日期为刻度特别复杂，因此 Matplotlib 提供了 matplotlib.dates 来实现这一功能。

表 5.2　刻度 Locators

类型	说明
NullLocator	无标记
IndexLocator	在每一个点的倍数上做一个标记 1　　　　4　　　　7　　　　10
FixedLocator	标记固定点 0　　2　　　　8　9　10
LinearLocator	决定标记的位置 0.0　　2.5　　5.0　　7.5　　10.0
MultipleLocator	在每一个基数的倍数上设置一个标记 0　1　2　3　4　5　6　7　8　9　10
AutoLocator	在合适的位置选择不超过几个间隔 0　　2　　4　　6　　8　　10
LogLocator	预测确定日志轴的刻度位置 1　2　　4　　　8

这些定位器源于 Matplotlib 的基类 matplotlib.ticker.Locator。用户可以源于它创建自己的定

位器。处理时间刻度可能非常棘手，因此，Matplotlib 在 matplotlib.dates 中提供了特殊的定位器。

5.3　　其他种类的绘图

1. 常规绘图

下面尝试生成图 5.10 所示的图形。

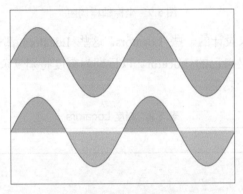

图 5.10　普通图

```
#
-------------------------------------------------------------------------
# Copyright (c) 2015, Nicolas P. Rougier. All Rights Reserved.
# Distributed under the (new) BSD License. See LICENSE.txt for more info.
#
-------------------------------------------------------------------------
import numpy as np
import matplotlib.pyplot as plt


n = 256
X = np.linspace(-np.pi,np.pi,n,endpoint=True)
Y = np.sin(2*X)


plt.axes([0.025,0.025,0.95,0.95])

plt.plot (X, Y+1, color='blue', alpha=1.00)
plt.fill_between(X, 1, Y+1, color='blue', alpha=.25)


plt.plot (X, Y-1, color='blue', alpha=1.00)
plt.fill_between(X, -1, Y-1, (Y-1) > -1, color='blue', alpha=.25)
plt.fill_between(X, -1, Y-1, (Y-1) < -1, color='red', alpha=.25)
```

```
plt.xlim(-np.pi,np.pi), plt.xticks([])
plt.ylim(-2.5,2.5), plt.yticks([])
# savefig('../figures/plot_ex.png',dpi=48)
plt.show()
```

提示：需要使用 fill_between 命令。

2. 散点图

下面尝试生成图 5.11 所示的图形，注意标记大小、颜色和透明度。

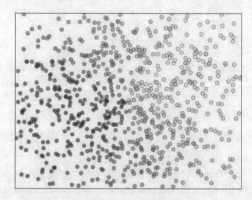

图 5.11　散点图

```
#
----------------------------------------------------------------------
# Copyright (c) 2015, Nicolas P. Rougier. All Rights Reserved.
# Distributed under the (new) BSD License. See LICENSE.txt for more info.
#
----------------------------------------------------------------------
import numpy as np
import matplotlib.pyplot as plt


n = 1024
X = np.random.normal(0,1,n)
Y = np.random.normal(0,1,n)
T = np.arctan2(Y,X)

plt.axes([0.025,0.025,0.95,0.95])
plt.scatter(X,Y, s=75, c=T, alpha=.5)

plt.xlim(-1.5,1.5), plt.xticks([])
plt.ylim(-1.5,1.5), plt.yticks([])
# savefig('../figures/scatter_ex.png',dpi=48)
plt.show()
```

提示：色彩由(X,Y)角度给出。

3. 条形图

下面尝试生成图 5.12 所示的图形。

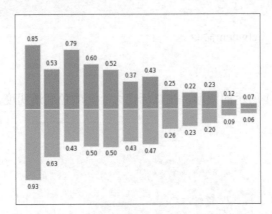

图 5.12　条形图

```
#
-----------------------------------------------------------------------
# Copyright (c) 2015, Nicolas P. Rougier. All Rights Reserved.
# Distributed under the (new) BSD License. See LICENSE.txt for more info.
#
-----------------------------------------------------------------------
import numpy as np
import matplotlib.pyplot as plt


n = 12
X = np.arange(n)
Y1 = (1-X/float(n)) * np.random.uniform(0.5,1.0,n)
Y2 = (1-X/float(n)) * np.random.uniform(0.5,1.0,n)

plt.axes([0.025,0.025,0.95,0.95])
plt.bar(X, +Y1, facecolor='#9999ff', edgecolor='white')
plt.bar(X, -Y2, facecolor='#ff9999', edgecolor='white')

for x,y in zip(X,Y1):
    plt.text(x+0.4, y+0.05, '%.2f' % y, ha='center', va= 'bottom')

for x,y in zip(X,Y2):
    plt.text(x+0.4, -y-0.05, '%.2f' % y, ha='center', va= 'top')

plt.xlim(-.5,n), plt.xticks([])
plt.ylim(-1.25,+1.25), plt.yticks([])

# savefig('../figures/bar_ex.png', dpi=48)
plt.show()
```

提示：要注意文本对齐。

4. 等高线图

下面尝试生成图5.13所示的图形。

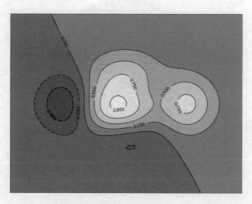

图 5.13　等高线图

```
#
-------------------------------------------------------------------------
# Copyright (c) 2015, Nicolas P. Rougier. All Rights Reserved.
# Distributed under the (new) BSD License. See LICENSE.txt for more info.
#
-------------------------------------------------------------------------
import numpy as np
import matplotlib.pyplot as plt

def f(x,y):
    return (1-x/2+x**5+y**3)*np.exp(-x**2-y**2)

n = 256
x = np.linspace(-3,3,n)
y = np.linspace(-3,3,n)
X,Y = np.meshgrid(x,y)

plt.axes([0.025,0.025,0.95,0.95])

plt.contourf(X, Y, f(X,Y), 8, alpha=.75, cmap=plt.cm.hot)
C = plt.contour(X, Y, f(X,Y), 8, colors='black', linewidth=.5)
plt.clabel(C, inline=1, fontsize=10)

plt.xticks([]), plt.yticks([])
# savefig('../figures/contour_ex.png',dpi=48)
plt.show()
```

5. 饼图

下面尝试生成图 5.14 所示的图形。

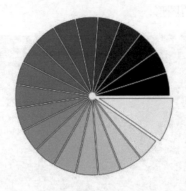

图 5.14　饼图

```
#
-------------------------------------------------------------------
# Copyright (c) 2015, Nicolas P. Rougier. All Rights Reserved.
# Distributed under the (new) BSD License. See LICENSE.txt for more info.
#
-------------------------------------------------------------------
import numpy as np
import matplotlib.pyplot as plt


n = 20
Z = np.ones(n)
Z[-1] *= 2

plt.axes([0.025,0.025,0.95,0.95])

plt.pie(Z, explode=Z*.05, colors = ['%f' % (i/float(n)) for i in range(n)])
plt.gca().set_aspect('equal')
plt.xticks([]), plt.yticks([])

# savefig('../figures/pie_ex.png',dpi=48)
plt.show()
```

提示：需要改变 Z。

6. 矢量图

下面尝试生成图 5.15 所示的图形。

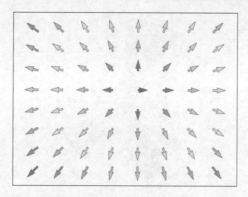

图 5.15　矢量图

```
#
--------------------------------------------------------------------------
# Copyright (c) 2015, Nicolas P. Rougier. All Rights Reserved.
# Distributed under the (new) BSD License. See LICENSE.txt for more info.
#
--------------------------------------------------------------------------
import numpy as np
import matplotlib.pyplot as plt


n = 8
X,Y = np.mgrid[0:n,0:n]
T = np.arctan2(Y-n/2.0, X-n/2.0)
R = 10+np.sqrt((Y-n/2.0)**2+(X-n/2.0)**2)
U,V = R*np.cos(T), R*np.sin(T)

plt.axes([0.025,0.025,0.95,0.95])
plt.quiver(X,Y,U,V,R, alpha=.5)
plt.quiver(X,Y,U,V, edgecolor='k', facecolor='None', linewidth=.5)

plt.xlim(-1,n), plt.xticks([])
plt.ylim(-1,n), plt.yticks([])

# savefig('../figures/quiver_ex.png',dpi=48)
plt.show()
```

提示：注意色彩和方向，你需要画两次箭头。

7. 极轴图

下面尝试生成图5.16所示的图形。

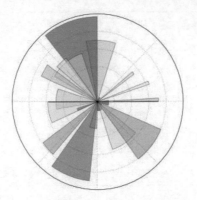

图 5.16　极轴图

```
#
#----------------------------------------------------------------------------
# Copyright (c) 2015, Nicolas P. Rougier. All Rights Reserved.
# Distributed under the (new) BSD License. See LICENSE.txt for more info.
#
#----------------------------------------------------------------------------
import numpy as np
import matplotlib.pyplot as plt

ax = plt.axes([0.025,0.025,0.95,0.95], polar=True)

N = 20
theta = np.arange(0.0, 2*np.pi, 2*np.pi/N)
radii = 10*np.random.rand(N)
width = np.pi/4*np.random.rand(N)
bars = plt.bar(theta, radii, width=width, bottom=0.0)

for r,bar in zip(radii, bars):
    bar.set_facecolor( plt.cm.jet(r/10.))
    bar.set_alpha(0.5)

ax.set_xticklabels([])
ax.set_yticklabels([])
# savefig('../figures/polar_ex.png',dpi=48)
plt.show()
```

提示：仅仅需要修改 axes 这行。

8. 三维绘图

下面尝试生成图 5.17 所示的图形。

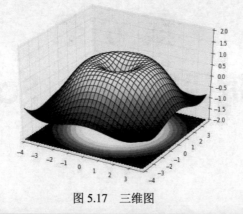

图 5.17 三维图

```
# --------------------------------------------------------------------
# Copyright (c) 2015, Nicolas P. Rougier. All Rights Reserved.
# Distributed under the (new) BSD License. See LICENSE.txt for more info.
# --------------------------------------------------------------------
import numpy as np
import matplotlib.pyplot as plt
from mpl_toolkits.mplot3d import Axes3D

fig = plt.figure()
ax = Axes3D(fig)
X = np.arange(-4, 4, 0.25)
Y = np.arange(-4, 4, 0.25)
X, Y = np.meshgrid(X, Y)
R = np.sqrt(X**2 + Y**2)
Z = np.sin(R)

ax.plot_surface(X, Y, Z, rstride=1, cstride=1, cmap=plt.cm.hot)
ax.contourf(X, Y, Z, zdir='z', offset=-2, cmap=plt.cm.hot)
ax.set_zlim(-2,2)

# savefig('../figures/plot3d_ex.png',dpi=48)
plt.show()
```

提示：需要使用 contourf 命令。

5.4 本章小结

　　Matplotlib 是 Python 的绘图库。它可以与 NumPy 一起使用，提供了一种有效的 Matlab 开源替代方案。它也可以和图形工具包一起使用，如 PyQt 和 wxPython。

　　本章主要介绍了 Matplotlib 初级绘图的用法及其绘图种类。

第 6 章
大数据分析工具：Pandas

Pandas 是 Python 的一个数据分析包，最初由 AQR Capital Management 于 2008 年 4 月开发，并于 2009 年底开源出来，目前由专注于 Python 数据包开发的 PyData 开发团队继续开发和维护，属于 PyData 项目的一部分。Pandas 最初被作为金融数据分析工具而开发出来，因此 Pandas 为时间序列分析提供了很好的支持。Pandas 的名称来自于面板数据（Panel Data）和 Python 数据分析（Data Analysis）。面板数据是经济学中关于多维数据集的一个术语，在 Pandas 中提供了 Panel 的数据类型。

标准的 Python 发行版并没有将 Pandas 模块捆绑在一起发布。安装 Pandas 模块的一个轻量级的替代方法是使用流行的 Python 包安装程序用 pip 来安装 Pandas。Pandas 在 Python 上的安装同样使用 pip 进行：pip install pandas。

Pandas处理以下3种数据结构：

- 系列（Series）。
- 数据帧（DataFrame）。
- 面板（Panel）。

6.1 Pandas 系列

系列（Series）是具有均匀数据的一维数组结构。Series 像 Python 中的数据类型 List 一样，每个数据都有自己的索引。

系列可以使用以下构造函数创建：

pandas.Series(data, index, dtype, copy)

- data: 数据采取各种形式，如 ndarray、list、constants。
- index: 索引值必须是唯一的和散列的，与数据的长度相同。默认为 np.arange(n)，如果没有索引被传递。

- dtype: 用于数据类型。如果没有，那么将推断数据类型。
- copy，复制数据，默认为 false。

1. 从 List 创建 Series

【例6.1】

```
>>> import pandas as pd
>>> s1 = pd.Series([100,23,'bugingcode'])
>>> s1
0          100
1           23
2    bugingcode
dtype: object
>>>
```

2. 在 Series 中添加相应的索引

【例6.2】

```
>>> import numpy as np
>>> ts = pd.Series(np.random.randn(365), index=np.arange(1,366))
>>> ts
```

在 index 中设置索引值，是一个从 1 到 366 的值。

3. 创建一个基本系列，是一个空系列

【例6.3】

```
#import the pandas library and aliasing as pd
import pandas as pd
s = pd.Series()
print s
```

输出结果如下：

```
Series([], dtype: float64)
```

4. 从 ndarray 创建一个系列

【例6.4】

如果数据是ndarray，传递的索引就必须具有相同的长度。如果没有传递索引值，那么默认的索引将是范围（n），其中n是数组长度，即[0,1,2,3…. range(len(array))-1] - 1]。

```
#import the pandas library and aliasing as pd
import pandas as pd
import numpy as np
data = np.array(['a','b','c','d'])
```

```
s = pd.Series(data)
print s
```

输出结果如下:

```
0    a
1    b
2    c
3    d
dtype: object
```

这里没有传递任何索引,因此它分配了从 0 到 len(data)-1 的索引,即 0 到 3。

5. 从字典创建一个系列

【例6.5】

字典(Dict)可以作为输入传递,如果没有指定索引,就按排序顺序取得字典键以构造索引。 如果传递了索引,索引中与标签对应的数据中的值就会被拉出。

```
#import the pandas library and aliasing as pd
import pandas as pd
import numpy as np
data = {'a' : 0., 'b' : 1., 'c' : 2.}
s = pd.Series(data)
print s
```

输出结果如下:

```
a 0.0
b 1.0
c 2.0
dtype: float64
```

注意:字典键用于构建索引。

6. 从标量创建一个系列

【例6.6】

如果数据是标量值,就必须提供索引。将重复该值以匹配索引的长度。

```
#import the pandas library and aliasing as pd
import pandas as pd
import numpy as np
s = pd.Series(5, index=[0, 1, 2, 3])
print s
```

输出结果如下:

```
0  5
```

```
1  5
2  5
3  5
dtype: int64
```

7. 从具有位置的系列中访问数据

【例6.7】

系列中的数据可以类似于访问 ndarray 中的数据来访问。

检索第一个元素。比如已经知道数组从0开始计数，第一个元素存储在0位置等。

```
import pandas as pd
s = pd.Series([1,2,3,4,5],index = ['a','b','c','d','e'])

#retrieve the first element
print s[0]
```

得到以下结果：

```
1
```

8. 使用标签检索数据（索引）

【例6.8】

一个系列就像一个固定大小的字典，可以通过索引标签获取和设置值。使用索引标签值检索单个元素。

```
import pandas as pd
s = pd.Series([1,2,3,4,5],index = ['a','b','c','d','e'])

#retrieve a single element
print s['a']
```

得到以下结果：

```
1
```

6.2　Pandas 数据帧

数据帧（DataFrame）是二维数据结构，即数据以行和列的表格方式排列。
数据帧的功能特点如下：

● 潜在的列是不同的类型。
● 大小可变。

- 标记轴（行和列）。
- 可以对行和列执行算术运算。

Pandas 中的 DataFrame 可以使用以下构造函数创建：

```
pandas.DataFrame( data, index, columns, dtype, copy)
```

- data：数据采取各种形式，如 ndarray、series、map、lists、dict、constant 和另一个 DataFrame。
- index：对于行标签，要用于结果帧的索引是可选默认值 np.arrange(n)，如果没有传递索引值。
- columns：对于列标签，可选的默认语法是 - np.arange(n)。只有在没有索引传递的情况下才是这样。
- dtype：每列的数据类型。
- copy：如果默认值为 False，此命令就用于复制数据。

Pandas 数据帧可以使用各种输入创建：

- 列表。
- 字典。
- 系列。
- NumPy ndarrays。
- 另一个数据帧。

1. 创建一个空的数据帧

创建基本数据帧，是空数据帧。

【例 6.9】

```
#import the pandas library and aliasing as pd
import pandas as pd
df = pd.DataFrame()
print df
```

得到以下结果：

```
Empty DataFrame
Columns: []
Index: []
```

2. 从列表创建数据帧

可以使用单个列表或嵌套多个创建数据帧。

【例6.10】

```
import pandas as pd
data = [1,2,3,4,5]
```

```
df = pd.DataFrame(data)
print df
```

得到以下结果：

	0
0	1
1	2
2	3
3	4
4	5

3. 从 ndarrays/Lists 的字典创建数据帧

所有的 ndarrays 必须具有相同的长度。如果传递了索引（Index），索引的长度就应等于数组的长度。

如果没有传递索引，那么默认情况下，索引将为 range(n)，其中 n 为数组长度。

【例6.11】

```
import pandas as pd
data = {'Name':['Tom', 'Jack', 'Steve', 'Ricky'],'Age':[28,34,29,42]}
df = pd.DataFrame(data)
print df
```

得到以下结果：

	Age	Name
0	28	Tom
1	34	Jack
2	29	Steve
3	42	Ricky

注意：观察值 0、1、2、3，它们是分配给每个使用函数 range(n)的默认索引。

4. 从字典列表创建数据帧

字典列表可作为输入数据传递以用来创建数据帧，字典键默认为列名。

【例6.12】

以下代码显示如何通过传递字典列表来创建数据帧。

```
import pandas as pd
data = [{'a': 1, 'b': 2},{'a': 5, 'b': 10, 'c': 20}]
df = pd.DataFrame(data)
print df
```

得到以下结果：

	a	b	c

```
0   1   2    NaN
1   5   10   20.0
```

注意：观察到 NaN（不是数字）被附加在缺失的区域。

5. 从系列的字典创建数据帧

字典的系列可以传递以形成一个数据帧。所得到的索引是通过索引的所有系列的并集。

【例6.13】

```
import pandas as pd

d = {'one' : pd.Series([1, 2, 3], index=['a', 'b', 'c']),
     'two' : pd.Series([1, 2, 3, 4], index=['a', 'b', 'c', 'd'])}

df = pd.DataFrame(d)
print df
```

得到以下结果：

```
     one   two
a    1.0   1
b    2.0   2
c    3.0   3
d    NaN   4
```

注意：对于第一个系列，观察到没有传递标签'd'，但在结果中，对于 d 标签附加了 NaN。

6. 列选择

下面将从数据帧中选择一列。

【例6.14】

```
import pandas as pd

d = {'one' : pd.Series([1, 2, 3], index=['a', 'b', 'c']),
     'two' : pd.Series([1, 2, 3, 4], index=['a', 'b', 'c', 'd'])}
df = pd.DataFrame(d)
print df ['one']
```

得到以下结果：

```
a    1.0
b    2.0
c    3.0
d    NaN
Name: one, dtype: float64
```

7. 行选择

可以通过将行标签传递给 loc() 函数来选择行。

【例6.15】

```
import pandas as pd

d = {'one' : pd.Series([1, 2, 3], index=['a', 'b', 'c']),
     'two' : pd.Series([1, 2, 3, 4], index=['a', 'b', 'c', 'd'])}

df = pd.DataFrame(d)
print df.loc['b']
```

得到以下结果：

```
one 2.0
two 2.0
Name: b, dtype: float64
```

结果是一系列标签作为数据帧的列名称。而且，系列的名称是检索的标签。

6.3　Pandas 面板

面板（Panel）是 3D 容器的数据。面板数据一词来源于计量经济学，部分源于名称：Pandas - pan(el)-da(ta)-s。

3个轴（Axis）这个名称旨在给出描述涉及面板数据的操作的一些语义。它们是：

- items - axis 0：每个项目对应于内部包含的数据帧。
- major_axis - axis 1：每个数据帧的索引（行）。
- minor_axis - axis 2：每个数据帧的列。

1. pandas.Panel()

使用以下构造函数创建面板：

pandas.Panel(data, items, major_axis, minor_axis, dtype, copy)
构造函数的参数说明如下。

- data：数据采取各种形式，如 ndarray、series、map、lists、dict、constant 和另一个数据帧。
- items：axis=0。
- major_axis：axis=1。
- minor_axis：axis=2。
- dtype：每列的数据类型。

- copy: 复制数据,默认为 false。

2. 从 3D ndarray 创建面板

【例6.16】

```
# creating an empty panel
import pandas as pd
import numpy as np

data = np.random.rand(2,4,5)
p = pd.Panel(data)
print p
```

得到以下结果:

```
<class 'pandas.core.panel.Panel'>
Dimensions: 2 (items) x 4 (major_axis) x 5 (minor_axis)
Items axis: 0 to 1
Major_axis axis: 0 to 3
Minor_axis axis: 0 to 4
```

注意:观察空面板和上面板的尺寸大小,所有对象都不同。

3. 从数据帧对象的 dict 创建面板

【例6.17】

```
#creating an empty panel
import pandas as pd
import numpy as np
data = {'Item1' : pd.DataFrame(np.random.randn(4, 3)),
     'Item2' : pd.DataFrame(np.random.randn(4, 2))}
p = pd.Panel(data)
print p
```

得到以下结果:

```
<class 'pandas.core.panel.Panel'>
Dimensions: 2 (items) x 4 (major_axis) x 5 (minor_axis)
Items axis: 0 to 1
Major_axis axis: 0 to 3
Minor_axis axis: 0 to 4
```

4. 创建一个空面板

可以使用 Panel 的构造函数创建一个空面板:

【例6.18】

```
#creating an empty panel
```

```
import pandas as pd
p = pd.Panel()
print p
```

得到以下结果：

```
<class 'pandas.core.panel.Panel'>
Dimensions: 0 (items) x 0 (major_axis) x 0 (minor_axis)
Items axis: None
Major_axis axis: None
Minor_axis axis: None
```

5. 从面板中选择数据

要从面板中选择数据，可以使用以下方式：

- Items。
- Major_axis。
- Minor_axis。

（1）使用 Items

【例6.19】

```
# creating an empty panel
import pandas as pd
import numpy as np
data = {'Item1' : pd.DataFrame(np.random.randn(4, 3)),
        'Item2' : pd.DataFrame(np.random.randn(4, 2))}
p = pd.Panel(data)
print p['Item1']
```

得到以下结果：

	0	1	2
0	0.488224	-0.128637	0.930817
1	0.417497	0.896681	0.576657
2	-2.775266	0.571668	0.290082
3	-0.400538	-0.144234	1.110535

上面的示例有两个数据项，这里只检索 item1。结果是具有 4 行和 3 列的数据帧，它们是 Major_axis 和 Minor_axis 维。

（2）使用 major_axis

可以使用 panel.major_axis(index)方法访问数据。

【例6.20】

```
# creating an empty panel
import pandas as pd
```

```
import numpy as np
data = {'Item1' : pd.DataFrame(np.random.randn(4, 3)),
        'Item2' : pd.DataFrame(np.random.randn(4, 2))}
p = pd.Panel(data)
print p.major_xs(1)
```

得到以下结果：

```
    Item1        Item2
0   0.417497     0.748412
1   0.896681    -0.557322
2   0.576657     NaN
```

（3）使用 minor_axis

使用 panel.minor_axis(index)方法访问数据。

【例6.21】

```
# creating an empty panel
import pandas as pd
import numpy as np
data = {'Item1' : pd.DataFrame(np.random.randn(4, 3)),
        'Item2' : pd.DataFrame(np.random.randn(4, 2))}
p = pd.Panel(data)
print p.minor_xs(1)
```

得到以下结果：

```
    Item1        Item2
0  -0.128637    -1.047032
1   0.896681    -0.557322
2   0.571668     0.431953
3  -0.144234     1.302466
```

注意：观察尺寸大小的变化。

6.4　Pandas 快速入门

假设用户已安装 Anaconda，现在启动 Anaconda 开始示例。测试工作环境是否已安装 Pandas，导入相关包如下：

【例6.22】

```
import pandas as pd
import numpy as np
import matplotlib.pyplot as plt
print("Hello, Pandas")
```

1. 对象创建

（1）通过传递值列表来创建一个系列，让 Pandas 创建一个默认的整数索引。

【例6.23】

```
import pandas as pd
import numpy as np

s = pd.Series([1,3,5,np.nan,6,8])

print(s)
```

执行后输出结果如下：

```
runfile(                                    'C:/Users/DLG/.spyder-py3/temp.py',
wdir='C:/Users/DLG/.spyder-py3')
0    1.0
1    3.0
2    5.0
3    NaN
4    6.0
5    8.0
dtype: float64
```

（2）通过传递 NumPy 数组，使用 datetime 索引和标记列来创建数据帧。

【例6.24】

```
import pandas as pd
import numpy as np

dates = pd.date_range('20180101', periods=7)
print(dates)

print("--"*16)
df = pd.DataFrame(np.random.randn(7,4), index=dates, columns=list('ABCD'))
print(df)
```

执行后输出结果如下：

```
runfile('C:/Users/DLG/.spyder-py3/temp.py',
wdir='C:/Users/DLG/.spyder-py3')
DatetimeIndex(['2018-01-01', '2018-01-02', '2018-01-03', '2018-01-04',
           '2018-01-05', '2018-01-06', '2018-01-07'],
         dtype='datetime64[ns]', freq='D')
-------------------------------
                  A         B         C         D
2018-01-01 -2.577667  1.572909  0.261591 -0.622097
2018-01-02  0.339740  0.350866  1.156210 -1.031649
```

```
2018-01-03  0.214324  0.755249 -1.918018 -1.818146
2018-01-04 -0.272122 -0.556245  0.901669  1.986347
2018-01-05  0.349880 -0.361535 -0.639621  1.073277
2018-01-06  0.379895 -1.881535 -0.281546  1.845020
2018-01-07 -0.826106  0.039449 -0.198268 -1.153146
```

（3）通过传递可以转换为类似系列的对象的字典来创建数据帧，参考以下示例代码：

【例6.25】

```
import pandas as pd
import numpy as np

df2 = pd.DataFrame({ 'A' : 1.,
                     'B' : pd.Timestamp('20181112'),
                     'C' : pd.Series(1,index=list(range(4)),dtype='float32'),
                     'D' : np.array([3] * 4,dtype='int32'),
                     'E' : pd.Categorical(["test","train","test","train"]),
                     'F' : 'foo' })

print(df2)
```

执行上面的示例代码后，输出结果如下：

```
runfile('C:/Users/DLG/.spyder-py3/temp.py',
wdir='C:/Users/DLG/.spyder-py3')
     A      B           C    D      E       F
0  1.0  2018-11-12    1.0   3    test    foo
1  1.0  2018-11-12    1.0   3    train   foo
2  1.0  2018-11-12    1.0   3    test    foo
3  1.0  2018-11-12    1.0   3    train   foo
```

2. 查看数据

（1）查看框架的顶部和底部的数据行，参考以下示例代码：

【例6.26】

```
import pandas as pd
import numpy as np

dates = pd.date_range('20181116', periods=7)
df = pd.DataFrame(np.random.randn(7,4), index=dates, columns=list('ABCD'))
print(df.head())
print("--------------" * 10)
print(df.tail(3))
```

执行上面的示例代码后，输出结果如下：

```
runfile('C:/Users/DLG/.spyder-py3/temp.py',
wdir='C:/Users/DLG/.spyder-py3')
```

```
                  A         B         C         D
2018-11-16 -0.322896  0.238304  1.323155 -0.783943
2018-11-17  0.139943  0.439021  1.246504 -0.638173
2018-11-18  0.501084  1.362034 -0.753448  0.488802
2018-11-19 -1.290280 -0.433372  1.771574 -0.322251
2018-11-20 -0.504033 -0.141004 -0.553480 -1.658107
------------------------------------------------------------
                  A         B         C         D
2018-11-20 -0.504033 -0.141004 -0.553480 -1.658107
2018-11-21  1.331755  1.011874 -0.158176  0.740578
2018-11-22  0.746351 -0.435700 -0.819356  0.192756
```

（2）显示索引、列和底层 NumPy 数据，参考以下代码：

【例6.27】

```
import pandas as pd
import numpy as np

dates = pd.date_range('20181116', periods=7)
df = pd.DataFrame(np.random.randn(7,4), index=dates, columns=list('ABCD'))
print("index is :" )
print(df.index)
print("columns is :" )
print(df.columns)
print("values is :" )
print(df.values)
```

执行上面的示例代码后，输出结果如下：

```
runfile('C:/Users/DLG/.spyder-py3/temp.py',
wdir='C:/Users/DLG/.spyder-py3')
index is :
DatetimeIndex(['2018-11-16', '2018-11-17', '2018-11-18', '2018-11-19',
            '2018-11-20', '2018-11-21', '2018-11-22'],
          dtype='datetime64[ns]', freq='D')
columns is :
Index(['A', 'B', 'C', 'D'], dtype='object')
values is :
[[ 1.14743672  1.27744643 -1.29618648  0.39069711]
 [-0.48348226 -0.85702047 -0.28095306 -2.28861502]
 [ 0.82365145 -0.84981074 -0.29244328 -2.45052732]
 [ 1.39668655  1.59837496  1.50166845 -1.23930783]
 [-0.61215929 -2.00881509 -0.08310447 -0.46637797]
 [ 0.25758817 -1.00247889 -0.86132333 -0.31025041]
 [ 1.67716193 -2.08318153 -1.28382321  0.29126785]]
```

（3）描述显示数据的快速统计摘要，参考以下示例代码：

【例6.28】

```
import pandas as pd
import numpy as np

dates = pd.date_range('20181116', periods=7)
df = pd.DataFrame(np.random.randn(7,4), index=dates, columns=list('ABCD'))
print(df.describe())
```

执行上面的示例代码后，输出结果如下：

```
runfile('C:/Users/DLG/.spyder-py3/temp.py',
wdir='C:/Users/DLG/.spyder-py3')
             A          B          C          D
count  7.000000   7.000000   7.000000   7.000000
mean   0.278102   0.442469  -0.471948  -0.349542
std    0.903016   0.763967   0.594038   0.925314
min   -1.163529  -0.694474  -1.461945  -1.578866
25%   -0.079049  -0.029647  -0.745407  -1.011644
50%    0.252560   0.652621  -0.445792  -0.387773
75%    0.627838   0.958775  -0.124039   0.300048
max    1.760107   1.280878   0.342991   0.943038
```

（4）调换数据，参考以下示例代码：

【例6.29】

```
import pandas as pd
import numpy as np

dates = pd.date_range('20181116', periods=6)
df = pd.DataFrame(np.random.randn(6,4), index=dates, columns=list('ABCD'))
print(df.T)
```

执行上面的示例代码后，输出结果如下：

```
runfile('C:/Users/DLG/.spyder-py3/temp.py',
wdir='C:/Users/DLG/.spyder-py3')
    2018-11-16  2018-11-17   ...    2018-11-20  2018-11-21
A    0.642181    0.075754    ...      1.497843   -0.997976
B    1.388360    0.341654    ...      0.659674   -0.781704
C   -1.498715    1.657816    ...      0.187711    0.866206
D    0.801267    0.794530    ...     -1.481244   -1.778276
```

（5）通过轴排序，参考以下示例代码：

【例6.30】

```
import pandas as pd
import numpy as np
```

```
dates = pd.date_range('20181116', periods=6)
df = pd.DataFrame(np.random.randn(6,4), index=dates, columns=list('ABCD'))
print(df.sort_index(axis=1, ascending=False))
```

执行上面的示例代码后，输出结果如下：

```
runfile('C:/Users/DLG/.spyder-py3/temp.py',
wdir='C:/Users/DLG/.spyder-py3')
                    D          C          B          A
2018-11-16   0.392651   2.533227   0.144140   1.660218
2018-11-17   0.538997   1.290620   0.153564   0.109048
2018-11-18   0.823326   0.672298   0.040840  -0.309626
2018-11-19  -0.682314  -0.851813  -0.491239   1.323530
2018-11-20  -0.537231   0.420444  -1.626126  -0.014370
2018-11-21  -1.849932  -1.849171   1.357071   0.571947
```

（6）按值排序，参考以下示例代码：

【例6.31】

```
import pandas as pd
import numpy as np

dates = pd.date_range('20181116', periods=6)
df = pd.DataFrame(np.random.randn(6,4), index=dates, columns=list('ABCD'))
print(df.sort_values(by='B'))
```

执行上面的示例代码后，输出结果如下：

```
runfile('C:/Users/DLG/.spyder-py3/temp.py',
wdir='C:/Users/DLG/.spyder-py3')
                    A          B          C          D
2018-11-19   0.433790  -1.523115   0.403432  -0.896684
2018-11-21   0.789746  -0.518838  -0.951376  -0.221729
2018-11-20  -1.039951  -0.467941  -0.494231   0.170267
2018-11-18   0.998579   0.078212  -1.825454  -0.363920
2018-11-17   0.313478   0.677431   1.040781   0.984559
2018-11-16  -0.612155   1.687324   0.724159  -0.535083
```

3. 选择区块

注意，虽然用于选择和设置的标准 Python/NumPy 表达式是直观的，可用于交互式工作，但对于生产代码，建议使用优化的 Pandas 数据访问方法.at、.iat、.loc、.iloc 和.ix。

（1）获取

①选择一列，产生一个系列，相当于 **df.A**，参考以下示例代码：

【例6.32】

```
import pandas as pd
```

```
import numpy as np

dates = pd.date_range('20181116', periods=6)
df = pd.DataFrame(np.random.randn(6,4), index=dates, columns=list('ABCD'))

print(df['A'])
```

执行上面的示例代码后，输出结果如下：

```
runfile('C:/Users/DLG/.spyder-py3/temp.py',
wdir='C:/Users/DLG/.spyder-py3')
2018-11-16   -1.074002
2018-11-17    1.440750
2018-11-18    1.812373
2018-11-19    0.877045
2018-11-20    0.313987
2018-11-21    0.425046
Freq: D, Name: A, dtype: float64
```

②通过[]操作符选择切片行，参考以下示例代码：

【例6.33】

```
import pandas as pd
import numpy as np

dates = pd.date_range('20181116', periods=6)
df = pd.DataFrame(np.random.randn(6,4), index=dates, columns=list('ABCD'))

print(df[0:3])

print("========= 指定选择日期 ========")

print(df['20181116':'20181117'])
```

执行上面的示例代码后，输出结果如下：

```
runfile('C:/Users/DLG/.spyder-py3/temp.py',
wdir='C:/Users/DLG/.spyder-py3')
                 A          B          C          D
2018-11-16  0.038735  -1.136200   0.421581   0.425085
2018-11-17  -1.564266   0.724515   1.776787   0.747415
2018-11-18  -0.136437   2.079560  -1.015210   0.055421
========= 指定选择日期 ========
                 A          B          C          D
2018-11-16  0.038735  -1.136200   0.421581   0.425085
2018-11-17  -1.564266   0.724515   1.776787   0.747415
```

（2）按标签选择

①使用标签获取横截面，参考以下示例代码：

【例6.34】

```
import pandas as pd
import numpy as np

dates = pd.date_range('20181116', periods=6)
df = pd.DataFrame(np.random.randn(6,4), index=dates, columns=list('ABCD'))

print(df.loc[dates[0]])
```

执行上面的示例代码后，输出结果如下：

```
runfile('C:/Users/DLG/.spyder-py3/temp.py',
wdir='C:/Users/DLG/.spyder-py3')
A   -0.310334
B    0.033213
C    0.143139
D   -0.979762
Name: 2018-11-16 00:00:00, dtype: float64
```

②通过标签选择多轴，参考以下示例代码：

【例6.35】

```
import pandas as pd
import numpy as np

dates = pd.date_range('20181116', periods=6)
df = pd.DataFrame(np.random.randn(6,4), index=dates, columns=list('ABCD'))

print(df.loc[:,['A','B']])
```

执行上面的示例代码后，输出结果如下：

```
runfile('C:/Users/DLG/.spyder-py3/temp.py',
wdir='C:/Users/DLG/.spyder-py3')
                   A          B
2018-11-16  0.915099   1.851329
2018-11-17 -1.183457   0.025724
2018-11-18  0.500575   0.313305
2018-11-19 -0.404541   0.121724
2018-11-20  0.032216  -0.531506
2018-11-21  0.945294  -1.074906
```

③显示标签切片，包括两个端点，参考以下示例代码：

【例6.36】

```
import pandas as pd
import numpy as np

dates = pd.date_range('20181116', periods=6)
df = pd.DataFrame(np.random.randn(6,4), index=dates, columns=list('ABCD'))

print(df.loc['20181116':'20181117',['A','B']])
```

执行上面的示例代码后，输出结果如下：

```
runfile('C:/Users/DLG/.spyder-py3/temp.py',
wdir='C:/Users/DLG/.spyder-py3')
            A         B
2018-11-16  0.774270  0.028909
2018-11-17 -0.267173  0.066412
```

④减少返回对象的尺寸（大小），参考以下示例代码：

【例6.37】

```
import pandas as pd
import numpy as np

dates = pd.date_range('20170101', periods=6)
df = pd.DataFrame(np.random.randn(6,4), index=dates, columns=list('ABCD'))

print(df.loc['20181116',['A','B']])
```

执行上面的示例代码后，输出结果如下：

```
runfile('C:/Users/DLG/.spyder-py3/temp.py',
wdir='C:/Users/DLG/.spyder-py3')
A  -1.429766
B   1.101248
Name: 2018-11-16 00:00:00, dtype: float64
```

⑤获得标量值，参考以下示例代码：

【例6.38】

```
import pandas as pd
import numpy as np

dates = pd.date_range('20181116', periods=6)
df = pd.DataFrame(np.random.randn(6,4), index=dates, columns=list('ABCD'))

print(df.loc[dates[0],'A'])
```

执行上面的示例代码后，输出结果如下：

```
runfile('C:/Users/DLG/.spyder-py3/temp.py',
wdir='C:/Users/DLG/.spyder-py3')
-1.709403357791696
```

⑥快速访问标量（等同于先前的方法），参考以下示例代码：

【例6.39】

```
import pandas as pd
import numpy as np

dates = pd.date_range('20181116', periods=6)
df = pd.DataFrame(np.random.randn(6,4), index=dates, columns=list('ABCD'))

print(df.at[dates[0],'A'])
```

执行上面的示例代码后，输出结果如下：

```
runfile('C:/Users/DLG/.spyder-py3/temp.py',
wdir='C:/Users/DLG/.spyder-py3')
-0.38763045860339174
```

（3）通过位置选择

①通过传递的整数的位置选择，参考以下示例代码：

【例6.40】

```
import pandas as pd
import numpy as np

dates = pd.date_range('20181116', periods=6)
df = pd.DataFrame(np.random.randn(6,4), index=dates, columns=list('ABCD'))

print(df.iloc[3])
```

执行上面的示例代码后，输出结果如下：

```
runfile('C:/Users/DLG/.spyder-py3/temp.py',
wdir='C:/Users/DLG/.spyder-py3')
A    1.105575
B   -0.441827
C    0.230463
D    1.308419
Name: 2018-11-19 00:00:00, dtype: float64
```

②通过整数切片，类似于 NumPy/Python，参考以下示例代码：

【例6.41】

```
import pandas as pd
import numpy as np
```

```
dates = pd.date_range('20181116', periods=6)
df = pd.DataFrame(np.random.randn(6,4), index=dates, columns=list('ABCD'))

print(df.iloc[3:5,0:2])
```

执行上面的示例代码后，输出结果如下：

```
runfile('C:/Users/DLG/.spyder-py3/temp.py',
wdir='C:/Users/DLG/.spyder-py3')
                    A          B
2018-11-19 -1.097961 -0.063939
2018-11-20 -0.530755  1.535225
```

③整数位置的列表，类似于 NumPy/Python 样式，参考以下示例代码：

【例6.42】

```
import pandas as pd
import numpy as np

dates = pd.date_range('20181116', periods=6)
df = pd.DataFrame(np.random.randn(6,4), index=dates, columns=list('ABCD'))

print(df.iloc[[1,2,4],[0,2]])
```

执行上面的示例代码后，输出结果如下：

```
runfile('C:/Users/DLG/.spyder-py3/temp.py',
wdir='C:/Users/DLG/.spyder-py3')
                    A          C
2018-11-17  0.645021  0.711071
2018-11-18 -1.366864 -0.623005
2018-11-20  0.248483 -0.942709
```

④明确切片行，参考以下示例代码：

【例6.43】

```
import pandas as pd
import numpy as np

dates = pd.date_range('20181116', periods=6)
df = pd.DataFrame(np.random.randn(6,4), index=dates, columns=list('ABCD'))

print(df.iloc[1:3,:])
```

执行上面的示例代码后，输出结果如下：

```
runfile('C:/Users/DLG/.spyder-py3/temp.py',
wdir='C:/Users/DLG/.spyder-py3')
```

```
                A         B         C         D
2018-11-17 -0.447935 -0.021304 -0.643159 -0.952132
2018-11-18  0.832708 -0.864145 -0.943967  0.593821
```

⑤明确切片列，参考以下示例代码：

【例6.44】

```
import pandas as pd
import numpy as np

dates = pd.date_range('20181116', periods=6)
df = pd.DataFrame(np.random.randn(6,4), index=dates, columns=list('ABCD'))

print(df.iloc[:,1:3])
```

执行上面的示例代码后，输出结果如下：

```
runfile('C:/Users/DLG/.spyder-py3/temp.py',
wdir='C:/Users/DLG/.spyder-py3')
                B         C
2018-11-16  1.037712 -2.346177
2018-11-17  0.363997 -0.102346
2018-11-18  0.530748  0.180533
2018-11-19 -1.133693  1.336118
2018-11-20 -2.550474 -0.569274
2018-11-21  0.255712  1.190824
```

⑥明确获取值，参考以下示例代码：

【例6.45】

```
import pandas as pd
import numpy as np

dates = pd.date_range('20181116', periods=6)
df = pd.DataFrame(np.random.randn(6,4), index=dates, columns=list('ABCD'))

print(df.iloc[1,1])
```

执行上面的示例代码后，输出结果如下：

```
runfile('C:/Users/DLG/.spyder-py3/temp.py',
wdir='C:/Users/DLG/.spyder-py3')
-1.4410621738508806
```

⑦快速访问标量（等同于先前的方法），参考以下示例代码：

【例6.46】

```
import pandas as pd
```

```
import numpy as np

dates = pd.date_range('20181116', periods=6)
df = pd.DataFrame(np.random.randn(6,4), index=dates, columns=list('ABCD'))

print(df.iat[1,1])
```

执行上面的示例代码后，输出结果如下：

```
runfile('C:/Users/DLG/.spyder-py3/temp.py',
wdir='C:/Users/DLG/.spyder-py3')
-1.1139807251032545
```

（4）布尔索引

①使用单列的值来选择数据，参考以下示例代码：

【例6.47】

```
import pandas as pd
import numpy as np

dates = pd.date_range('20181116', periods=6)
df = pd.DataFrame(np.random.randn(6,4), index=dates, columns=list('ABCD'))

print(df[df.A > 0])
```

执行上面的示例代码后，输出结果如下：

```
runfile('C:/Users/DLG/.spyder-py3/temp.py',
wdir='C:/Users/DLG/.spyder-py3')
                 A          B          C          D
2018-11-16  1.849350  -0.216369  -0.722925   1.283104
2018-11-17  0.480921   0.500803   1.330278   0.281972
2018-11-19  1.251439  -1.361345   1.024343   1.759472
2018-11-20  1.465461  -0.084952   0.261507   0.804989
```

②从满足布尔条件的数据帧中选择值，参考以下示例代码：

【例6.48】

```
import pandas as pd
import numpy as np

dates = pd.date_range('20181116', periods=6)
df = pd.DataFrame(np.random.randn(6,4), index=dates, columns=list('ABCD'))

print(df[df > 0])
```

执行上面的示例代码后，输出结果如下：

```
runfile('C:/Users/DLG/.spyder-py3/temp.py',
wdir='C:/Users/DLG/.spyder-py3')
                A           B          C            D
2018-11-16     NaN     0.778964   1.722535         NaN
2018-11-17     NaN         NaN        NaN      0.108527
2018-11-18     NaN     0.056008   0.009676         NaN
2018-11-19  0.569408  0.566211        NaN      1.048052
2018-11-20     NaN     0.230177   1.733346         NaN
2018-11-21     NaN     0.208917   0.092021         NaN
```

③使用 isin()方法进行过滤，参考以下示例代码：

【例6.49】

```
import pandas as pd
import numpy as np

dates = pd.date_range('20181116', periods=6)
df = pd.DataFrame(np.random.randn(6,4), index=dates, columns=list('ABCD'))

df2 = df.copy()
df2['E'] = ['one', 'one','two','three','four','three']

print(df2)

print("============= start to filter =============== ")

print(df2[df2['E'].isin(['two','four'])])
```

执行上面的示例代码后，输出结果如下：

```
runfile('C:/Users/DLG/.spyder-py3/temp.py',
wdir='C:/Users/DLG/.spyder-py3')
                A          B          C          D        E
2018-11-16   2.447493  0.318740  -0.012785   1.538562   one
2018-11-17   0.648087  1.269157   1.280157  -0.953285   one
2018-11-18  -0.375997 -0.808582   3.055245  -1.128035   two
2018-11-19  -0.268321  0.285642   0.723543  -0.783271  three
2018-11-20  -0.020216  1.292080  -2.111235   0.689906   four
2018-11-21   1.472228  0.260298  -0.625512   0.280217  three
============= start to filter ===============
                A          B          C          D        E
2018-11-18  -0.375997 -0.808582   3.055245  -1.128035   two
2018-11-20  -0.020216  1.292080  -2.111235   0.689906   four
```

6.5 本章小结

　　Pandas 是基于 NumPy 的一种工具，该工具是为了解决数据分析任务而创建的。Pandas 纳入了大量库和一些标准的数据模型，提供了高效地操作大型数据集所需的工具。Pandas 提供了大量能快速便捷地处理数据的函数和方法。本章主要介绍 Pandas 大数据分析的基础操作，同时有针对性地介绍了 Pandas 的系列、数据帧和面板等功能。

第 7 章

大数据分析工具：Statsmodels与 Gensim

Statsmodels 是一个 Python 模块，它提供对许多不同统计模型估计的类和函数，并且可以进行统计测试和统计数据的探索。

Gensim 是一个用于从文档中自动提取语义主题的 Python 库，足够智能。Gensim 可以处理原生、非结构化的数值化文本（纯文本）。

7.1　Statsmodels

Statsmodels 是一个有很多统计模型的 Python 库，能完成很多统计测试、数据探索以及可视化。它还包含一些经典的统计方法，比如贝叶斯方法和一个机器学习的模型。

Statsmodels中的模型和方法包括：

- 线性模型（linear models）、广义线性模型（generalized linear models）和鲁棒线性模型（robust linear models）。
- 线性混合效应模型（Linear mixed effects models）。
- 方差分析（Analysis of Variance，ANOVA）方法。
- 时间序列处理（Time Series Processes）和状态空间（State Space）模型。
- 广义矩估计方法（Generalized Method of Moments）。

7.1.1　Statsmodels 统计数据库

Statsmodels 包含统计模型和统计数据的库。这个库里有样本数据可以提供项目训练。以下代码列出了这个库包含的所有数据和每个数据的简短介绍。

【例7.1】

```python
#coding:utf-8

import statsmodels.api as sm
from pandas import DataFrame

dataDict = {'name':[], 'describe_short':[]}

for modstr in dir(sm.datasets):
    try:
        mod = eval('sm.datasets.%s' % modstr)
        dataDict['describe_short'].append(mod.DESCRSHORT)
        dataDict['name'].append(modstr)
    except Exception as e:
        print("该模块无 DESCRSHORT 属性:\n", e)
        continue

dataDf = DataFrame({'describe_short':dataDict['describe_short']},
index=dataDict['name'])
    print(dataDf)
```

输出结果如下（可以看到这个库里的数据还是比较多的，如 sunspots、scotland、china_smoking 等，可供项目训练使用）：

```
anes96              This data is a subset of the American National...
cancer              Breast Cancer and county population
ccard               William Greene's credit scoring data
china_smoking       Co-occurrence of lung cancer and smoking in 8 ...
co2                 Atmospheric CO2 from Continuous Air Samples at...
committee           Number of bill assignments in the 104th House ...
copper              World Copper Market 1951-1975
cpunish             Number of state executions in 1997
elnino              Averaged monthly sea surface temperature - Pac...
engel               Engel food expenditure data.
fair                Extramarital affair data.
fertility           Total fertility rate represents the number of ...
grunfeld            Grunfeld (1950) Investment Data for 11 U.S. Fi...
heart               Survival times after receiving a heart transplant
interest            inflation  (West) German interest and inflation rate
1972...
longley
macrodata           US Macroeconomic Data for 1959Q1 - 2009Q3
modechoice          Data used to study travel mode choice between ...
nile                This dataset contains measurements on the annu...
randhie             The RAND Co. Health Insurance Experiment Data
scotland            Taxation Powers' Yes Vote for Scottish Parliam...
```

```
spector            Experimental data on the effectiveness of the ...
stackloss          Stack loss plant data of Brownlee (1965)
star98             Math scores for 303 student with 10 explanator...
statecrime         State crime data 2009
strikes            Contains data on the length of strikes in US m...
sunspots           Yearly (1700-2008) data on sunspots from the N...
```

那么如何调用一组数据呢？以 scotland 为例，想要查看 scotland 的数据，就用下面的几行代码。

【例7.2】

```
#coding:utf-8

import statsmodels.api as sm
from pandas import DataFrame

china_smoking_data = sm.datasets.china_smoking.load_pandas()
# print(type(scotland_data))
# print(scotland_data)
df = china_smoking_data.data
print(type(df))  # DataFrame 类型的数据
print(df)
```

代码输出如下：

```
runfile('C:/Users/DLG/.spyder-py3/temp.py',
wdir='C:/Users/DLG/.spyder-py3')
<class 'pandas.core.frame.DataFrame'>
           smoking_yes_cancer_yes  ...        smoking_no_cancer_no
Location                           ...
Beijing              126           ...                 61
Shanghai             908           ...                807
Shenyang             913           ...                598
Nanjng               235           ...                121
Harbin               402           ...                215
Zhengzhou            182           ...                 98
Taiyuan               60           ...                 43
Nanchang             104           ...                 36

[8 rows x 4 columns]
```

7.1.2　Statsmodels 典型的拟合模型概述

1. 模型拟合和描述

Statsmodels典型的拟合模型涉及3个简单的步骤：

```
# step 1 Describe model
mod = sm.OLS(y, X)
# step 2 Fit model
res = mod.fit()
# step 3 Summarize model
print(res.summary())

>>> res.params   # 获取模型参数
>>> dir(res)     # 查看完整的属性列表
```

2. 诊断和规格测试

```
sm.stats.linear_rainbow(res)
```

3. 使用 R 型公式来拟合模型

```
import statsmodels.formula.api as smf
```

4. endog、exog 参数

Statsmodels使用endog和exog为模型数据参数名称，作为估计器的观测变量。

endog	exog
y	x
y variable	x variable
left hand side (LHS)	right hand side (RHS)
dependent variable（因变量）	independent variable（自变量）
regressand	regressors
outcome	design
response variable（响应变量）	explanatory variable（解释变量）

7.1.3　Statsmodels 举例

1. 线性模型

【例7.3】

```
# Load modules and data
import numpy as np
import statsmodels.api as sm
spector_data = sm.datasets.spector.load()
spector_data.exog = sm.add_constant(spector_data.exog, prepend=False)

# Fit and summarize OLS model
mod = sm.OLS(spector_data.endog, spector_data.exog)
res = mod.fit()
print(res.summary())
```

输出结果：

```
runfile('C:/Users/DLG/.spyder-py3/temp.py',
wdir='C:/Users/DLG/.spyder-py3')
                         OLS Regression Results
==========================================================
Dep. Variable:            y              R-squared:           0.416
Model:                    OLS Adj.       R-squared:           0.353
Method:           Least Squares          F-statistic:         6.646
Date:             Wed, 12 Dec 2018       Prob (F-statistic):  0.00157
Time:                     14:05:09       Log-Likelihood:      -12.978
No. Observations:         32             AIC:                 33.96
Df Residuals:             28             BIC:                 39.82
Df Model:                 3
Covariance Type:                  nonrobust
==========================================================
              coef      std err      t        P>|t|     [0.025     0.975]
----------------------------------------------------------
x1          0.4639      0.162      2.864      0.008     0.132      0.796
x2          0.0105      0.019      0.539      0.594    -0.029      0.050
x3          0.3786      0.139      2.720      0.011     0.093      0.664
const      -1.4980      0.524     -2.859      0.008    -2.571     -0.425
==========================================================
Omnibus:                  0.176    Durbin-Watson:              2.346
Prob(Omnibus):            0.916    Jarque-Bera (JB):           0.167
Skew:                     0.141    Prob(JB):                   0.920
Kurtosis:                 2.786    Cond. No.                   176.
==========================================================
```

2. 广义线性模型

【例7.4】

```python
import statsmodels.api as sm
data = sm.datasets.scotland.load()
data.exog = sm.add_constant(data.exog)
# Instantiate a gamma family model with the default link function.
gamma_model = sm.GLM(data.endog, data.exog, family=sm.families.Gamma())
gamma_results = gamma_model.fit()
print(gamma_results.summary())
```

输出结果：

```
runfile('C:/Users/DLG/.spyder-py3/temp.py',
wdir='C:/Users/DLG/.spyder-py3')
d:\Anaconda3\lib\site-packages\statsmodels\genmod\generalized_linear_model.
py:302: DomainWarning: The inverse_power link function does not respect the domain
of the Gamma family.
```

```
DomainWarning)
                  Generalized Linear Model Regression Results
==============================================================================
Dep. Variable:              y          No. Observations:             32
Model:                     GLM         Df Residuals:                 24
Model Family:             Gamma        Df Model:                      7
Link Function:        inverse_power    Scale:                    0.0035843
Method:                    IRLS        Log-Likelihood:            - 83.017
Date:               Wed, 12 Dec 2018   Deviance:                  0.087389
Time:                   14:30:39       Pearson chi2:               0.0860
No. Iterations:             6          Covariance Type:           nonrobust
==============================================================================
           coef     std err          z       P>|z|      [0.025     0.975]
------------------------------------------------------------------------------
const    -0.0178      0.011      -1.548      0.122      -0.040      0.005
x1      4.962e-05   1.62e-05      3.060      0.002     1.78e-05    8.14e-05
x2       0.0020      0.001        3.824      0.000      0.001       0.003
x3     -7.181e-05   2.71e-05     -2.648      0.008     -0.000     -1.87e-05
x4       0.0001     4.06e-05      2.757      0.006     3.23e-05     0.000
x5     -1.468e-07   1.24e-07     -1.187      0.235    -3.89e-07    9.56e-08
x6      -0.0005      0.000       -2.159      0.031     -0.001     -4.78e-05
x7     -2.427e-06   7.46e-07     -3.253      0.001    -3.89e-06   -9.65e-07
==============================================================================
```

7.2　Gensim

　　Gensim 是一款开源的第三方 Python 工具包，用于从原始的非结构化文本中无监督地学习文本隐层的主题向量表达。它支持包括 TF-IDF、LSA、LDA 和 Word2vec 在内的多种主题模型算法，支持流式训练，并提供了诸如相似度计算、信息检索等一些常用任务的 API 接口。

　　从宏观来看，Gensim 提供了一个发现文档语义结构的工具，用于检查词出现的频率。Gensim 读取一段语料（Corpus），输出一个向量（Vector），表示文档中的一个词。词向量可以用来训练各种分类器模型。这 3 个模型是 Gensim 的核心概念。

7.2.1　基本概念

- 语料：一组原始文本的集合，用于无监督地训练文本主题的隐层结构。语料中不需要人工标注附加信息。在 Gensim 中，语料通常是一个可迭代的对象（比如列表）。每一次迭代返回一个可用于表达文本对象的稀疏向量。
- 向量：由一组文本特征构成的列表，是一段文本在 Gensim 中的内部表达。

- 稀疏向量（Sparse Vector）：通常可以略去向量中多余的 0 元素。此时，向量中的每一个元素是一个(key, value)的元组。
- 模型：一个抽象的术语，定义了两个向量空间的变换（从文本的一种向量表达变换为另一种向量表达）。

7.2.2 训练语料的预处理

语料是指一组电子文档的集合。这个集合是 Gensim 的输入，Gensim 会从这个语料中推断出它的结构、主题等。从语料中推断出的隐含结构可以用来对一个新的文档指定一个主题。我们也把这个集合叫作训练语料。这个训练过程不需要人工参与，所以主题分类是无监督的。

【例7.5】

```
raw_corpus =["This software depends on NumPy and Scipy",
"two Python packages for scientific computing",
"You must have them installed prior to installing gensim",
"It is also recommended you install a fast BLAS library before installing NumPy",
"This is optional, but using an optimized BLAS such as ATLAS or OpenBLAS
    is known to improve performance by as much as an order of magnitude",
" On OS X, NumPy picks up the BLAS that comes with it automatically",
"so you don't need to do anything special"]
```

收集语料之后，需要做一些预处理。这里的预处理比较简单，移除了一些英文虚词以及在预料中仅出现一次的词。这个处理过程需要对数据进行单词切分。通常，我们需要先对原始的文本进行分词、去除停用词等操作，得到每一篇文档的特征列表。把文档分割成一个个单词字典（这里以空格作为分隔符）。

```
stoplist = set('for a of the and to in'.split(' '))
texts = [[word for word in document.lower().split() if word not in stoplist]
        for document in raw_corpus]

from collections import defaultdict
frequency = defaultdict(int)
for text in texts:
    for token in text:
        frequency[token] += 1

precessed_corpus = [[token for token in text if frequency[token] > 1] for text
in texts]
precessed_corpus
```

分词后的特征列表：

```
texts = ['this', 'software', 'depends', 'on', 'numpy', 'scipy']
['two', 'python', 'packages', 'scientific', 'computing']
['you', 'must', 'have', 'them', 'installed', 'prior', 'installing', 'gensim']
```

```
['it', 'is', 'also', 'recommended', 'you', 'install', 'fast', 'blas', 'library',
'before', 'installing', 'numpy']
    ['this', 'is', 'optional,', 'but', 'using', 'an', 'optimized', 'blas', 'such',
'as', 'atlas', 'or', 'openblasis', 'known', 'improve', 'performance', 'by', 'as',
'much', 'as', 'an', 'order', 'magnitude']
    ['on', 'os', 'x,', 'numpy', 'picks', 'up', 'blas', 'that', 'comes', 'with', 'it',
'automatically']
    ['so', 'you', 'don't', 'need', 'do', 'anything', 'special']
```

其中，corpus 的每一个元素对应一篇文档。

接下来，我们可以调用Gensim提供的API建立语料特征（此处就是word）的索引字典，并将文本特征的原始表达转化成词袋模型对应的稀疏向量的表达。依然以词袋模型为例：

```
from gensim import corpora
dictionary = corpora.Dictionary(texts)
corpus = [dictionary.doc2bow(text) for text in texts]
print (corpus[0] )
```

输出：

```
[(0, 1), (1, 1), (2, 1)]
```

到这里，训练语料的预处理工作就完成了。我们得到了语料中每一篇文档对应的稀疏向量（这里是 bow 向量）。向量的每一个元素代表一个 word 在这篇文档中出现的次数。值得注意的是，虽然词袋模型是很多主题模型的基本假设，但是这里介绍的 doc2bow 函数并不是将文本转化成稀疏向量的唯一途径。技术手册中有更多的向量变换函数。

最后，出于内存优化的考虑，Gensim支持文档的流式处理。我们需要做的只是将前面的列表封装成一个Python迭代器，每一次迭代都返回一个稀疏向量。

```
class MyCorpus(object):
    def __iter__(self):
        for line in open('mycorpus.txt'):
            # assume there's one document per line, tokens separated by whitespace
            yield dictionary.doc2bow(line.lower().split())
```

输出：

```
[(0, 1), (1, 1), (2, 1), (3, 1), (4, 1), (5, 1)]
```

7.2.3　主题向量的变换

对文本向量的变换是 Gensim 的核心。通过挖掘语料中隐藏的语义结构特征，我们最终可以变换出一个简洁高效的文本向量。

在 Gensim 中，每一个向量变换的操作都对应着一个主题模型，例如上述提到的对应词袋模型的 doc2bow 变换。每一个模型又都是一个标准的 Python 对象。下面以 TF-IDF 模型为例介绍 Gensim 模型的一般使用方法。

首先是模型对象的初始化。通常，Gensim 模型都接收一段训练语料（注意在 Gensim 中，语料对应一个稀疏向量的迭代器）作为初始化的参数。显然，越复杂的模型需要配置的参数越多。

【例7.6】

```
from gensim import models
tfidf = models.TfidfModel(corpus)
```

其中，corpus 是一个返回 bow 向量的迭代器。这两行代码将完成对 corpus 中出现的每一个特征的 IDF 值的统计工作。

接下来，我们可以调用这个模型将任意一段语料（依然是bow向量的迭代器）转化成TFIDF向量（的迭代器）。需要注意的是，这里的bow向量必须与训练语料的bow向量共享同一个特征字典（共享同一个向量空间）。

```
doc_bow = [(0, 1), (1, 1)]
print (tfidf[doc_bow])
```

输出：

```
[(0, 1), (1, 1), (2, 1), (3, 1), (4, 1), (5, 1)]
[(0, 0.9168545678312987), (1, 0.39922136897576327)]
```

注意，同样是出于内存的考虑，model[corpus]方法返回的是一个迭代器。如果要多次访问model[corpus]的返回结果，那么可以先将结果向量序列化到磁盘上。

我们也可以将训练好的模型持久化到磁盘上，以便下一次使用：

```
tfidf.save("./model.tfidf")
tfidf = models.TfidfModel.load("./model.tfidf")
```

Gensim 内置了多种主题模型的向量变换，包括 LDA、LSI、RP、HDP 等。这些模型通常以 bow 向量或 tfidf 向量的语料为输入，生成相应的主题向量。所有的模型都支持流式计算。

7.2.4　文档相似度的计算

在得到每一篇文档对应的主题向量后，我们就可以计算文档之间的相似度，进而完成如文本聚类、信息检索之类的任务。在 Gensim 中提供了这一类任务的 API 接口。

以信息检索为例，对于一篇待检索的 query，我们的目标是从文本集合中检索出主题相似度最高的文档。

首先，我们需要将待检索的query和文本放在同一个向量空间里进行表达（以LSI向量空间为例）：

```
# 构造 LSI 模型并将待检索的 query 和文本转化为 LSI 主题向量
# 转换之前的 corpus 和 query 均是 BOW 向量
lsi_model = models.LsiModel(corpus, id2word=dictionary, num_topics=2)
documents = lsi_model[corpus]
```

```
query_vec = lsi_model[query]
```

接下来，我们用待检索的文档向量初始化一个相似度计算的对象：

```
index = similarities.MatrixSimilarity(documents)
```

我们也可以通过save()和load()方法持久化这个相似度矩阵：

```
index.save('/tmp/deerwester.index')
index = similarities.MatrixSimilarity.load('/tmp/deerwester.index')
```

注意，如果待检索的目标文档过多，使用 similarities.MatrixSimilarity 类往往会带来内存不够用的问题。此时，可以改用 similarities.Similarity 类。二者的接口基本保持一致。

最后，我们借助index对象计算任意一段query和所有文档的（余弦）相似度：

```
sims = index[query_vec] # return: an iterator of tuple (idx, sim)
```

7.3　　本章小结

Pandas 着眼于数据的读取、处理和探索，而 Statsmodels 则更加注重数据的统计建模分析，它使得 Python 有了 R 语言的味道。Statsmodels 支持与 Pandas 进行数据交互，因此它与 Pandas 结合成为 Python 下强大的数据挖掘组合。

Gensim 里面的算法，比如 Latent Semantic Analysis（潜在语义分析，LSA）、Latent Dirichlet Allocation（隐狄利克雷分布，LAD）、Random Projections（随机投影），通过在语料库的训练下检验词的统计共生模式（Statistical Co-Occurrence Patterns）来发现文档的语义结构。

第 8 章
大数据分析算法与实例

Python 是现在最受欢迎的动态编程语言之一（还有 Perl、Ruby 等）。Python 不但拥有强大的数据处理功能，而且完全可以用它构建生产系统。在众多解释型语言中，由于各种历史和文化的原因，Python 发展出了一个巨大而活跃的科学计算（Scientific Computing）社区。在过去的 10 年，Python 从一个边缘或"自担风险"的科学计算语言成为数据科学、机器学习、学界和工业界软件开发最重要的语言之一。

数据分析与可视化是指对数据进行控制、处理、整理、分析的过程。数据分析和建模大部分时间都用在数据准备上，数据的准备过程包括：加载、清理、转换与重塑。

本章主要讲述基于 Python 的数据分析方法，尽量翔实地阐述 Python 数据分析方法的原理与实践。

8.1 描述统计

统计学分为描述统计学和推断统计学。描述统计学是使用特定的数字或图表来体现数据的集中程度或离散程度，如平均数、中位数、众数、方差、标准差；推断统计学是根据样本数据来推断总体特征，如产品检查，一般采用抽检，根据所抽样本的质量合格率作为总体质量合格率的一个估计。

在数值分析的过程中，我们往往要计算出数据的统计特征，用来做科学计算的 NumPy 和 SciPy 工具可以满足我们的需求。Matpotlib 工具可用来绘制图形，满足图分析的需求。

1. 基本概念

与 Python 中原生的 List 类型不同，NumPy 中用 ndarray 类型来描述一组数据：

```
from numpy import array
from numpy.random import normal, randint
#使用 List 来创造一组数据
data = [1, 2, 3]
```

```
#使用 ndarray 来创造一组数据
data = array([1, 2, 3])
#创造一组服从正态分布的定量数据
data = normal(0, 10, size=10)
#创造一组服从均匀分布的定性数据
data = randint(0, 10, size=10)
```

2. 中心位置（均值、中位数、众数）

数据的中心位置是我们最容易想到的数据特征。借由中心位置，我们可以知道数据的一个平均情况，如果要对新数据进行预测，那么平均情况是非常直观的选择。数据的中心位置可分为均值（Mean）、中位数（Median）和众数（Mode）。其中，均值和中位数用于定量的数据，众数用于定性的数据。

对于定量数据来说，均值是总和除以总量（N），中位数是数值大小位于中间（奇偶总量处理不同）的值：

$$\text{Mean} = \frac{\sum_{i}^{N} Data[i]}{N} \tag{8.1}$$

$$\text{Median} = \begin{cases} Select(Data, \dfrac{N+1}{2}), N\%2 == 1 \\ \dfrac{Select(Data, \dfrac{N}{2}) + Select(Data, \dfrac{N}{2}+1)}{2}, N\%2 == 0 \end{cases} \tag{8.2}$$

均值相对中位数来说，包含的信息量更大，但是容易受异常的影响。使用NumPy计算均值与中位数：

```
from numpy import mean, median
#计算均值
mean(data)
#计算中位数
median(data)
```

对于定性数据来说，众数是出现次数最多的值，使用SciPy计算众数：

```
from scipy.stats import mode
#计算众数
mode(data)
```

3. 发散程度（极差、方差、标准差、变异系数）

对数据的中心位置有所了解以后，一般我们会想知道数据以中心位置为标准有多发散。如果以中心位置来预测新数据，那么发散程度决定了预测的准确性。数据的发散程度可用极差（PTP）、方差（Variance）、标准差（STD）、变异系数（CV）来衡量，它们的计算方法如下：

$$\text{PTP} = Max(Data) - Min(Data) \tag{8.3}$$

184

$$\text{Variance} = \frac{\sum_i^N (Data[i] - Mean)^2}{N} \tag{8.4}$$

$$\text{STD} = \sqrt{Variance} \tag{8.5}$$

$$\text{CV} = \frac{STD}{Mean} \tag{8.6}$$

极差是只考虑了最大值和最小值的发散程度指标；相对来说，方差包含更多的信息；标准差基于方差，但是与原始数据同量级；变异系数基于标准差，但是进行了无量纲处理。使用 NumPy 计算极差、方差、标准差和变异系数：

```
from numpy import mean, ptp, var, std
#极差
ptp(data)
#方差
var(data)
#标准差
std(data)
#变异系数
mean(data) / std(data)
```

4. 偏差程度（z-分数）

之前提到均值容易受异常值影响，那么如何衡量偏差、偏差到多少算异常是两个必须要解决的问题。定义 z-分数（Z-Score）为测量值距均值相差的标准差数目：

$$\text{Z-Score} = \frac{X - Mean}{STD} \tag{8.7}$$

当标准差不为0且不为接近于0的数时，z-分数是有意义的，使用NumPy计算z-分数：

```
from numpy import mean, std
#计算第一个值的z-分数
(data[0]-mean(data)) / std(data)
```

5. 相关程度

有两组数据时，我们关心这两组数据是否相关，相关程度是多少。用协方差（COV）和相关系数（CORRCOEF）来衡量相关程度：

$$\text{COV} = \frac{\sum_i^N (Data_1[i] - Mean_1) * (Data_2[i] - Mean_2)}{N} \tag{8.8}$$

$$\text{CORRCOEF} = \frac{COV}{STD_1 * STD_2} \tag{8.9}$$

协方差的绝对值越大表示相关程度越高，协方差为正值表示正相关，负值为负相关，0为不相关。相关系数基于协方差，但进行了无量纲处理。使用NumPy计算协方差和相关系数：

```
from numpy import array, cov, corrcoef

data = array([data1, data2])

#计算两组数的协方差
#参数 bias=1表示结果需要除以 N，否则只计算了分子部分
#返回结果为矩阵，第 i 行第 j 列的数据表示第 i 组数与第 j 组数的协方差。对角线为方差
cov(data, bias=1)
#计算两组数的相关系数
#返回结果为矩阵，第 i 行第 j 列的数据表示第 i 组数与第 j 组数的相关系数。对角线为1
corrcoef(data)
```

6. 利用 Matplotlib 画图举例

利用 Python 画图需要使用 Matplotlib 库。

【例8.1】

```
import matplotlib.pyplot as plt
```

创建一组数据，该数据为30个中国CBA球员的体重，其中 "\" 表示换行接着写。

```
weight = [225,232,232,245,235,245,270,225,240,240,\
          217,195,225,185,200,220,200,210,271,240,\
          220,230,215,252,225,220,206,185,227,236]
```

（1）直方图画法

- 找出最大值与最小值，确定数据的范围。

- 整理数据，将数据分为几组（尽量使每组都有数据），计算频数分布表。

- 根据频数分布表画出频数直方图。频数为纵坐标，分组类别为横坐标。通过直方图可以对数据分布有一个直观的了解。

- 除了频数直方图，还有频率直方图外。频率直方图的纵坐标为频率/组距。频率=频数/总数，组距是分组的极差。

```
from pylab import mpl #显示中文设置
mpl.rcParams['font.sans-serif'] = ['SimHei']#显示中文设置
#创建频数分布直方图
#weight 为待绘制的定量数据，bins=5表示将数据划分为5个区间
#normed=False 时为频数分布直方图
plt.hist(weight,bins=5,normed=False)
#x 轴区间范围
plt.xlabel('weight')
plt.ylabel('frequency')
plt.title('CHINA CBA Histogram of weight frequency distribution of players')
plt.show()
```

图 8.1 所示为频数分布直方图。

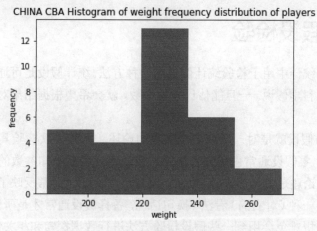

图 8.1 频数分布直方图

（2）箱线图画法

- 下四分位数 Q1：将数据按升序排序，位于 25%处的数据。
- 上四分位数 Q3：将数据按升序排序，位于 75%处的数据。
- 四分位距 IQR=Q3−Q1，是描述数据离散程度的一个统计量。
- 异常点是小于 Q1−1.5IQR 或大于 Q3+1.5IQR 的值。
- 下边缘是除异常点以外的数据中的最小值。
- 上边缘是除异常点以外的数据中的最大值。

```
#箱线图
plt.boxplot(weight,labels=['体重'])
plt.title('中国 CBA 球员体重箱线图')
plt.show()
```

图 8.2 所示为箱线图。

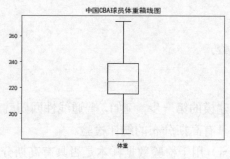

图 8.2 箱线图

8.2 假设检验

假设检验是推论统计中用于检验统计假设的一种方法。统计假设是可通过观察一组随机变量的模型进行检验的科学假说。一旦能估计未知参数，就会希望根据结果对未知的真正参数值做出适当的推论。

统计上对参数的假设就是对一个或多个参数的论述。而其中欲检验其正确性的是零假设（Null Hypothesis），零假设通常由研究者决定，反映研究者对未知参数的看法。相对于零假设，其他有关参数的论述是备择假设（Alternative Hypothesis），通常反映了执行检验的研究者对参数可能数值的另一种（对立的）看法（换句话说，备择假设通常才是研究者最想知道的）。

日常进行数据分析难免会用到一些假设检验方法进行数据探索和相关性、差异性分析，并且这是进行后续统计模型（机器学习类预测模型可以略过）预测的第一步。

1. 必要条件

- 标准 Python 科学计算环境（NumPy、SciPy、Matplotlib）。
- Pandas。
- Statsmodels。
- Seaborn。

要安装 Python 及这些依赖，推荐下载 Anaconda Python 或 Enthought Canopy。如果使用 Ubuntu 或其他 Linux 系统，更应该使用包管理器。适用于贝叶斯模型的是 PyMC，在 Python 中实现了概率编程语言。

2. 统计性检验的 4 部分

- 正态性检验。
- 相关性检验。
- 参数统计假设检验。
- 非参数统计假设检验。

（1）正态性检验

正态性检验是很多统计建模的第一步，例如，普通线性回归就对残差有正态性要求。正态性检验可用于检查数据是否具有高斯分布的统计检验。

w 检验（Shapiro-wilk test）用于检验数据样本是否具有高斯分布。

【例8.2】

```
from scipy.stats import shapiro
data = [21,12,12,23,19,13,20,17,14,19]
stat,p = shapiro(data)
```

```
print("stat 为：%f" %stat,"p 值为：%f" %p)
```

输出：

stat 为：0.913007　　　p 值为：0.302289

（2）相关性检验

相关性检验是检查两个样本是否相关的统计检验。皮尔逊相关系数用于检验两个样本是否具有单调关系。

假设：

- 每个样本中的观察是独立同分布的。
- 每个样本的观察都是正态分布的。
- 每个样本的观察具有相同的方差。

【例8.3】

```
from scipy.stats import pearsonr
data1 = [21,12,12,23,19,13,20,17,14,19]
data2 = [12,11,8,9,10,15,16,17,10,16]
corr,p = pearsonr(data1,data2)
print("corr 为：%f" %corr,"p 值为：%f" %p)
```

输出：

corr 为：0.142814　　　p 值为：0.693889

（3）卡方检验

检验两个分类变量是相关的还是独立的。

假设：

- 用于计算列联表的观察是独立的。
- 列联表的每个单元格中有 25 个或更多实例。

【例8.4】

```
from scipy.stats import chi2_contingency
data1 = [21,12,12,23,19,13,20,17,14,19]
data2 = [12,11,8,9,10,15,16,17,10,16]
stat,p,dof,expected = chi2_contingency(data1,data2)
print("stat 为：%f" %stat,"p 值为：%f" %p)
```

输出：

stat 为：0.000000 p 值为：1.000000

（4）参数统计假设检验

①T 检验

检验两个独立样本的均值是否存在显著差异。

假设：

- 每个样本中的观察是独立同分布的。
- 每个样本的观察都是正态分布的。
- 每个样本中的观察具有相同的方差。

【例8.5】

```
from scipy.stats import ttest_ind
data1 = [21,12,12,23,19,13,20,17,14,19]
data2 = [12,11,8,9,10,15,16,17,10,16]
stat,p = ttest_ind(data1,data2)
print("stat 为: %f" %stat,"p 值为: %f" %p)
```

输出：

stat 为: 2.802933   p 值为: 0.011763

②配对 T 检验

检验两个配对样本的均值是否存在显著差异。

假设：

- 每个样本中的观察是独立同分布的。
- 每个样本的观察都是正态分布的。
- 每个样本中的观察具有相同的方差。
- 每个样本的观察结果是成对的。

【例8.6】

```
from scipy.stats import ttest_rel
data1 = [21,12,12,23,19,13,20,17,14,19]
data2 = [12,11,8,9,10,15,16,17,10,16]
stat,p = ttest_rel(data1,data2)
print("stat 为: %f" %stat,"p 值为: %f" %p)
```

输出：

stat 为: 3.022945   p 值为: 0.014410

③方差分析

测试两个或两个以上独立样本的均值是否存在显著差异。

假设：

- 每个样本中的观察是独立同分布的。
- 每个样本的观察都是正态分布的。
- 每个样本中的观察具有相同的方差。

【例8.7】

```
from scipy.stats import f_oneway
data1 = [21,12,12,23,19,13,20,17,14,19]
data2 = [12,11,8,9,10,15,16,17,10,16]
stat,p = f_oneway(data1,data2)
print("stat 为：%f" %stat,"p 值为：%f" %p)
```

输出：

stat 为：7.856436　　　p 值为：0.011763

（5）非参数统计假设检验

①曼-惠特尼 U 检验

检验两个独立样本的分布是否相等。

假设：

● 　每个样本中的观察是独立同分布的。

● 　可以对每个样本中的观察进行排序。

【例8.8】

```
from scipy.stats import mannwhitneyu
data1 = [21,12,12,23,19,13,20,17,14,19]
data2 = [12,11,8,9,10,15,16,17,10,16]
stat,p = mannwhitneyu(data1,data2)
print("stat 为：%f" %stat,"p 值为：%f" %p)
```

输出：

stat 为：17.500000　　　p 值为：0.007627

②威尔科克森符号秩检验

检验两个配对样本的分布是否均等。

假设：

● 　每个样本中的观察是独立同分布。

● 　可以对每个样本中的观察进行排序。

【例8.9】

```
from scipy.stats import wilcoxon
data1 = [21,12,12,23,19,13,20,17,14,19]
data2 = [12,11,8,9,10,15,16,17,10,16]
stat,p = wilcoxon(data1,data2)
print("stat 为：%f" %stat,"p 值为：%f" %p)
```

输出：

stat 为：2.000000　　　p 值为：0.014714

由于样本太小，因此无法精确计算相似性。

③Kruskal-Wallis H 检验

检验两个或多个独立样本的分布是否相等。

假设：

- 每个样本中的观察是独立同分布的。
- 可以对每个样本中的观察进行排序。

```
from scipy.stats import kruskal
data1 = [21,12,12,23,19,13,20,17,14,19]
data2 = [12,11,8,9,10,15,16,17,10,16]
stat,p = kruskal(data1,data2)
print("stat 为：%f" %stat,"p 值为：%f" %p)
```

输出：

```
stat 为：6.072239    p 值为：0.013732
```

8.3 信度分析

很多人知道信度和效度是因为问卷数据分析需要用到它们，其实信度和效度的应用范围远远不止问卷的数据分析。信度是指一个测试或者使用其他任何测量工具对事物的测量可以保持一致性。观察值=真实值+误差值，误差越小越可信。信度的不同类型如下：

- 再测信度（一个测试在不同时间是否可信，两次测试值之间的相关系数）。
- 复本信度（一个测试的几个复本是否可信或者是否等价，两个复本之间的相关系数）。
- 内在一致性信度（每个项目的得分与总得分之间的相关系数）。
- 评分者信度（对一个观察结果的评价是否一致，检验不同评分者一致结论的百分比）。

1. 再测信度

两次测试的得分如下，计算相关系数。

【例8.10】

测试者编号	时期1得分	时期2得分
1	54	56
2	67	77
3	67	87
4	83	89
5	87	89
6	89	90
7	84	87
8	90	92

9	98	99
10	65	76

```
import scipy.stats.stats as stats
s1=[54,67,67,83,87,89,84,90,98,65]
s2=[56,77,87,89,89,90,87,92,99,76]
comparisonR=stats.pearsonr(s1,s2)[0]
print(comparisonR)
```

输出：

```
0.9005791967752049
```

2. 复本信度

自主记忆测试复本 I 和复本 II 的得分（时间间隔）。

【例8.11】

编号	复本 I 得分	复本 II 得分
1	4	5
2	5	6
3	3	5
4	6	6
5	7	7
6	5	6
7	6	7
8	4	8
9	4	7
10	3	7

```
import scipy.stats.stats as stats
i=[4,5,3,6,7,5,6,4,3,3]
ii=[5,6,5,6,7,6,7,8,7,7]
duplicateR=stats.pearsonr(i,ii)[0]
print (duplicateR)
```

输出：

```
0.12869789041755741
```

3. 一致性信度

计算克隆巴赫系数（Cronbach's），实际上是计算单项得分与总分直接的相关系数，并与每个单项得分的变异性比较，计算公式为：

$$\partial = \left(\frac{k}{k-1} \right) \left(\frac{s_y^2 - \sum s_i^2}{s_y^2} \right) \tag{8.10}$$

其中：

- k 表示项目的个数。

- s_y^2 为所有被试项目所得总分的方差。

- S_i^2 表示所有被试在第 i 项目上的差异。

【例8.12】

10个被测者、5个项目的得分表如下。

编号	项目1	项目2	项目3	项目4	项目5
1	3	5	1	4	1
2	4	4	3	5	3
3	3	4	4	4	4
4	3	3	5	2	1
5	3	4	5	4	3
6	4	5	5	3	2
7	2	5	5	3	4
8	3	4	4	2	4
9	3	5	4	4	3
10	3	3	2	3	2

Python代码引入了Pandas包，应用Pandas的数据帧计算就变得简单了，其中sum()是求和，var()是求方差。

```python
import numpy as np
import pandas as pd
import scipy.stats.stats as stats
import math
score=[
      [3,5,1,4,1],
      [4,4,3,5,3],
      [3,4,4,4,4],
      [3,3,5,2,1],
      [3,4,5,4,3],
      [4,5,5,3,2],
      [2,5,5,3,4],
      [3,4,4,2,4],
      [3,5,4,4,3],
      [3,3,2,3,2]]
df = pd.DataFrame(score)
total_row = df.sum(axis=1)
#print total_row
sy = total_row.var()
print( sy )
var_column = df.var()
si = var_column.sum()
```

```
print (si )
r = (5.0/4.0)*((sy-si)/sy)
print (round(r,2))
```

输出：

```
6.3999999999999995
5.177777777777777
0.24
```

8.4　列联表分析

　　列联表分析（Contingency Table Analysis）是基于列联表进行的相关统计分析与推断。列联表分析的基本问题是，判明所考察的各属性之间有无关联，即是否独立。列联表又称交互分类表，所谓交互分类，是指同时依据两个变量的值将所研究的个案分类。交互分类的目的是将两个变量分组，然后比较各组的分布状况，以寻找变量间的关系。

　　比较和对照是进行科学研究的基本手段。对于间距测度和比例测度的资料，进行分组比较时可以用均数检验、方差分析等方法。对于有较多可取值的序次测度资料，进行分组比较时可以用各种秩和检验方法。

　　而对于名义测度的资料和有序分类所得的资料（也属序次测度），分组比较时需用交叉分类进行统计描述，交叉分类所得的表格称为"列联表"，统计推断（检验）则要使用列联表分析的方法——卡方检验。卡方检验是用来研究两个定类变量间是否独立（是否存在某种关联性）的常用方法。

　　卡方检验的方法：假设两个变量是相互独立、互不关联的，这在统计上称为原假设。对于调查中得到的两个变量的数据，用一个表格的形式来表示它们的分布（频数和百分数），这里的频数叫观测频数，这种表格叫列联表。如果原假设成立，在这个前提下，可以计算出上面列联表中每个格子里的频数应该是多少，这叫期望频数。比较观测频数与期望频数的差，两者的差越大，表明实际情况与原假设相差越远；差越小，表明实际情况与原假设越相近。这种差值用一个卡方统计量来表示。对卡方值进行检验，如果卡方检验的结果不显著，就不能拒绝原假设，即两个变量是相互独立、互不关联的，如果卡方检验的结果显著，就拒绝原假设，即两个变量间存在某种关联，至于是如何关联的，这要看列联表中数据的分布形态。

　　卡方检验的公式如下：

$$\chi^2 = \sum \left(\frac{(A-T)^2}{T} \right) \tag{8.11}$$

　　其中，A 是实际值，T 是理论值。

　　【例8.13】

　　列联表如下：

杀虫效果	甲	乙	丙	统计
死亡数	37	49	23	109
未死亡数	150	100	57	307
统计	187	149	80	416

```python
import numpy as np
from scipy.stats import chi2_contingency

d = np.array([[37, 49, 23], [150, 100, 57]])
print (chi2_contingency(d))
```

输出如下：

```
(7.6919413561281065,   0.021365652322337315,   2,   array([[ 48.99759615,
39.04086538,  20.96153846],[138.00240385, 109.95913462,  59.03846154]]))
```

代码运行结果解析如下：

$$\text{chi-square-statistics} = \frac{\left(37 - \frac{187 \cdot 109}{416}\right)^2}{\frac{187 \cdot 109}{416}} + \frac{\left(49 - \frac{149 \cdot 109}{416}\right)^2}{\frac{149 \cdot 109}{416}} + \frac{\left(23 - \frac{80 \cdot 109}{416}\right)^2}{\frac{80 \cdot 109}{416}} +$$

$$\frac{\left(150 - \frac{187 \cdot 307}{416}\right)^2}{\frac{187 \cdot 307}{416}} + \frac{\left(100 - \frac{149 \cdot 307}{416}\right)^2}{\frac{149 \cdot 307}{416}} + \frac{\left(57 - \frac{80 \cdot 307}{416}\right)^2}{\frac{80 \cdot 307}{416}} = 7.6919413561281065$$

$$P\{\chi^2(2) > 7.6919413561281065\} = 0.021365652322337315$$

对于 array([[48.99759615, 39.04086538, 20.96153846], [138.00240385, 109.95913462, 59.03846154]])) 而言：

$$48.99759615 = \frac{N_i \cdot N_j}{N} = \frac{109 \cdot 150}{416}$$

以此类推，得到其他结果。自由度为 1 时，代码底层存在 Yate 校正，此时手算结果会与程序运算结果不一致，属于正常现象。

8.5　相关分析

相关系数是变量间关联程度的基本测度之一，如果我们想知道两个变量之间的相关性，就可以计算相关系数进行判定。相关系数的基本特征说明如下。

方向：

- 正相关：两个变量变化方向相同。

- 负相关：两个变量变化方向相反。

量级（Magnitude）：

- 低度相关：$0 \leqslant |r| < 0.3$。
- 中度相关：$0.3 \leqslant |r| < 0.8$。
- 高度相关：$0.8 \leqslant |r| < 1$。

散点图：

在进行相关分析之前，通常会绘制散点图来观察变量之间的相关性，如果这些数据在二维坐标轴中构成的数据点分布在一条直线的周围，就说明变量间存在线性相关关系。

1. Python 计算相关系数

$$r = \frac{\sum(Z_X Z_Y)}{N} \tag{8.12}$$

其中：

- r：相关系数。
- Z_X：变量 X 的 z 分数。
- Z_Y：变量 Y 的 z 分数。
- N：X 和 Y 取值的配对个数。

2. 场景案例

我们知道影响金融产品销量的因素很多。作为用户来讲，最直接的参考指标一定是产品的利率，金融机构为了吸引更多的用户能够持有或购买某项金融产品，往往会推出加息活动，那么加息活动这个变量与实际销量之间是否存在相关关系？

【例8.14】

A	B	C	D	E
X:加息活动投入	Y:销售额	Z_X	Z_Y	$Z_X + Z_Y$
52	162			
19	61			
7	22			
33	100			
2	6			

计算相关系数的Python代码如下：

```
import numpy
X = [52,19,7,33,2]
Y = [162,61,22,100,6]

#均值
```

```
XMean = numpy.mean(X)
YMean = numpy.mean(Y)

#标准差
XSD = numpy.std(X)
YSD = numpy.std(Y)

#z 分数
ZX = (X-XMean)/XSD
ZY = (Y-YMean)/YSD
#相关系数
r = numpy.sum(ZX*ZY)/(len(X))
print(ZX,ZY)
print(r)
```

输出：

```
[ 1.61684964 -0.19798159 -0.85792022  0.57194681 -1.13289465] [ 1.63073842
-0.16342912 -0.85622649  0.52936824 -1.14045105]
0.999674032661831
```

则得到结果：

A	B	C	D	E
X:加息活动投入	Y:销售额	Z_X	Z_Y	Z_X+Z_Y
52	162	1.61684964	1.63073842	2.63665883
19	61	-0.19798159	-0.16342912	0.63665883
7	22	-0.85792022	-0.85622649	0.03235596
33	100	0.57194681	0.52936824	0.30277048
2	6	-1.13289465	-1.14045105	1.29201089

8.6 方差分析

方差分析（ANOVA）又称"变异数分析"或"F 检验"，是由 R.A.Fister 发明的，用于两个及两个以上的样本均数差别的显著性检验。与通常的统计推断问题一样，方差分析的任务是先根据实际情况提出原假设 H0 与备择假设 H1，然后寻找适当的检验统计量进行假设检验。

试验中要考察的指标称为试验指标，影响试验指标的条件称为因素，因素所处的状态称为水平，若试验中只有一个因素改变，则称为单因素试验；若有两个因素改变，则称为双因素试验；若有多个因素改变，则称为多因素试验。方差分析就是对试验数据进行分析，检验方差相等的多个正态总体均值是否相等，进而判断各因素对试验指标的影响是否显著。根据影响试验指标条件的个数可以区分为单因素方差分析、双因素方差分析和多因素方差分析。

8.6.1　单因素方差分析

单因素方差分析是指对单因素试验结果进行分析，检验因素对试验结果有无显著性影响的方法。单因素方差分析是两个样本平均数比较的引申，用来检验多个平均数之间的差异，从而确定因素对试验结果有无显著性影响。

- 因素：影响研究对象的某一指标、变量。
- 水平：因素变化的各种状态或因素变化所分的等级或组别。
- 单因素试验：考虑的因素只有一个的试验叫单因素试验。

1. 假设前提

设单因素 A 具有 r 个水平，分别记为 $A_1, A_2,..., A_r$，在每个水平 $A_i(i=1,2,...,r)$ 下，要考察的指标可以看成一个总体，故有 r 个总体，并假设：

（1）每个总体均服从正态分布，即 $X_i \sim N(\mu_i, \sigma^2)$，　$i=1,2,...,r$。

（2）每个总体的方差 σ^2 相同。

（3）从每个总体中抽取的样本 $X_{i1}, X_{i2}, ..., X_{ini}$ 相互独立，$i=1,2,...,r$。

此处的 μ_i、$\sigma2$ 均未知。

那么，要比较各个总体的均值是否一致，就要检验各个总体的均值是否相等，设第 i 个总体的均值为 μ_i，则：

假设检验为 H0：$\mu_1=\mu_2=...=\mu_i$。

备择假设为 H1：$\mu_1,\mu_2,..., \mu_i$ 不全相等。

2. 方差分析的任务

（1）检验该模型中 r 个总体 $N(\mu_i, \sigma^2)$（$i=1,2,...,r$）的均值是否相等。

（2）作为未知参数 $\mu_1, \mu_2,...,\mu_i, \sigma^2$ 的估计。

Python 实现单因素方差分析用到了 SciPy.stats.f_oneway()方法，用法很简单，只不过在用之前需要先检验方差齐性，用到了 levene test。

【例8.15】

```
#-*- coding: utf-8 -*-
from scipy import stats
import pandas as pd
import numpy as np
from statsmodels.formula.api import ols
from statsmodels.stats.anova import anova_lm

#读取数据
```

```
fPath='altman_910.txt'
df=pd.read_csv(fPath,header=None,names=['value','group'])
print (df)
#数据分组
print('One-way ANOVA: ----------------')
inFile = 'altman_910.txt'
data = np.genfromtxt(inFile, delimiter=',')

# Sort them into groups, according to column 1
group1 = data[data[:,1]==1,0]
group2 = data[data[:,1]==2,0]
group3 = data[data[:,1]==3,0]

 # First, check if the variances are equal, with the "Levene"-test
(W,p) = stats.levene(group1, group2, group3)
if p<0.05:
    print(('Warning: the p-value of the Levene test is <0.05: p={0}'.format(p)))

# Do the one-way ANOVA
F_statistic, pVal = stats.f_oneway(group1, group2, group3)
# --- >>> STOP stats <<< ---

# Print the results
print('Data form Altman 910:')
print((F_statistic, pVal))
if pVal < 0.05:
    print('One of the groups is significantly different.')

# Elegant alternative implementation, with pandas & statsmodels
df = pd.DataFrame(data, columns=['value', 'treatment'])
#如果没有大写C()，就会出错，因为表示分类变量，category
model = ols('value ~ C(treatment)', df).fit()
anovaResults = anova_lm(model)
print(anovaResults)

# Check if the two results are equal. If they are, there is no output
#decimal=3表示精确到的小数位。如果两个数相等，结果就为空，否则出现异常提示
np.testing.assert_almost_equal(F_statistic, anovaResults['F'][0],decimal=3)
```

输出：

```
runfile('D:/Anaconda3/workspace/test.py', wdir='D:/Anaconda3/workspace')
     value    group
0     243      1
1     251      1
2     275      1
3     291      1
```

```
4        347        1
5        354        1
6        380        1
7        392        1
8        206        2
9        210        2
10       226        2
11       249        2
12       255        2
13       273        2
14       285        2
15       295        2
16       309        2
17       241        3
18       258        3
19       270        3
20       293        3
21       328        3
One-way ANOVA: ------------------
Warning: the p-value of the Levene test is <0.05: p=0.045846812634186246
Data form Altman 910:
(3.7113359882669763, 0.043589334959178244)
One of the groups is significantly different.
                df        sum_sq       mean_sq          F      PR(>F)
C(treatment)    2.0    15515.766414   7757.883207   3.711336   0.043589
Residual       19.0    39716.097222   2090.320906      NaN        NaN
```

8.6.2　多因素方差分析

多因素方差分析用来研究两个及两个以上的控制变量是否对观测变量产生显著影响。这里，由于研究多个因素对观测变量的影响，因此称为多因素方差分析。多因素方差分析不仅能够分析多个因素对观测变量的独立影响，还能够分析多个控制因素的交互作用能否对观测变量的分布产生显著影响，进而最终找到有利于观测变量的最优组合。

【例8.16】

```
#-*- coding: utf-8 -*-
from scipy import stats
import pandas as pd
import numpy as np
from statsmodels.formula.api import ols
from statsmodels.stats.anova import anova_lm
from statsmodels.stats.multicomp import pairwise_tukeyhsd
import matplotlib.pyplot as plt

#读取数据
```

```
fPath='altman_910_2.txt'
df=pd.read_csv(fPath,header=None,names=['hs','fetus','observer'])
df=df.dropna()#删除空值
print (df)

formula='hs~C(fetus)+C(observer)+C(fetus):C(observer)'
anova_results=anova_lm(ols(formula,df).fit())
print(anova_results)

hsd=pairwise_tukeyhsd(df['hs'],df['fetus'])
print (hsd.summary())
```

输出:

```
runfile('D:/Anaconda3/workspace/test.py', wdir='D:/Anaconda3/workspace')
     hs    fetus   observer
0    14.3    1       1
1    14.0    1       1
2    14.8    1       1
3    13.6    1       2
4    13.6    1       2
5    13.8    1       2
6    13.9    1       3
7    13.7    1       3
8    13.8    1       3
9    13.8    1       4
10   13.7    1       4
11   13.9    1       4
12   19.7    2       1
13   19.9    2       1
14   19.8    2       1
15   19.8    2       2
16   19.3    2       2
17   19.8    2       2
18   19.5    2       3
19   19.8    2       3
20   19.5    2       3
                         df      sum_sq     ...         F          PR(>F)
C(fetus)                 1.0    171.187659  ...    3744.730035    2.086626e-18
C(observer)              3.0    0.721389    ...    5.260127       1.222175e-02
C(fetus):C(observer)     3.0    0.235849    ...    1.719734       2.087118e-01
Residual                 14.0   0.640000    ...    NaN            NaN

[4 rows x 5 columns]
Multiple Comparison of Means - Tukey HSD,FWER=0.05
==========================================
group1 group2 meandiff  lower   upper   reject
```

```
---------------------------------------------------------------
1      2      5.7694    5.5029    6.036    True
---------------------------------------------------------------
```

这是随即设计的两个因素方差分析的结果：显示 fetus 的主效应显著。输出的结果显示，3 个水平均值均呈现显著差异（reject==Ture）。

8.7 回归分析

线性回归是一种有监督的学习算法，它介绍自变量和因变量之间的线性相关关系，分为一元线性回归和多元线性回归。一元线性回归是一个自变量和一个因变量间的回归，可以看成是多元线性回归的特例。线性回归可以用来预测和分类，从回归方程可以看出自变量和因变量的相互影响关系。

1. 线性回归模型

$$y = \beta_0 + \beta_1 + \cdots + \beta_k X_k + \varepsilon_i \tag{8.13}$$

对于线性回归的模型假定如下：

（1）误差项的均值为 0，且误差项与解释变量之间线性无关。

$$E(\varepsilon_i) = 0 \qquad E(X^T \varepsilon) = 0 \tag{8.14}$$

（2）误差项是独立同分布的，即每个误差项之间相互独立且每个误差项的方差是相等的。

（3）解释变量之间线性无关。

（4）正态性假设，即误差项是服从正态分布的。

以上的假设是建立回归模型的基本条件，所以对于回归结果要一一进行验证，如果不满足假定，就要进行相关的修正。

2. 模型的参数求解

（1）矩估计

一般是通过样本矩来估计总体的参数，常见的是用样本的一阶原点矩来估计总体的均值，用二阶中心矩来估计总体的方差。

（2）最小二乘估计

最小二乘估计法，又称最小平方法，是一种数学优化技术。它通过最小化误差的平方和寻找数据的最佳函数匹配。利用最小二乘估计法可以简便地求得未知的数据，并使得这些数据与实际数据之间误差的平方和为最小。

（3）极大似然估计

极大似然估计是基于概率的思想，要求样本的概率分布是已知的，参数估计的值使得大量样本发生的概率最大，用似然函数来度量，似然函数是各个样本的密度函数的乘积，为方便求解其导数，加负号求解极小值，得到参数的估计结果。

3. 用 Python 实现线性回归

目前使用 Python 较多，而 Python 中远近闻名的机器学习库要数 Scikit-Learn 了。这个库优点很多，简单易用，接口抽象得非常好。这里封装其中的很多机器学习算法，然后进行一次性测试，从而便于分析取优。当然，针对具体算法，超参调优也非常重要。

【例8.17】

下面利用线性回归算法预测波士顿的房价。波士顿房价数据集包含波士顿郊区住房价值的信息。波士顿数据集是Scikit-Learn的内置数据集，可以直接拿来使用。

```python
#Python 库导入
import numpy as np
import pandas as pd
import matplotlib.pyplot as plt
import sklearn
from sklearn.linear_model import LinearRegression
from sklearn.datasets import load_boston
import matplotlib.font_manager as fm
#数据获取和理解
boston = load_boston()
print(boston.keys())
```

输出：

```python
dict_keys(['data', 'target', 'feature_names', 'DESCR'])
#波士顿数据集506个样本，14个特征
print(boston.data.shape)
```

输出：

```python
(506, 13)
#数据集列名
print(boston.feature_names)
```

输出：

```python
['CRIM' 'ZN' 'INDUS' 'CHAS' 'NOX' 'RM' 'AGE' 'DIS' 'RAD' 'TAX' 'PTRATIO' 'B'
 'LSTAT']
#波士顿数据集描述
bos = pd.DataFrame(boston.data)
print(bos.head())
```

输出：

```
Boston House Prices dataset
===========================
Notes
------
Data Set Characteristics:
    :Number of Instances: 506
    :Number of Attributes: 13 numeric/categorical predictive
    :Median Value (attribute 14) is usually the target
    :Attribute Information (in order):
        - CRIM     per capita crime rate by town
        - ZN       proportion of residential land zoned for lots over 25,000 sq.ft.
        - INDUS    proportion of non-retail business acres per town
        - CHAS     Charles River dummy variable (= 1 if tract bounds river; 0
otherwise)
        - NOX      nitric oxides concentration (parts per 10 million)
        - RM       average number of rooms per dwelling
        - AGE      proportion of owner-occupied units built prior to 1940
        - DIS      weighted distances to five Boston employment centres
        - RAD      index of accessibility to radial highways
        - TAX      full-value property-tax rate per $10,000
        - PTRATIO  pupil-teacher ratio by town
        - B        1000(Bk - 0.63)^2 where Bk is the proportion of blacks by town
        - LSTAT    % lower status of the population
        - MEDV     Median value of owner-occupied homes in $1000's
    :Missing Attribute Values: None
    :Creator: Harrison, D. and Rubinfeld, D.L.
This is a copy of UCI ML housing dataset.
http://archive.ics.uci.edu/ml/datasets/Housing
This dataset was taken from the StatLib library which is maintained at Carnegie
Mellon University.
The Boston house-price data of Harrison, D. and Rubinfeld, D.L. 'Hedonic
prices and the demand for clean air', J. Environ. Economics & Management,
vol.5, 81-102, 1978.  Used in Belsley, Kuh & Welsch, 'Regression diagnostics
...', Wiley, 1980.  N.B. Various transformations are used in the table on
pages 244-261 of the latter.
The Boston house-price data has been used in many machine learning papers that
address regression
    problems.

**References**

    - Belsley, Kuh & Welsch, 'Regression diagnostics: Identifying Influential
Data and Sources of Collinearity', Wiley, 1980. 244-261.
    - Quinlan,R. (1993). Combining Instance-Based and Model-Based Learning. In
Proceedings on the Tenth International Conference of Machine Learning, 236-243,
University of Massachusetts, Amherst. Morgan Kaufmann.
    - many more! (see http://archive.ics.uci.edu/ml/datasets/Housing)
```

```
0     1    2    3    4  ...   8    9   10     11     12
0  0.00632  18.0  2.31  0.0  0.538  ...  1.0  296.0  15.3  396.90  4.98
1  0.02731   0.0  7.07  0.0  0.469  ...  2.0  242.0  17.8  396.90  9.14
2  0.02729   0.0  7.07  0.0  0.469  ...  2.0  242.0  17.8  392.83  4.03
3  0.03237   0.0  2.18  0.0  0.458  ...  3.0  222.0  18.7  394.63  2.94
4  0.06905   0.0  2.18  0.0  0.458  ...  3.0  222.0  18.7  396.90  5.33

[5 rows x 13 columns]
#数据模型构建——线性回归
X = bos.drop('PRICE', axis=1)
lm = LinearRegression()
lm
lm.fit(X, bos.PRICE)
print('线性回归算法 w 值: ', lm.coef_)
print('线性回归算法 b 值: ', lm.intercept_)
```

输出：

```
    CRIM    ZN   INDUS  CHAS   NOX  ...  RAD   TAX  PTRATIO      B   LSTAT
0  0.00632  18.0   2.31   0.0  0.538 ...  1.0  296.0   15.3   396.90   4.98
1  0.02731   0.0   7.07   0.0  0.469 ...  2.0  242.0   17.8   396.90   9.14
2  0.02729   0.0   7.07   0.0  0.469 ...  2.0  242.0   17.8   392.83   4.03
3  0.03237   0.0   2.18   0.0  0.458 ...  3.0  222.0   18.7   394.63   2.94
4  0.06905   0.0   2.18   0.0  0.458 ...  3.0  222.0   18.7   396.90   5.33

[5 rows x 13 columns]
[24.  21.6 34.7 33.4 36.2]
线性回归算法 w 值: [-1.07170557e-01  4.63952195e-02  2.08602395e-02
2.68856140e+00
 -1.77957587e+01  3.80475246e+00  7.51061703e-04 -1.47575880e+00
  3.05655038e-01 -1.23293463e-02 -9.53463555e-01  9.39251272e-03
 -5.25466633e-01]
线性回归算法 b 值: 36.49110328036135
#散点图
myfont = fm.FontProperties(fname='C:/Windows/Fonts/msyh.ttc')
plt.scatter(bos.RM, bos.PRICE)
plt.xlabel(u'住宅平均房间数', fontproperties=myfont)
plt.ylabel(u'房屋价格', fontproperties=myfont)
plt.title(u'RM 与 PRICE 的关系', fontproperties=myfont)
plt.show()
```

RM和PRICE的关系散点图如图8.3所示。

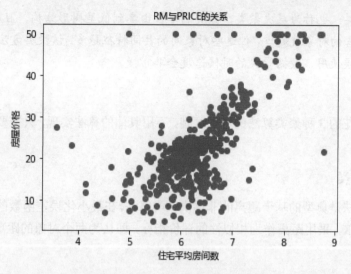

图 8.3 RM 和 PRICE 的关系散点图

```
#数据模型应用——预测房价
lm.predict(X)[0:5]
#预测
mse = np.mean((bos.PRICE - lm.predict(X)) ** 2)
print(mse)
```

输出：

```
21.8977779217687496
```

使用.DESCR 探索波士顿数据集，业务目标是预测波士顿郊区住房的房价，使用 Scikit-Learn 针对整个数据集拟合线性回归模型，并计算均方误差。

8.8 聚类分析

聚类分析是没有给定划分类别的情况下，根据样本相似度进行样本分组的一种方法，是一种非监督的学习算法。聚类的输入是一组未被标记的样本，聚类根据数据自身的距离或相似度划分为若干组，划分的原则是组内距离最小化而组间距离最大化。

常见的聚类分析算法如下：

- 分散性聚类：K-Means 聚类也称为快速聚类法，在最小化误差函数的基础上将数据划分为预定的类数 K。该算法的原理简单并便于处理大量数据。
- 密度算法：基于密度的方法（Density-Based Methods），与其他方法的根本区别是：它不是基于各种各样的距离的，而是基于密度的。这样就能克服基于距离的算法只能发现"类圆形"的聚类的缺点。这个方法的指导思想是，只要一个区域中的点的密度大过某个阈值，就把它加到与之相近的聚类中去。

● 系统聚类：也称为层次聚类，分类的单位由高到低呈树形结构，且所处的位置越低，其所包含的对象就越少，但这些对象间的共同特征越多。该聚类方法只适合在小数据量的时候使用，数据量大的时候速度会非常慢。

【例8.18】

为了看鸢尾花的 3 种聚类算法的直观区别，不用具体的算法实现，只需要调用相应的函数即可。

1. 分散性聚类

K-Means 算法是典型的基于距离的非层次聚类算法，在最小化误差函数的基础上将数据划分为预定的类数 K，采用距离作为相似性的评价指标，即认为两个对象的距离越近，其相似度就越大。

算法流程：

（1）选择聚类的个数 k。
（2）任意产生 k 个聚类，然后确定聚类中心，或者直接生成 k 个中心。
（3）对每个点确定其聚类中心点。
（4）再计算其聚类新中心。
（5）重复以上步骤直到满足收敛要求（通常是确定的中心点不再改变）。

```python
import matplotlib.pyplot as plt
import numpy as np
from sklearn.cluster import KMeans
from sklearn import datasets

iris = datasets.load_iris()
X = iris.data[:, :4]  #表示取特征空间中的4个维度
print(X.shape)

# 绘制数据分布图
plt.scatter(X[:, 0], X[:, 1], c="red", marker='o', label='see')
plt.xlabel('petal length')
plt.ylabel('petal width')
plt.legend(loc=2)
plt.show()

estimator = KMeans(n_clusters=3)  # 构造聚类器
estimator.fit(X)  # 聚类
label_pred = estimator.labels_  # 获取聚类标签
# 绘制 K-Means 结果
x0 = X[label_pred == 0]
x1 = X[label_pred == 1]
x2 = X[label_pred == 2]
```

```
plt.scatter(x0[:, 0], x0[:, 1], c="red", marker='o', label='label0')
plt.scatter(x1[:, 0], x1[:, 1], c="green", marker='*', label='label1')
plt.scatter(x2[:, 0], x2[:, 1], c="blue", marker='+', label='label2')
plt.xlabel('petal length')
plt.ylabel('petal width')
plt.legend(loc=2)
plt.show()
```

鸢尾花 K-Means 聚类如图 8.4 所示。

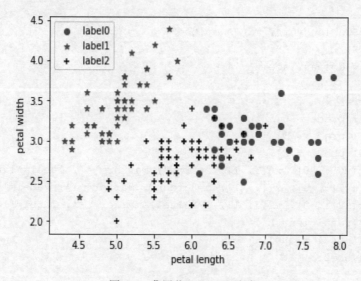

图 8.4　鸢尾花 K-Means 聚类

K-Menas 算法试图找到使平方误差准则函数最小的簇。当潜在的簇形状是凸面的,簇与簇之间的区别较明显,且簇大小相近时,其聚类结果比较理想。对于处理大数据集合,该算法非常高效,且伸缩性较好。但该算法除了要事先确定簇数 K 和对初始聚类中心敏感外,经常以局部最优结束,同时对"噪声"和孤立点敏感,并且该方法不适于发现非凸面形状的簇或大小差别很大的簇。

2. 密度聚类之 DBSCAN 算法

DBSCAN算法需要两个参数,即ε(eps)和minPts形成高密度区域所需要的最少点数。由一个任意未被访问的点开始,然后探索这个点的 ε-邻域,如果 ε-邻域里有足够的点,就建立一个新的聚类,否则这个点被标记为杂音。注意,这个点之后可能被发现在其他点的 ε-邻域里,而该 ε-邻域可能有足够的点,届时这个点会被加入该聚类中。

```
import matplotlib.pyplot as plt
import numpy as np
from sklearn.cluster import KMeans
from sklearn import datasets
from sklearn.cluster import DBSCAN
```

```
iris = datasets.load_iris()
X = iris.data[:, :4]    #表示只取特征空间中的4个维度
print(X.shape)
# 绘制数据分布图
plt.scatter(X[:, 0], X[:, 1], c="red", marker='o', label='see')
plt.xlabel('petal length')
plt.ylabel('petal width')
plt.legend(loc=2)
plt.show()

dbscan = DBSCAN(eps=0.4, min_samples=9)
dbscan.fit(X)
label_pred = dbscan.labels_

# 绘制 K-Means 结果
x0 = X[label_pred == 0]
x1 = X[label_pred == 1]
x2 = X[label_pred == 2]
plt.scatter(x0[:, 0], x0[:, 1], c="red", marker='o', label='label0')
plt.scatter(x1[:, 0], x1[:, 1], c="green", marker='*', label='label1')
plt.scatter(x2[:, 0], x2[:, 1], c="blue", marker='+', label='label2')
plt.xlabel('petal length')
plt.ylabel('petal width')
plt.legend(loc=2)
plt.show()
```

鸢尾花DBSCAN聚类如图8.5所示。

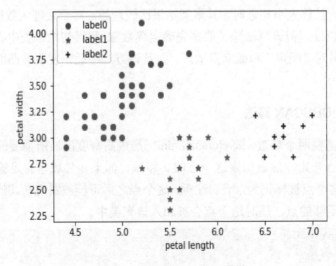

图 8.5　鸢尾花 DBSCAN 聚类

3. 结构性聚类（层次聚类）

- 凝聚层次聚类（AGNES 算法，自底向上）：首先将每个对象作为一个簇，然后合并这些原子簇为越来越大的簇，直到某个终结条件被满足。
- 分裂层次聚类（DIANA 算法，自顶向下）：首先将所有对象置于一个簇中，然后逐渐细分为越来越小的簇，直到达到某个终结条件。

下面使用AGNES算法。

```python
from sklearn import datasets
from sklearn.cluster import AgglomerativeClustering
import matplotlib.pyplot as plt
from sklearn.metrics import confusion_matrix
import pandas as pd

iris = datasets.load_iris()
irisdata = iris.data

clustering = AgglomerativeClustering(linkage='ward', n_clusters=3)

res = clustering.fit(irisdata)

print ("各个簇的样本数目：")
print (pd.Series(clustering.labels_).value_counts())
print ("聚类结果：")
print (confusion_matrix(iris.target, clustering.labels_))

plt.figure()
d0 = irisdata[clustering.labels_ == 0]
plt.plot(d0[:, 0], d0[:, 1], 'r.')
d1 = irisdata[clustering.labels_ == 1]
plt.plot(d1[:, 0], d1[:, 1], 'go')
d2 = irisdata[clustering.labels_ == 2]
plt.plot(d2[:, 0], d2[:, 1], 'b*')
plt.xlabel("Sepal.Length")
plt.ylabel("Sepal.Width")
plt.title("AGNES Clustering")
plt.show()
```

鸢尾花AGNES聚类如图8.6所示。

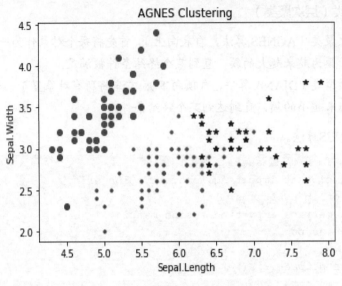

图 8.6 鸢尾花 AGNES 聚类

从上面 3 种实验截图可以看出，K-Means 聚类和 AGNES 层次聚类分析结果显示为三类，与 DBSCAN 的结果不一样。这主要取决于算法本身的优缺点。K-Means 对于大型数据集简单高效、时间复杂度低、空间复杂度低。最重要的是数据集大时结果容易局部最优。需要预先设定 K 值，对最先的 K 个点的选取很敏感，对噪声和离群值非常敏感，只用于 numerical 类型的数据，不能解决非凸数据。DBSCAN 对噪声不敏感，能发现任意形状的聚类，但是聚类的结果与参数有很大的关系。DBSCAN 用固定参数识别聚类，但当聚类的稀疏程度不同时，相同的判定标准可能会破坏聚类的自然结构，即较稀的聚类会被划分为多个类，或密度较大且离得较近的类会被合并成一个聚类。

8.9 判别分析

判别分析是一种经典的分析方法，其利用已知类别的样本建立判别模型，对未知类别的样本进行分类。本节主要讨论费歇（Fisher）判别分析的方法。

1. Fisher 线性判别原理

Fisher 判别的思想是投影，使多维问题简化为一维问题来处理。选择一个适当的投影轴，使所有的样品点都投影到这个轴上得到一个投影值。对这个投影轴的方向的要求是：使每一类内的投影值所形成的类内离差尽可能小，而不同类间的投影值所形成的类间离差尽可能大。

Fisher 判别原理示意图如图 8.7 所示。

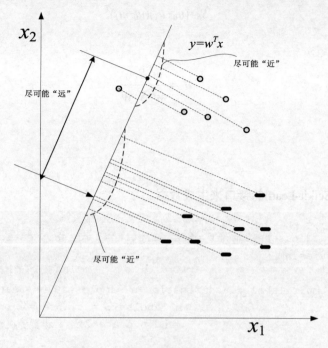

图 8.7 Fisher 判别原理示意图

2. 公式推导

图 8.7 给出了一个二维的示意图, 接下来讨论将以二维的情况进行分类来逐步分析原理和实现。

对于给定的数据集 D (已经设置好分类标签), X_i、U_i 和 Σ_i 分别表示给定类别 i 的集合、均值向量和协方差矩阵。现将数据投影到直线 $y=w^Tx$ 上, 则样本中心的投影为 $y=w_1*u_1+w_2*u_2+\cdots+w_n*u_n$ (n 为样本维度, 接下来的讨论中将统一设置为 2), 写成向量形式则为 $w^Tu=y$。若将所有的样本都投影到直线上, 则两类样本的协方差分别为 $w^T\Sigma_0w$ 和 $w^T\Sigma_1w$。

要想达到较好的分类效果, 应该使得同类样本的投影点尽可能接近, 也就是让同类样本投影点的协方差尽可能小, 即 $(w^T\Sigma_0w+w^T\Sigma_0w)$ 尽可能小。同时, 应该保证不同类样本的投影点尽可能互相远离, 即 $\|w^Tu_0-w^Tu_1\|$ 尽可能大。如果同时考虑两者的关系, 可以得到下面的需要最大化的目标:

$$J = \frac{\|w^Tu_0 - w^Tu_1\|}{w^T\sum_0 w + w^T\sum_0 w} \tag{8.15}$$

这里定义类内散度矩阵 (Within-Class Scatter Matrix):

$$Sw = \sum_0 + \sum_1 = \sum_{x\in X_0}(x-u_0)(x-u_0)^T + \sum_{x\in X_1}(x-u_1)(x-u_1)^T \tag{8.16}$$

以及类间离散度矩阵 (Between-Class Scatter Matrix):

213

$$S_b=(u_0-u_1)(u_0-u_1)^T \tag{8.17}$$

则 J 可重写为：

$$J = \frac{w^T S_b w}{w^T S_w w} \tag{8.18}$$

3. 编程实现

【例8.19】

下面直接用Scikit-Learn的接口来生成数据。

```
#数据生成
from sklearn.datasets import make_multilabel_classification
import numpy as np

x, y = make_multilabel_classification(n_samples=20, n_features=2,
                            n_labels=1, n_classes=1,
                            random_state=2)  # 设置随机数种子，保证每次产生相
同的数据
# 根据类别分类
index1 = np.array([index for (index, value) in enumerate(y) if value == 0])
# 获取类别1的 indexs
index2 = np.array([index for (index, value) in enumerate(y) if value == 1])
# 获取类别2的 indexs

c_1 = x[index1]    # 类别1的所有数据(x1, x2) in X_1
c_2 = x[index2]    # 类别2的所有数据(x1, x2) in X_2

#fisher 算法实现
def cal_cov_and_avg(samples):
    """
    给定一个类别的数据，计算协方差矩阵和平均向量
    :param samples:
    :return:
    """
    u1 = np.mean(samples, axis=0)
    cov_m = np.zeros((samples.shape[1], samples.shape[1]))
    for s in samples:
        t = s - u1
        cov_m += t * t.reshape(2, 1)
    return cov_m, u1

def fisher(c_1, c_2):
    """
    fisher 算法实现(请参考上面推导出来的公式，那才是精华部分)
    :param c_1:
```

```
    :param c_2:
    :return:
    """
    cov_1, u1 = cal_cov_and_avg(c_1)
    cov_2, u2 = cal_cov_and_avg(c_2)
    s_w = cov_1 + cov_2
    u, s, v = np.linalg.svd(s_w)  # 奇异值分解
    s_w_inv = np.dot(np.dot(v.T, np.linalg.inv(np.diag(s))), u.T)
    return np.dot(s_w_inv, u1 - u2)
#判定类别
def judge(sample, w, c_1, c_2):
    """
    true 属于1
    false 属于2
    :param sample:
    :param w:
    :param center_1:
    :param center_2:
    :return:
    """
    u1 = np.mean(c_1, axis=0)
    u2 = np.mean(c_2, axis=0)
    center_1 = np.dot(w.T, u1)
    center_2 = np.dot(w.T, u2)
    pos = np.dot(w.T, sample)
    return abs(pos - center_1) < abs(pos - center_2)


w = fisher(c_1, c_2)   # 调用函数，得到参数 w
out = judge(c_1[1], w, c_1, c_2)   # 判断所属的类别
print(out)
# 绘图
import matplotlib.pyplot as plt

plt.scatter(c_1[:, 0], c_1[:, 1], c='#99CC99')
plt.scatter(c_2[:, 0], c_2[:, 1], c='#FFCC00')
line_x = np.arange(min(np.min(c_1[:, 0]), np.min(c_2[:, 0])),
                max(np.max(c_1[:, 0]), np.max(c_2[:, 0])),
                step=1)
line_y = - (w[0] * line_x) / w[1]
plt.plot(line_x, line_y)
plt.show()
```

Fisher 线性判别如图 8.8 所示。

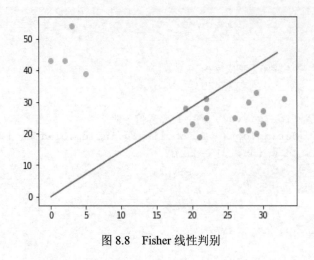

图 8.8　Fisher 线性判别

8.10　主成分分析

主成分分析（Principal Components Analysis）是一种对特征进行降维的方法。由于观测指标间存在相关性，将导致信息的重叠与低效，我们倾向于用少量的、尽可能多地反映原特征的新特征来替代它们，主成分分析因此产生。主成分分析可以看成是高维空间通过旋转坐标系找到最佳投影（几何上），生成新维度，其中新坐标轴每一个维度都是原维度的线性组合 $\theta'X$（数学上），满足：

- 新维度特征之间的相关性尽可能小。
- 参数空间 θ 有界。
- 方差尽可能大，且每个主成分的方差递减。

1. 数学表示

对于样本 $i \in N$ 有 p 维特征 $X_{p \times 1}$，于是有 p 维主成分 $Z_{p \times 1}$，以及参数 $\theta_{p \times p}$ 满足：

$$Z_p \times 1 = \theta_{p \times p} X_{p \times 1} \tag{8.19}$$

其中，$Z_1 = Z[0]$ 是样本 i 的第一主成分值，以此类推。θ 可以看作是对原坐标系的正交变换。针对上述主成分分析的 3 点性质，分别对应有：

$$Cov(Z_i, Z_j) = 0 \qquad i,j = 1,2,\cdots,p \text{ 且 } i \neq j \tag{8.20}$$

$$\sum_{i=1}^{p} \theta_{ij}^2 = 1 \qquad j = 1 \qquad j = 1,2,\cdots,p \tag{8.21}$$

$$Var(Z_i) = max(Var(\theta_i X)) \quad \text{且} \quad Var(Z_i) > Var(Z_j) \qquad \text{如果 } i < j \tag{8.22}$$

问题转换为，如何在满足以上性质的情况下找到合适的 θ。

2. 主成分分析的基本步骤

输入：样本集 $D=\{x_1,x_2,\cdots,x_m\}$，低维空间维数 d'。

过程：

（1）对所有样本进行中心化：$x_i \leftarrow x_i - \dfrac{1}{m}\sum_{i=1}^{m}x_i$。

（2）计算样本的协方差矩阵 XX^T。

（3）对协方差矩阵 XX^T 进行特征值分解。

（4）取最大的 d' 个特征值所对应的特征向量 $w_1,w_2,\cdots,w_{d'}$。

输出：投影举证 $W=(w_1,w_2,\cdots,w_{d'})$。

3. Python 源代码实现

我们通过 Python 的 sklearn 库来实现鸢尾花数据进行降维，数据本身是 4 维的，降维后变成 2 维的，可以在平面中画出样本点的分布。

【例8.20】

```
import matplotlib.pyplot as plt              #加载 Matplotlib 用于数据的可视化
from sklearn.decomposition import PCA        #加载 PCA 算法包
from sklearn.datasets import load_iris

data=load_iris()
y=data.target
x=data.data
pca=PCA(n_components=2)              #加载 PCA 算法，设置降维后主成分数目为2
reduced_x=pca.fit_transform(x)      #对样本进行降维
red_x,red_y=[],[]
blue_x,blue_y=[],[]
green_x,green_y=[],[]

for i in range(len(reduced_x)):
    if y[i] ==0:
        red_x.append(reduced_x[i][0])
        red_y.append(reduced_x[i][1])
    elif y[i]==1:
        blue_x.append(reduced_x[i][0])
        blue_y.append(reduced_x[i][1])
    else:
        green_x.append(reduced_x[i][0])
        green_y.append(reduced_x[i][1])
#可视化
plt.scatter(red_x,red_y,c='r',marker='x')
plt.scatter(blue_x,blue_y,c='b',marker='D')
plt.scatter(green_x,green_y,c='g',marker='.')
plt.show()
```

样本点的分布如图 8.9 所示。

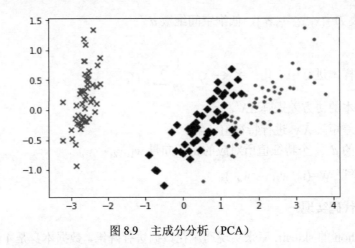

图 8.9 主成分分析（PCA）

可以看出，降维后的数据仍能够清晰地分成 3 类。这样不仅能削减数据的维度、降低分类任务的工作量，还能保证分类的质量。

8.11 因子分析

因子分析（Factor Analysis）是一种数据简化的技术。它通过研究众多变量之间的内部依赖关系探求观测数据中的基本结构，并用少数几个假想变量来表示其基本的数据结构。这几个假想变量能够反映原来众多变量的主要信息。原始的变量是可观测的显在变量，而假想变量是不可观测的潜在变量，称为因子。

例如，在企业形象或品牌形象的研究中，消费者可以通过一个由 24 个指标构成的评价体系评价百货商场的 24 个方面的优劣。但消费者主要关心三个方面，即商店的环境、商店的服务和商品的价格。因子分析方法可以通过 24 个变量找出反映商店环境、商店服务水平和商品价格的 3 个潜在的因子，对商店进行综合评价。

这 3 个公共因子可以表示为：

$$x_i = \mu_i + \alpha_{i1}F_1 + \alpha_{i2}F_2 + \alpha_{i3}F_3 + \varepsilon_i \qquad i=1,2,\cdots,24 \qquad （8.23）$$

称 F_1、F_2、F_3 是不可观测的潜在因子。24 个变量共享这 3 个因子，但是每个变量又有自己的个性，即不被包含的部分 ε_i，称为特殊因子。

1. 因子分析与主成分分析的区别

● 主成分分析仅仅是变量变换，而因子分析需要构造因子模型。

● 因子分析：潜在的假想变量和随机影响变量的线性组合表示原始变量。

● 主成分分析：原始变量的线性组合表示新的综合变量，即主成分。

（1）因子分析数学模型

假设有 p 个变量 X，有 m 个因子（m≤p），则因子分析的数学模型可以表示如下：

$$X_i = \mu_i + a_{i1}F_1 + a_{i2}F_2 + \cdots + a_{im}F_m + \varepsilon_i \quad i=1, \cdots, m\ (m \leq p) \tag{8.24}$$

称 $F_1, F_2, \cdots, F_m$ 为公共因子，是不可观测的变量，它们的系数称为因子负载。ε_i 是特殊因子，是不能被前 m 个公共因子包含的部分。其中，因子 $F_1, F_2, \cdots, F_m$ 之间互不相关，方差等于 1。因子载荷 a_{ij} 是第 i 个变量与第 j 个公共因子的相关系数，反映了第 j 个公共因子对第 i 个变量的影响程度。

2. 因子旋转

若因子分析中得出的各个因子有明确的含义，则因子分析的模型会更加易于解释和有实际意义。在因子分析中可以对因子载荷矩阵进行旋转，使每个变量仅在一个公共因子上有较大的载荷，而在其余的公共因子上的载荷比较小。通过旋转，因子可以有更加明确的含义。常用的一种方法是方差最大旋转。

3. 因子得分及其计算

前面我们主要解决了用公共因子的线性组合来表示一组观测变量的有关问题。如果要使用这些因子做其他的研究，比如把得到的因子作为自变量来进行回归分析，对样本进行分类或评价，就需要计算每个个体在每个因子上的得分。

要计算因子得分，需要估计以下表达式：

$$F_j = b_{j0} + b_{j1}X_1 + \cdots + b_{jp}X_p \tag{8.25}$$

因子得分有多种计算方法，常用的一种是回归法。若对变量都进行标准化，则模型中没有常数项。

4. 因子分析的步骤

因子分析解决的3个基本问题：

- 因子载荷阵 A 的估计。
- 当因子难以得到合理的解释时，对因子载荷阵进行正交变换，即因子旋转。对因子的实际意义做出合理的解释。
- 给出每个变量（或样品）关于 m 个公共因子的得分，通常表示为原始变量的线性组合，即因子得分函数。对公共因子做出估计。

因子分析的步骤：

（1）根据问题选取原始变量。

（2）求其相关阵 R，探讨其相关性。

（3）从 R 求解初始公共因子 F 及因子载荷矩阵 A（主成分法）。

（4）因子旋转，分析因子的含义。

（5）计算因子得分函数。

（6）根据因子得分值进行进一步分析（例如综合评价）。

5. 因子分析与主成分分析的区别与联系

（1）因子分析、主成分分析都是重要的降维方法（即数据简化技术），因子分析可以看作主成分分析的推广和发展。

（2）主成分分析不能作为一个模型来描述，它只能作为一般的变量变换，主成分是可观测的原始变量的线性组合。因子分析需要构造因子模型，公共因子是潜在的不可观测的变量，一般不能表示为原始变量的线性组合。

（3）因子分析是用潜在的、不可观测的变量和随机影响变量的线性组合来表示原始变量，即通过这样的分解来分析原始变量的协方差结构（相依关系）。

6. 基于 sklearn 的因子分析

【例8.21】

用iris（鸢尾花）数据集进行因子分析。

```
#Getting ready
from sklearn import datasets
iris = datasets.load_iris()
from sklearn.decomposition import FactorAnalysis

fa = FactorAnalysis(n_components=2)
iris_two_dim = fa.fit_transform(iris.data)
iris_two_dim[:5]

#matplotlib inline
from matplotlib import pyplot as plt
f = plt.figure(figsize=(5, 5))
ax = f.add_subplot(111)
ax.scatter(iris_two_dim[:,0], iris_two_dim[:, 1], c=iris.target)
ax.set_title("Factor Analysis 2 Components")
```

对iris（鸢尾花）数据集基于sklearn的因子分析如图8.10所示。

由于因子分析是一种概率性的转换方法，因此可以通过不同的角度来观察，例如模型观测值的对数似然估计值，通过模型比较对数似然估计值会更好。

因子分析也有不足之处。由于用户不是通过拟合模型直接预测结果，拟合模型只是一个中间步骤。这本身并非坏事，但是训练实际模型时误差就会产生。

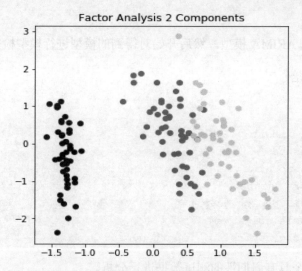

图 8.10　对 iris（鸢尾花）数据集基于 sklearn 的因子分析

　　因子分析的基本假设是，有个重要特征和它们的线性组合（加噪声）能够构成原始的 N 维数据集。也就是说，不需要指定结果变量（就是最终生成 N 维），而是要指定数据模型的因子数量。

8.12　时间序列分析

　　在生产和科学研究中，对某一个或者一组变量进行观察测量，将在一系列时刻所得到的离散数字组成的序列集合称为时间序列。时间序列分析是根据系统观察得到的时间序列数据，通过曲线拟合和参数估计来建立数学模型的理论和方法。时间序列分析常用于国民宏观经济控制、市场潜力预测、气象预测、农作物害虫灾害预报等方面。

1. 基本模型

　　自回归移动平均模型（ARMA(p, q)）是时间序列中最为重要的模型之一，主要由两部分组成：AR 代表 p 阶自回归过程；MA 代表 q 阶移动平均过程。其公式如下：

$$Z_t = \varphi_1 Z_{t-1} + \varphi_2 Z_{t-2} + \cdots + \varphi_p Z_{t-p} + a_t - \theta_1 a_{t-1} - \cdots - \theta_q a_{t-q} \tag{8.26}$$

在时间序列中，ARIMA 模型在 ARMA 模型的基础上多了差分的操作。

2. 时间序列建模的基本步骤

　　（1）获取被观测系统的时间序列数据。

　　（2）对数据绘图，观测是否为平稳时间序列。对于非平稳时间序列，要先进行 d 阶差分运算，化为平稳时间序列。

　　（3）经过第二步处理，已经得到平稳时间序列。要对平稳时间序列分别求得其自相关系数 ACF 和偏自相关系数 PACF，通过对自相关图和偏自相关图的分析得到最佳的阶层 p 和阶

数 q。

（4）由以上得到 ARIMA 模型。然后开始对得到的模型进行模型检验。

3. ARIMA 实战解剖

【例8.22】

```
From __future__ import print _function
import pandas as pd
import numpy as np
from scipy import stats
import matplotlib.pyplot as plt
import statsmodels.api as sm
from statsmodels.graphics.api import qqplot
```

这里我们使用一个具有周期性的测试数据进行分析。

```
# 获取数据
dta=[10930,10318,10595,10972,7706,6756,9092,10551,9722,10913,11151,8186,6422,
6337,11649,11652,10310,12043,7937,6476,9662,9570,9981,9331,9449,6773,6304,9355,
10477,10148,10395,11261,8713,7299,10424,10795,11069,11602,11427,9095,7707,10767,
12136,12812,12006,12528,10329,7818,11719,11683,12603,11495,13670,11337,10232,
13261,13230,15535,16837,19598,14823,11622,19391,18177,19994,14723,15694,13248,
9543,12872,13101,15053,12619,13749,10228,9725,14729,12518,14564,15085,14722,
11999,9390,13481,14795,15845,15271,14686,11054,10395]
dta=pd.Series(dta)
dta.index = pd.Index(sm.tsa.datetools.dates_from_range('2001','2090'))
dta.plot(figsize=(12,8))
```

数据绘图如图8.11所示。

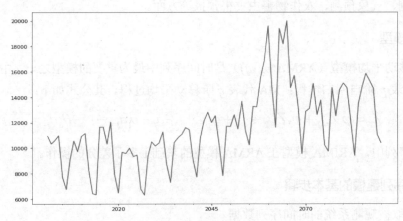

图 8.11　数据绘图

ARIMA 模型对时间序列的要求是平稳型。因此，当得到一个非平稳的时间序列时，首先要做的是进行时间序列的差分，直到得到一个平稳时间序列。如果对时间序列进行d次差分才能得到一个平稳序列，那么可以使用ARIMA(p,d,q)模型，其中d是差分次数。

```
#时间序列的差分
fig = plt.figure(figsize=(12,8))
ax1= fig.add_subplot(111)
diff1 = dta.diff(1)
diff1.plot(ax=ax1)
```

时间序列一阶差分图如图8.12所示。

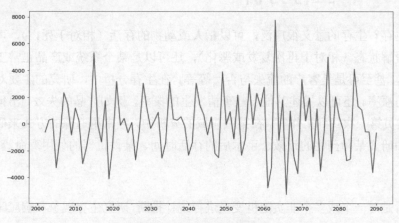

图 8.12　时间序列一阶差分

一阶差分的时间序列的均值和方差已经基本平稳，不过我们还是可以比较一下二阶差分的效果。

```
#二阶差分
fig = plt.figure(figsize=(12,8))
ax2= fig.add_subplot(111)
diff2 = dta.diff(2)
diff2.plot(ax=ax2)
```

时间序列二阶差分图如图8.13所示。

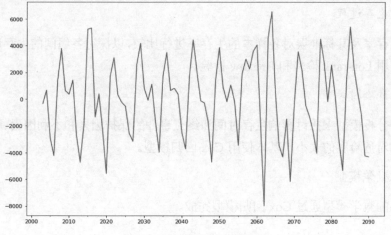

图 8.13　时间序列二阶差分

223

可以看出二阶差分后的时间序列与一阶差分相差不大，并且二者随着时间的推移，时间序列的均值和方差保持不变。因此，可以将差分次数 d 设置为 1。

8.13　生存分析

什么是生存？生存的意义很广泛，可以指人或动物的存活（相对于死亡），可以是患者的病情正处于缓解状态（相对于再次复发或恶化），还可以是某个系统或产品正常工作（相对于失效或故障），甚至可是是客户的流失与否，等等。在生存分析中，研究的主要对象是寿命超过某一时间的概率。还可以描述其他一些事情发生的概率，例如产品的失效、出狱犯人第一次犯罪、失业人员第一次找到工作等。在某些领域的分析中，经常用追踪的方式来研究事物的发展规律，比如研究某种药物的疗效、手术后的存活时间、某件机器的使用寿命等。

1. 概念

生存分析是对一个或多个非负随机变量进行统计推断，研究生存现象和响应时间数据及其统计规律的一门学科。

生存分析是既考虑结果又考虑生存时间，并可充分利用截尾数据所提供的不完全信息对生存时间的分布特征进行描述，对影响生存时间的主要因素进行分析。

2. 生存分析研究的内容

（1）描述生存过程

研究生存时间的分布特点，估计生存率及平均存活时间，绘制生存曲线等，根据生存时间的长短可以估算出各个时点的生存率，并根据生存率来估计中位生存时间，也可以根据生存曲线分析其生存特点，一般使用 Kaplan-Meier 法和寿命表法。

（2）比较生存过程

可通过生存率及其标准误对各样本的生存率进行比较，以探讨各组间的生存过程是否存在差异，一般使用 Log-rank 检验和 Breslow 检验。

（3）分析危险因素

通过生存分析模型来探讨影响生存时间和终点事件的保护因素和不利因素、因素作用的大小及方向、相对危险度的大小，基本使用 Cox 回归模型。

（4）建立数学模型

建立最终的数学模型通过 Cox 回归模型完成。

3. 生存分析对资料的基本要求

- 样本由随机抽样方法获得，要有一定的数量，死亡例数和比例不能太少。
- 完整数据所占的比例不能太少，即截尾值不宜太多。
- 截尾值出现的原因无偏性，为防止偏性，经常对被截尾的研究对象的年龄、职业、地区、病情轻重等情况进行分析。
- 生存时间尽可能精确。
- 缺项要尽量补齐。

4. 生存资料的共同特点

- 蕴含结局和时间两个方面的信息。
- 结局为两分类事件。
- 一般通过随访收集得到，随访观察往往是从某统一时间点（如入院或实施手术等某种处理措施后）开始，观察到某规定时间点截止。
- 常因失访等原因造成研究对象的生存时间数据不完整，分布类型复杂，不能简单地套用以前的方法。

5. 一些相关的基本概念

- 起始事件：反映研究对象开始生存过程的起始特征事件，如研究某一治疗对病人生存的影响的起始时间是"开始接受该治疗"。
- 终点事件（死亡事件）：出现研究者所关心的特定结局，如"病人因该疾病死亡"。
- 观察时间：从研究开始观察到研究观察结束的时间。由于研究时长无法无限延伸下去，因此研究一定会在某个特定时刻截止，而研究截止时，所有观察对象并不一定全都出现终点事件。换言之，有的研究对象在观察结束之前出现终点事件，有的直到观察结束时也没有出现终点事件，还有一些特例中途因为某些原因（如失访、意外死亡等）被迫提前结束了观察研究。
- 生存时间：观察到的存活时间，用符号 t 表示。
- 完全数据：从观察起点到死亡事件所经历的时间，生存时间是完整的。
- 截尾数据（删失值）：观察时间不是由于终点事件而结束的，而是由于失访、死于非研究因素、观察结束而对象仍存活 3 种原因结束的。常在截尾数据的右上角放一个"+"表示其实该对象可能活得更久。

6. 生存分析的主要方法

（1）非参数法

这类方法的特点是，无论分布形式如何，只根据样本的顺序统计量对生存率进行估计。对于两个及多个生存率进行比较，其无效假设只是假定两组或多组生存时间分布相同，而不对其具体的分布形式和参数进行推断。log-rank 乘法极限法和寿命表法都是非参数法。

（2）参数法

特点是假定生存时间服从特定的参数分布，然后根据已知的分布特点对生存时间进行分析，如指数分布法、Weibull 分布法、对数正态回归分布法和 Logistic 回归法。

（3）半参数法

Cox 比例风险回归模型就是半参数法，具体介绍它时再说明为什么叫半参数法。

7. 生存分析公式模型

（1）概率密度函数 $f(t)$

表示每时刻死亡的概率：

$$f(t) = \lim_{\Delta t \to 0} \frac{P(\text{The probability that a person will die in } <t, t+\Delta t> \text{time})}{\Delta t} \tag{8.27}$$

分布函数 $F(t)$：

$$F(t) = \int_0^t f(u)du \qquad P(T \leqslant t) \tag{8.28}$$

（2）生存函数 $S(t)$

生存函数 $S(t)$：$P(T \geqslant t)$个体生存时间大于 t 的概率。

$$S(t) = 1 - F(t) = \int_0^t f(u)du \tag{8.29}$$

（3）危险函数 $h(t)$

$$h(t) = \lim_{\Delta t \to 0} \frac{P(\text{The probability that a patient who has lived beyond } t \text{ years will die within } (t, t+\Delta t) \text{ time})}{\Delta t}$$

$$S(t) = e^{\int_0^t h(u)du} \qquad h(t) = \frac{f(t)}{S(t)} \tag{8.30}$$

（4）累计危险函数 $H(t)$

$$H(t) = \int_0^t h(u)du = -\ln S(t)$$

$$S(t) = e^{-\int_0^t h(u)du} = e^{-H(t)} \tag{8.31}$$

8. 生存分析的目的

估计：根据样本生存资料估计总体生存率及其他有关指标（如中位生存期等），估计不同时间的生存率、生存曲线以及中位生存期等。

比较：对不同处理组的生存率进行比较，以了解哪种方案较优。

影响因素分析：目的是为了探索和了解影响生存时间长短的因素，或平衡某些因素的影响后，研究某个或某些因素对生存率的影响。

预测：具有不同因素水平的个体生存预测。

9. 模拟实验代码实现

【例8.23】

问题描述：泰坦尼克号的沉没是历史上非常有名的沉船之一。1912 年 4 月 15 日，泰坦尼克号在处女航时与冰山相撞沉没，2224 名乘客和船员中有 1502 人遇难。这一耸人听闻的悲剧震惊了国际社会，并导致制定了更好的船舶安全法规。船难造成如此巨大的人员伤亡的原因之一是船上没有足够的救生艇供乘客和船员使用。虽然在沉船事件中幸存下来有运气因素，但有些人比其他人更有可能存活下来，比如妇女、儿童和上层阶级。

模拟实验分析中需要预测哪一类人更有可能存活下来。需要用机器学习的工具去预测哪些乘客在这次灾难中幸存。本例采用 Anaconda 3 下的 Jupyter Notebook 开发环境。

内容：

- 导入必要的库。
- 阅读并研究数据。
- 数据分析。
- 数据可视化。
- 清理数据。
- 选择最佳模式。
- 创建提交文件。

```
#导入必要的库
In[1]:
#data analysis libraries
import numpy as np
import pandas as pd

#visualization libraries
import matplotlib.pyplot as plt
import seaborn as sns
%matplotlib inline

#ignore warnings
import warnings
warnings.filterwarnings('ignore')
#读取并探索数据
In[2]:
```

```
#import train and test CSV files
train = pd.read_csv("D:\Anaconda3\workspace/train.csv")
test = pd.read_csv("D:\Anaconda3\workspace/test.csv")

#take a look at the training data
train.describe(include="all")
```

输出:

```
Out[2]:
Passenger Id      Survived      Pclass      Name    Sex Age      SibSp
 Parch      Ticket    Fare        Cabin    Embarked
count    891.000000  891.000000  891.000000  891 891 714.000000  891.000000
 891.000000  891 891.000000  204 889
unique NaN       NaN       NaN       891 2   NaN       NaN       NaN       681      NaN
 147 3
top NaN       NaN       NaN            Vande  Velde, CA.        B96
                          Mr. Johannes Joseph  male      NaN NaN
 NaN            2343          NaN       B98  S
freq NaN NaN NaN 1    577 NaN NaN NaN 7                 NaN       4           644
mean 446.000000  0.383838    2.308642      NaN NaN 29.699118  0.523008
 0.381594    NaN 32.204208 NaN NaN
std 257.353842  0.486592    0.836071      NaN NaN 14.526497  1.102743
 0.806057    NaN 49.693429    NaN    NaN
min 1.000000    0.000000    1.000000      NaN NaN 0.420000    0.000000
 0.000000    NaN 0.000000    NaN NaN
25% 223.500000  0.000000    2.000000      NaN NaN 20.125000  0.000000
 0.000000    NaN 7.910400    NaN NaN
50% 446.000000  0.000000    3.000000      NaN NaN 28.000000  0.000000
 0.000000    NaN 14.454200  NaN NaN
75% 668.500000  1.000000    3.000000      NaN NaN 38.000000  1.000000
 0.000000    NaN 31.000000  NaN NaN
max 891.000000  1.000000    3.000000      NaN NaN 80.000000  8.000000
 6.000000    NaN 512.329200  NaN NaN
```

数据分析，将考虑数据集中的特性以及它们的完整性:

```
In[3]:
#get a list of the features within the dataset
print(train.columns)
```

输出训练数据的列属性:

```
Out[3]:
Index(['PassengerId', 'Survived', 'Pclass', 'Name', 'Sex', 'Age', 'SibSp',
       'Parch', 'Ticket', 'Fare', 'Cabin', 'Embarked'],
    dtype='object')
```

参阅数据集示例了解变量:

```
In[4]:
#see a sample of the dataset to get an idea of the variables
train.sample(5)

Out[4]:
Passenger   Id     Survived  Pclass  Name              Sex      Age SibSp
 Parch   Ticket  Fare          Cabin    Embarked
609 610 1   1    Shutes, Miss. Elizabeth W  female    40.0     0   0   PC
 17582    153.4625    C125     S
227 228 0   3    Lovell, Mr. John Hall ("Henry")male         20.5     0   0
 A/5 21173   7.2500       NaN S
204 205 1   3    Cohen, Mr. Gurshon "Gus"    male      18.0     0   0   A/5
 3540     8.0500       NaN S
839 840 1   1    Marechal, Mr. Pierre        male      NaN 0   0
 11774    29.7000     C47 C
514 515 0   3    Coleff, Mr. Satio           male      24.0     0   0
 349209   7.4958       NaN S
```

训练数据集的摘要：

```
In[5]:
#see a summary of the training dataset
train.describe(include = "all")

Out[5]:
Passenger IdSurvived    Pclass   Name       Sex Age SibSp    Parch    Ticket
Fare      Cabin  Embarked
count   891.000000  891.000000  891.000000  891 891 714.000000  891.000000
 891.000000 891      891.000000 204 889
unique  NaN NaN NaN 891 2    NaN NaN NaN 681          NaN       147  3
top NaN NaN NaN     Vande Velde,                      CA.        B96
                    Mr. Johannes Joseph   male    NaN NaN
 NaN            2343         NaN      B98    S
freq NaN NaN NaN 1    577 NaN NaN NaN 7              NaN       4          644
mean 446.000000  0.383838    2.308642    NaN NaN 29.699118  0.523008
 0.381594    NaN 32.204208    NaN  NaN
std 257.353842  0.486592    0.836071    NaN NaN 14.526497  1.102743
 0.806057   NaN 49.693429    NaN  NaN
min 1.000000    0.000000    1.000000    NaN NaN 0.420000   0.000000
 0.000000    NaN 0.000000     NaN  NaN
25% 223.500000  0.000000    2.000000    NaN NaN 20.125000  0.000000
 0.000000    NaN 7.910400     NaN  NaN
50% 446.000000  0.000000    3.000000    NaN NaN 28.000000  0.000000
 0.000000    NaN 14.454200    NaN  NaN
75% 668.500000  1.000000    3.000000    NaN NaN 38.000000  1.000000
 0.000000    NaN 31.000000    NaN  NaN
max 891.000000  1.000000    3.000000    NaN NaN 80.000000  8.000000
```

```
6.000000    NaN 512.329200    NaN    NaN
```

检查其他不可用的值：

```
In[6]:
#check for any other unusable values
print(pd.isnull(train).sum())

Out[5]:
PassengerId      0
Survived         0
Pclass           0
Name             0
Sex              0
Age            177
SibSp            0
Parch            0
Ticket           0
Fare             0
Cabin          687
Embarked         2
dtype: int64
```

画一个以性别做对比条件的生存几率图，这是因为全球都说lady first，女士优先：

```
In[7]:
#draw a bar plot of survival by sex
sns.barplot(x="Sex", y="Survived", data=train)

#print percentages of females vs. males that survive
print("Percentage of females who survived:", train["Survived"][train["Sex"] ==
'female'].value_counts(normalize = True)[1]*100)

print("Percentage of males who survived:", train["Survived"][train["Sex"] ==
'male'].value_counts(normalize = True)[1]*100)

Out[7]:
Percentage of females who survived: 74.20382165605095
Percentage of males who survived: 18.890814558058924
```

性别生存率对比图如图8.14所示。

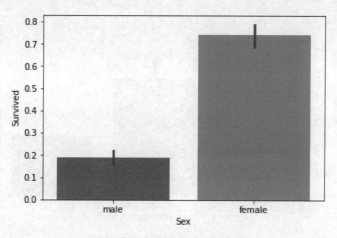

图 8.14 性别生存率对比图

按阶层生存率对比，坐船有等级之分，像高铁、飞机都有。这个属性会对生产率产生影响。因为一般有钱人、权贵才会住头等舱。

```
In[8]:
#draw a bar plot of survival by Pclass
sns.barplot(x="Pclass", y="Survived", data=train)

#print percentage of people by Pclass that survived
print("Percentage  of  Pclass  =  1  who  survived:",  train["Survived"]
[train["Pclass"] == 1].value_counts(normalize = True)[1]*100)

print("Percentage  of  Pclass  =  2  who  survived:",  train["Survived"]
[train["Pclass"] == 2].value_counts(normalize = True)[1]*100)

print("Percentage  of  Pclass  =  3  who  survived:",  train["Survived"]
[train["Pclass"] == 3].value_counts(normalize = True)[1]*100)

Out[8]:
Percentage of Pclass = 1 who survived: 62.96296296296296
Percentage of Pclass = 2 who survived: 47.28260869565217
Percentage of Pclass = 3 who survived: 24.236252545824847
```

按阶层生存率对比图如图8.15所示。

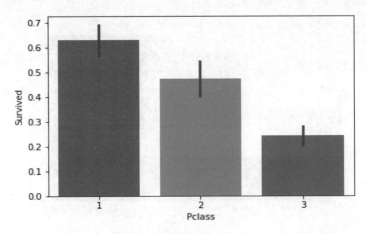

图 8.15　按阶层生存率对比图

　　兄弟姐妹生存率对比，一些人是和兄弟姐妹一起上船的。这个会有影响，因为有可能因为救兄弟姐妹而导致自己没有上救生船。

```
In[9]:
#draw a bar plot for SibSp vs. survival
sns.barplot(x="SibSp", y="Survived", data=train)

#I won't be printing individual percent values for all of these.
print("Percentage of SibSp = 0 who survived:", train["Survived"][train["SibSp"]
== 0].value_counts(normalize = True)[1]*100)

print("Percentage of SibSp = 1 who survived:", train["Survived"][train["SibSp"]
== 1].value_counts(normalize = True)[1]*100)

print("Percentage of SibSp = 2 who survived:", train["Survived"][train["SibSp"]
== 2].value_counts(normalize = True)[1]*100)

Out[9]:
Percentage of SibSp = 0 who survived: 34.53947368421053
Percentage of SibSp = 1 who survived: 53.588516746411486
Percentage of SibSp = 2 who survived: 46.42857142857143
```

　　兄弟姐妹生存率对比图如图8.16所示。

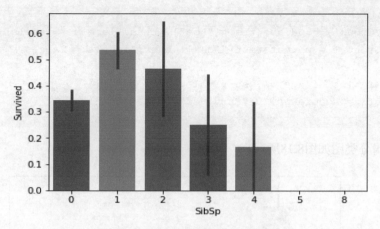

图 8.16　兄弟姐妹生存率对比图

父母和小孩生存率对比，有些人是带着父母、小孩上船的，有可能因为要救父母、小孩耽误上救生船。

```
In[10]:
#draw a bar plot for Parch vs. survival
sns.barplot(x="Parch", y="Survived", data=train)
plt.show()
```

父母和小孩生存率对比图如图8.17所示。

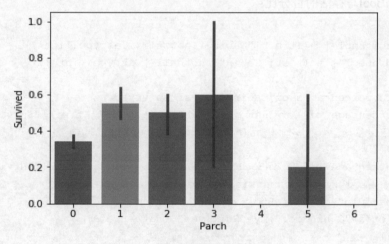

图 8.17　父母和小孩生存率对比图

按年龄逻辑分类：

```
In[11]:
#sort the ages into logical categories
train["Age"] = train["Age"].fillna(-0.5)
test["Age"] = test["Age"].fillna(-0.5)
bins = [-1, 0, 5, 12, 18, 24, 35, 60, np.inf]
labels = ['Unknown', 'Baby', 'Child', 'Teenager', 'Student', 'Young Adult',
```

```
'Adult', 'Senior']
  train['AgeGroup'] = pd.cut(train["Age"], bins, labels = labels)
  test['AgeGroup'] = pd.cut(test["Age"], bins, labels = labels)

  #draw a bar plot of Age vs. survival
  sns.barplot(x="AgeGroup", y="Survived", data=train)
  plt.show()
```

按年龄逻辑分类图如图8.18所示。

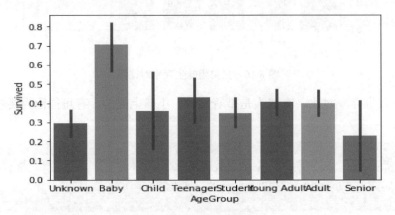

图 8.18　按年龄逻辑分类图

计算CabinBool与存活的百分比：

```
In[12]:
train["CabinBool"] = (train["Cabin"].notnull().astype('int'))
test["CabinBool"] = (test["Cabin"].notnull().astype('int'))

#calculate percentages of CabinBool vs. survived
print("Percentage of CabinBool = 1 who survived:", train["Survived"][train
["CabinBool"] == 1].value_counts(normalize = True)[1]*100)

print("Percentage of CabinBool = 0 who survived:", train["Survived"][train
["CabinBool"] == 0].value_counts(normalize = True)[1]*100)
  #draw a bar plot of CabinBool vs. survival
  sns.barplot(x="CabinBool", y="Survived", data=train)
  plt.show()
```

```
Percentage of CabinBool = 1 who survived: 66.66666666666666
Percentage of CabinBool = 0 who survived: 29.985443959243085
```

CabinBool与存活的百分比图如图8.19所示。

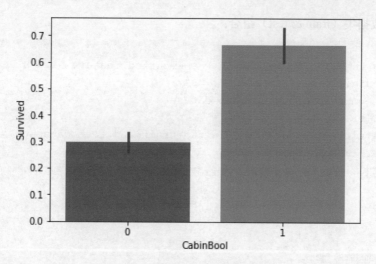

图 8.19　CabinBool 与存活的百分比

填充登录地点缺失的值：

```
In[13]:
#we'll start off by dropping the Cabin feature since not a lot more useful
information can be extracted from it.
train = train.drop(['Cabin'], axis = 1)
test = test.drop(['Cabin'], axis = 1)
#we can also drop the Ticket feature since it's unlikely to yield any useful
information
train = train.drop(['Ticket'], axis = 1)
test = test.drop(['Ticket'], axis = 1)
#now we need to fill in the missing values in the Embarked feature
print("Number of people embarking in Southampton (S):")
southampton = train[train["Embarked"] == "S"].shape[0]
print(southampton)

print("Number of people embarking in Cherbourg (C):")
cherbourg = train[train["Embarked"] == "C"].shape[0]
print(cherbourg)

print("Number of people embarking in Queenstown (Q):")
queenstown = train[train["Embarked"] == "Q"].shape[0]
print(queenstown)

Out[13]:
Number of people embarking in Southampton (S):
644
Number of people embarking in Cherbourg (C):
168
Number of people embarking in Queenstown (Q):
77
```

创建两个数据集（train & test）组合：

```
In[14]:
#replacing the missing values in the Embarked feature with S
train = train.fillna({"Embarked": "S"})
#create a combined group of both datasets
combine = [train, test]
#extract a title for each Name in the train and test datasets
for dataset in combine:
    dataset['Title'] = dataset.Name.str.extract(' ([A-Za-z]+)\.', expand=False)

pd.crosstab(train['Title'], train['Sex'])

Out[14]:
Sex        female  male
Title
Capt       0       1
Col        0       2
Countess   1       0
Don        0       1
Dr         1       6
Jonkheer   0       1
Lady       1       0
Major      0       2
Master     0       40
Miss       182     0
Mlle       2       0
Mme        1       0
Mr         0       517
Mrs        125     0
Ms         1       0
Rev        0       6
Sir        0       1
```

用常用名称替换标题：

```
In[15]:
#replace various titles with more common names
for dataset in combine:
    dataset['Title'] = dataset['Title'].replace(['Lady', 'Capt', 'Col',
    'Don', 'Dr', 'Major', 'Rev', 'Jonkheer', 'Dona'], 'Rare')

    dataset['Title'] = dataset['Title'].replace(['Countess', 'Lady', 'Sir'],
'Royal')
    dataset['Title'] = dataset['Title'].replace('Mlle', 'Miss')
    dataset['Title'] = dataset['Title'].replace('Ms', 'Miss')
    dataset['Title'] = dataset['Title'].replace('Mme', 'Mrs')
```

```
train[['Title', 'Survived']].groupby(['Title'], as_index=False).mean()

Out[15]:
     Title        Survived
0    Master       0.575000
1    Miss         0.702703
2    Mr           0.156673
3    Mrs          0.793651
4    Rare         0.285714
5    Royal        1.000000
```

将每个标题组映射到一个数值：

```
In[16]:
#map each of the title groups to a numerical value
title_mapping = {"Mr": 1, "Miss": 2, "Mrs": 3, "Master": 4, "Royal": 5, "Rare": 6}
for dataset in combine:
    dataset['Title'] = dataset['Title'].map(title_mapping)
    dataset['Title'] = dataset['Title'].fillna(0)

train.head()

Out[16]:
Passenger Id Survived Pclass              Name
Sex   Age   SibSp   Parch    Fare    Embarked  AgeGroup   CabinBool   Title
 0  1 0            3  Braund, Mr. Owen Harris
male  22.0  1        0        7.2500     S  Student 0   1
 1  2 1            1  Cumings, Mrs. John Bradley (Florence Briggs Th... female
      38.0  1    0        71.2833   C  Adult    1   3
 2  3 1            3  Heikkinen, Miss. Laina
female    26.0  0    0        7.9250      S  Young Adult 0   2
 3  4 1            1  Futrelle,  Mrs.  Jacques  Heath  (Lily  May  Peel)
female    35.0  1    0        53.1000   S  Young Adult 1   3
 4  5 0            3  Allen, Mr. William Henry
male      35.0  0    0        8.0500      S  Young Adult 0   1
```

为每一个标题填充缺失的年龄与模式年龄组：

```
In[17]:
# fill missing age with mode age group for each title
mr_age = train[train["Title"] == 1]["AgeGroup"].mode() #Young Adult
miss_age = train[train["Title"] == 2]["AgeGroup"].mode() #Student
mrs_age = train[train["Title"] == 3]["AgeGroup"].mode() #Adult
master_age = train[train["Title"] == 4]["AgeGroup"].mode() #Baby
royal_age = train[train["Title"] == 5]["AgeGroup"].mode() #Adult
rare_age = train[train["Title"] == 6]["AgeGroup"].mode() #Adult
```

```
age_title_mapping = {1: "Young Adult", 2: "Student", 3: "Adult", 4: "Baby", 5:
"Adult", 6: "Adult"}

#I tried to get this code to work with using .map(), but couldn't.
#I've put down a less elegant, temporary solution for now.
#train = train.fillna({"Age": train["Title"].map(age_title_mapping)})
#test = test.fillna({"Age": test["Title"].map(age_title_mapping)})

for x in range(len(train["AgeGroup"])):
    if train["AgeGroup"][x] == "Unknown":
        train["AgeGroup"][x] = age_title_mapping[train["Title"][x]]

for x in range(len(test["AgeGroup"])):
    if test["AgeGroup"][x] == "Unknown":
        test["AgeGroup"][x] = age_title_mapping[test["Title"][x]]
```

将每个年龄值映射到一个数值：

```
In[18]:
#map each Age value to a numerical value
age_mapping = {'Baby': 1, 'Child': 2, 'Teenager': 3, 'Student': 4, 'Young Adult':
5, 'Adult': 6, 'Senior': 7}
train['AgeGroup'] = train['AgeGroup'].map(age_mapping)
test['AgeGroup'] = test['AgeGroup'].map(age_mapping)

train.head()

#dropping the Age feature for now, might change
train = train.drop(['Age'], axis = 1)
test = test.drop(['Age'], axis = 1)
```

删除name特性，因为它不包含更多有用的信息：

```
In[19]:
#drop the name feature since it contains no more useful information.
train = train.drop(['Name'], axis = 1)
test = test.drop(['Name'], axis = 1)
```

将每个性别值映射到一个数值：

```
In[20]:
#map each Sex value to a numerical value
sex_mapping = {"male": 0, "female": 1}
train['Sex'] = train['Sex'].map(sex_mapping)
test['Sex'] = test['Sex'].map(sex_mapping)

train.head()

Out[20]:
```

Passenger	Id		Survived	Pclass	Sex	SibSp		Parch		Fare		Embarked
AgeGroup		CabinBool		Title								
0	1	0	3	0	1	0	7.2500	S	4		0	1
1	2	1	1	1	1	0	71.2833	C	6		1	3
2	3	1	3	1	0	0	7.9250	S	5		0	2
3	4	1	1	1	1	0	53.1000	S	5		1	3
4	5	0	3	0	0	0	8.0500	S	5		0	1

将每个登船值映射到一个数值：

```
In[21]:
#map each Embarked value to a numerical value
embarked_mapping = {"S": 1, "C": 2, "Q": 3}
train['Embarked'] = train['Embarked'].map(embarked_mapping)
test['Embarked'] = test['Embarked'].map(embarked_mapping)

train.head()

Out[21]:
```

Passenger	Id	Survived		Pclass	Sex	SibSp		Parch		Fare		Embarked
AgeGroup		CabinBool		Title								
0	1	0	3	0	1	0	7.2500	1	4		0	1
1	2	1	1	1	1	0	71.2833	2	6		1	3
2	3	1	3	1	0	0	7.9250	1	5		0	2
3	4	1	1	1	1	0	53.1000	1	5		1	3
4	5	0	3	0	0	0	8.0500	1	5		0	1

根据舱级的平均票价，在test集中填写缺失的票价值：

```
In[22]:
#fill in missing Fare value in test set based on mean fare for that Pclass
for x in range(len(test["Fare"])):
    if pd.isnull(test["Fare"][x]):
        pclass = test["Pclass"][x] #Pclass = 3
        test["Fare"][x] = round(train[train["Pclass"] == pclass]["Fare"].mean(),
4)

#map Fare values into groups of numerical values
train['FareBand'] = pd.qcut(train['Fare'], 4, labels = [1, 2, 3, 4])
test['FareBand'] = pd.qcut(test['Fare'], 4, labels = [1, 2, 3, 4])

#drop Fare values
train = train.drop(['Fare'], axis = 1)
test = test.drop(['Fare'], axis = 1)
```

检测train集的数据：

```
In[23]:
#check train data
```

```
train.head()

Out[23]:
Passenger      Id    Survived  Pclass  Sex SibSp   Parch    Embarked     AgeGroup
CabinBool    Title    FareBand
0    1         0    3     0    1   0     1       4        0        1    1
1    2         1    1     1    1   0     2       6        1        3    4
2    3         1    3     1    0   0     1       5        0        2    2
3    4         1    1     1    1   0     1       5        1        3    4
4    5         0    3     0    0   0     1       5        0        1    2
```

检测test集的数据：

```
In[24]:
#check test data
test.head()

Out[24]:
Passenger     Id      Pclass  Sex SibSp    Parch     Embarked     AgeGroup
CabinBool   Title    FareBand
0    892 3    0    0     0   3       5        0        1    1
1    893 3    1    1     0   1       6        0        3    1
2    894 2    0    0     0   3       7        0        1    2
3    895 3    0    0     0   1       5        0        1    2
4    896 3    1    1     1   1       4        0        3    2
```

生存预测模型分析：

```
In[25]:
from sklearn.model_selection import train_test_split

predictors = train.drop(['Survived', 'PassengerId'], axis=1)
target = train["Survived"]
x_train, x_val, y_train, y_val = train_test_split(predictors, target, test_size
= 0.22, random_state = 0)
```

高斯朴素贝叶斯：

```
In[26]:
# Gaussian Naive Bayes
from sklearn.naive_bayes import GaussianNB
from sklearn.metrics import accuracy_score

gaussian = GaussianNB()
gaussian.fit(x_train, y_train)
y_pred = gaussian.predict(x_val)
acc_gaussian = round(accuracy_score(y_pred, y_val) * 100, 2)
print(acc_gaussian)
```

```
Out[26]:
78.68
```

逻辑回归:

```
In[27]:
# Logistic Regression
from sklearn.linear_model import LogisticRegression

logreg = LogisticRegression()
logreg.fit(x_train, y_train)
y_pred = logreg.predict(x_val)
acc_logreg = round(accuracy_score(y_pred, y_val) * 100, 2)
print(acc_logreg)

Out[27]:
79.19
```

支持向量机:

```
In[28]:
# Support Vector Machines
from sklearn.svm import SVC

svc = SVC()
svc.fit(x_train, y_train)
y_pred = svc.predict(x_val)
acc_svc = round(accuracy_score(y_pred, y_val) * 100, 2)
print(acc_svc)

Out[28]:
82.74
```

线性支持向量机:

```
In[29]:
# Linear SVC
from sklearn.svm import LinearSVC

linear_svc = LinearSVC()
linear_svc.fit(x_train, y_train)
y_pred = linear_svc.predict(x_val)
acc_linear_svc = round(accuracy_score(y_pred, y_val) * 100, 2)
print(acc_linear_svc)

Out[29]:
78.17
```

感知机:

```
In[30]:
# Perceptron
from sklearn.linear_model import Perceptron

perceptron = Perceptron()
perceptron.fit(x_train, y_train)
y_pred = perceptron.predict(x_val)
acc_perceptron = round(accuracy_score(y_pred, y_val) * 100, 2)
print(acc_perceptron)

Out[30]:
79.19
```

决策树：

```
In[31]:
#Decision Tree
from sklearn.tree import DecisionTreeClassifier

decisiontree = DecisionTreeClassifier()
decisiontree.fit(x_train, y_train)
y_pred = decisiontree.predict(x_val)
acc_decisiontree = round(accuracy_score(y_pred, y_val) * 100, 2)
print(acc_decisiontree)

Out[31]:
81.22
```

随机森林：

```
In[32]:
# Random Forest
from sklearn.ensemble import RandomForestClassifier

randomforest = RandomForestClassifier()
randomforest.fit(x_train, y_train)
y_pred = randomforest.predict(x_val)
acc_randomforest = round(accuracy_score(y_pred, y_val) * 100, 2)
print(acc_randomforest)

Out[32]:
82.74
```

K-紧邻：

```
In[33]:
# KNN or k-Nearest Neighbors
from sklearn.neighbors import KNeighborsClassifier
```

```
knn = KNeighborsClassifier()
knn.fit(x_train, y_train)
y_pred = knn.predict(x_val)
acc_knn = round(accuracy_score(y_pred, y_val) * 100, 2)
print(acc_knn)

Out[33]:
77.66
```

随机梯度下降：

```
In[34]:
# Stochastic Gradient Descent
from sklearn.linear_model import SGDClassifier

sgd = SGDClassifier()
sgd.fit(x_train, y_train)
y_pred = sgd.predict(x_val)
acc_sgd = round(accuracy_score(y_pred, y_val) * 100, 2)
print(acc_sgd)

Out[34]:
80.71
```

梯度提升分类器：

```
In[35]:
# Gradient Boosting Classifier
from sklearn.ensemble import GradientBoostingClassifier

gbk = GradientBoostingClassifier()
gbk.fit(x_train, y_train)
y_pred = gbk.predict(x_val)
acc_gbk = round(accuracy_score(y_pred, y_val) * 100, 2)
print(acc_gbk)

Out[35]:
84.77
```

预测模型算法得分统计：

```
In[36]:
models = pd.DataFrame({
    'Model': ['Support Vector Machines', 'KNN', 'Logistic Regression',
            'Random Forest', 'Naive Bayes', 'Perceptron', 'Linear SVC',
            'Decision Tree', 'Stochastic Gradient Descent', 'Gradient Boosting
Classifier'],
    'Score': [acc_svc, acc_knn, acc_logreg,
            acc_randomforest,  acc_gaussian,  acc_perceptron,acc_linear_svc,
```

```
acc_decisiontree, acc_sgd, acc_gbk]})
    models.sort_values(by='Score', ascending=False)


Out[36]:
Model                                    Score
9    Gradient Boosting Classifier         84.77
0    Support Vector Machines              82.74
3    Random Forest                        82.74
7    Decision Tree                        81.22
8    Stochastic Gradient Descent          80.71
2    Logistic Regression                  79.19
5    Perceptron                           79.19
4    Naive Bayes                          78.68
6    Linear SVC                           78.17
1    KNN                                  77.66
```

创建生存预测文件，将id设置为乘客id并预测生存：

```
In[37]:
#set ids as PassengerId and predict survival
ids = test['PassengerId']
predictions = gbk.predict(test.drop('PassengerId', axis=1))

#set the output as a dataframe and convert to csv file named submission.csv
output = pd.DataFrame({ 'PassengerId' : ids, 'Survived': predictions })
output.to_csv('submission.csv', index=False)

Out[37]:
```

预测数据片段：

```
PassengerId Survived
892          0
893          1
894          0
895          0
896          1
897          0
898          1
899          0
900          1
901          0
902          0
903          0
904          1
905          0
906          1
907          1
908          0
```

本次实验的数据集 titanic.csv、test.csv、train.csv 从 Kaggle（https://www.kaggle.com/）平台下载，软件平台采用 Jupyter Notebook。

8.14　典型相关分析

简单相关系数描述两组变量的相关关系存在一个缺点：只是孤立考虑单个 X 与单个 Y 间的相关，没有考虑 X、Y 变量组内部各变量间的相关。两组间有许多简单相关系数，使问题显得复杂，难以从整体描述。本节讲述的典型相关是简单相关、多重相关的推广。典型相关是研究两组变量之间相关性的一种统计分析方法，也是一种降维技术。

1. 典型相关分析

CCA（Canonical Correlation Analysis，典型相关分析）是利用综合变量对之间的相关关系来反映两组指标之间的整体相关性的多元统计分析方法。它的基本原理是：为了从总体上把握两组指标之间的相关关系，分别在两组变量中提取有代表性的两个综合变量 U_1 和 V_1（分别为两个变量组中各变量的线性组合），利用这两个综合变量之间的相关关系来反映两组指标之间的整体相关性。

典型相关分析是常用的挖掘数据关联关系的算法之一。比如我们拿到两组数据，第一组是人身高和体重的数据，第二组是对应的跑步能力和跳远能力的数据。那么我们能不能说这两组数据是相关的呢？典型相关分析可以帮助我们分析这个问题。

2. 典型相关分析概述

在数理统计中，对相关系数这个概念应该很熟悉。假设有两组一维的数据集 X 和 Y，则相关系数 ρ 的定义为：

$$\rho(X,Y) = \frac{\mathrm{cov}(X,Y)}{\sqrt{D(X)}\sqrt{D(Y)}} \tag{8.32}$$

其中，$\mathrm{cov}(X,Y)$ 是 X 和 Y 的协方差，而 $D(X)$、$D(Y)$ 分别是 X 和 Y 的方差。相关系数 ρ 的取值为[-1,1]，ρ 的绝对值越接近 1，则 X 和 Y 的线性相关性越高；越接近于 0，则 X 和 Y 的线性相关性越低。

虽然相关系数可以很好地帮助我们分析一维数据的相关性，但是对于高维数据，就不能直接使用相关系数了。如上所述，如果 X 是包括人身高和体重两个维度的数据，而 Y 是包括跑步能力和跳远能力两个维度的数据，就不能直接使用相关系数的方法。那么我们能不能变通一下呢？典型相关分析给了我们变通的方法。

典型相关分析使用的方法是将多维的 X 和 Y 都用线性变换为 1 维的 X' 和 Y'，然后使用相关系数来看 X' 和 Y' 的相关性。将数据从多维变到 1 维，也可以理解为典型相关分析是在降维，将高维数据降到 1 维，再用相关系数进行相关性的分析。

3. 典型相关分析算法思想

上面提到典型相关分析是将高维的两组数据分别降维到 1 维，然后用相关系数分析相关性。但是有一个问题是，降维的标准是如何选择的呢？回想一下主成分分析（PCA），降维的原则是投影方差最大；再回想一下线性判别分析（LDA），降维的原则是同类的投影方差小，异类间的投影方差大。对于典型相关分析，它选择的投影标准是降维到 1 维后，两组数据的相关系数最大。

假设数据集是 X 和 Y，X 为 $n_1 \times m$ 的样本矩阵，Y 为 $n_2 \times m$ 的样本矩阵，其中 m 为样本个数，而 n_1、n_2 分别为 X 和 Y 的特征维度。对于 X 矩阵，将其投影到 1 维，对应的投影向量为 a，对于 Y 矩阵，将其投影到 1 维，对应的投影向量为 b，这样 X、Y 投影后得到的一维向量分别为 X'、Y'。则有：

$$X' = a^T X, \quad Y' = b^T Y \tag{8.33}$$

典型相关分析的优化目标是最大化 $\rho(X', Y')$，得到对应的投影向量 a 和 b，即：

$$\underset{a,b}{\arg\max} \frac{\mathrm{cov}(X', Y')}{\sqrt{D(X')}\sqrt{D(Y')}} \tag{8.34}$$

在投影前，一般会把原始数据标准化，得到均值为 0 而方差为 1 的数据 X 和 Y。这样有：

$$
\begin{aligned}
\mathrm{cov}(X', Y') &= \mathrm{cov}(a^T X, b^T Y) = E(<a^T X, b^T Y>) = E((a^T X)(b^T Y)^T) = a^T E(XY^T) b \\
D(X') &= D(a^T X) = a^T E(XX^T) a \\
D(Y') &= D(b^T Y) = b^T E(YY^T) b
\end{aligned}
\tag{8.35}
$$

由于 X、Y 的均值均为 0，则：

$$
\begin{aligned}
D(X) &= \mathrm{cov}(X, X) = E(XX^T) \\
D(Y) &= \mathrm{cov}(Y, Y) = E(YY^T) \\
\mathrm{cov}(X, Y) &= E(XY^T) \\
\mathrm{cov}(Y, X) &= E(YX^T)
\end{aligned}
\tag{8.36}
$$

令 $S_{XY} = \mathrm{cov}(X, Y)$，则优化目标可以转化为：

$$\underset{a,b}{\arg\max} \frac{a^T S_{XY} b}{\sqrt{a^T S_{XX} a}\sqrt{b^T S_{YY} b}} \tag{8.37}$$

由于分子、分母增大相同的倍数，优化目标结果不变，因此可以采用和 SVM（支持向量机）类似的优化方法，固定分母，优化分子，具体的转化为：

$$\underbrace{\arg\max}_{a,b} a^T S_{XY} b \quad s.t. a^T S_{XX} a = 1, b^T S_{YY} b = 1 \tag{8.38}$$

4. 特征值分解求典型相关分析

特征值分解方式比较传统，利用拉格朗日函数优化目标转化为最大化，如：

$$J(a,b) = a^T S_{XY} b - \frac{\lambda}{2}(a^T S_{XX} a - 1) - \frac{\theta}{2}(b^T S_{YY} b - 1) \tag{8.39}$$

分别对 a、b 求导并令结果为 0，得：

$$\begin{aligned} S_{XY} b - \lambda S_{XX} a = 0 \\ S_{YX} a - \lambda S_{YY} b = 0 \end{aligned} \tag{8.40}$$

进而：

$$\lambda = \theta = a^T S_{XY} b \tag{8.41}$$

现在拉格朗日系数就是我们要优化的目标。继续将上面的两个式子（8.40）进行整理得：

$$\begin{aligned} S_{XX}^{-1} S_{XY} b = \lambda a \\ S_{YY}^{-1} S_{YX} a = \lambda b \end{aligned} \tag{8.42}$$

将式（8.33）的下式代入上式得到：

$$S_{XX}^{-1} S_{XY} S_{YY}^{-1} S_{YX} a = \lambda^2 a \tag{8.43}$$

要求最大的相关系数 λ，只需要对上面的矩阵进行特征分解，找出最大的特征值取平方根即可，此时最大特征值对应的特征向量即为 X 的线性系数 a。使用同样的办法，可以找到最大特征值对应的特征向量即为 Y 的线性系数 b。

【例8.24】

使用Python实现典型相关分析：

```python
import numpy as np
from numpy import dot
import scipy.linalg as la

def clean_and_sort_eigenvalues(eigenvalues, eigenvectors):
    evs = [(va,ve) for va,ve in zip(eigenvalues,eigenvectors.T) if va.imag ==
0]
    evs.sort(key=lambda evv: evv[0], reverse=True)
    sevals = np.array([va.real for va,_ in evs])
    sevecs = np.array([ve for _,ve in evs]).T
    return sevals, sevecs
```

```python
def cca(X,Y):
    """Canonical Correlation Analysis

    :param X: observation matrix in X space, every column is one data point
    :param Y: observation matrix in Y space, every column is one data point

    :returns: (basis in X space, basis in Y space, correlation)
    """

    N = X.shape[1]
    Sxx = 1.0/N * dot(X, X.T)
    Sxy = 1.0/N * dot(X, Y.T)
    Syy = 1.0/N * dot(Y, Y.T)

    epsilon = 1e-6
    rSyy = Syy + epsilon * np.eye(Syy.shape[0])
    rSxx = Sxx + epsilon * np.eye(Sxx.shape[0])
    irSyy = la.inv(rSyy)

    L = dot(Sxy, dot(irSyy, Sxy.T))
    lambda2s,A = la.eig(L, rSxx)
    lambdas = np.sqrt(lambda2s)
    clambdas, cA = clean_and_sort_eigenvalues(lambdas, A)
    B = dot(irSyy, dot(Sxy.T, dot(cA, np.diag(1.0 / clambdas))))

    return (cA, B, clambdas)
# test
if __name__ == "__main__":

    if True:
        # 3d test
        baseA = np.array([[0, 1, 0],
                          [1, 0, 0],
                          [0, 0, 1]]).T
        baseB = np.array([[0, 0, 1],
                          [0, 1, 0],
                          [1, 0, 0]]).T
        latent = np.random.random((3,1000))
    else:
        # 1d test
        baseA = np.array([[0],
                          [1],
                          [2]])
        baseB = np.array([[1],
                          [0],
                          [1]])
        latent = np.random.random((1,1000))
```

```
    x = dot(baseA, latent)
    y = dot(baseB, latent)

    (A,B,lambdas) = cca(x,y)

    #print "latent=\n",latent
    #print "x=\n",x
    #print "y=\n",y
    print ("lambdas=\n",lambdas)
    print ("A=\n",A)
    print ("B=\n",B)
    atx = dot(A.T,x[:,0:5])
    aty = dot(B.T,y[:,0:5])
    diff = la.norm(atx-aty,'fro')
    print ("A^T * x=\n",atx)
    print ("B^T * y=\n",aty)
    print ("diff=",diff)
    assert diff <= 1e-10, 'Test failed'
```

输出：

```
lambdas=
 [0.99999882 0.99998803 0.99998744]
A=
 [[-0.56807901  0.56701549 -0.59647269]
 [-0.59828792  0.2131334   0.7724155 ]
 [-0.56509981 -0.79565544 -0.21816191]]
B=
 [[-0.56509981 -0.79565544 -0.21816191]
 [-0.56807901  0.56701549 -0.59647269]
 [-0.59828792  0.2131334   0.7724155 ]]
A^T * x=
 [[-1.02745106 -1.14835092 -0.78623855 -0.83508948 -0.69155825]
 [ 0.42762923  0.26590766  0.23864677 -0.10093813 -0.56404227]
 [ 0.05990267  0.28762823 -0.29587824 -0.61157852 -0.30903221]]
B^T * y=
 [[-1.02745106 -1.14835092 -0.78623855 -0.83508948 -0.69155825]
 [ 0.42762923  0.26590766  0.23864677 -0.10093813 -0.56404227]
 [ 0.05990267  0.28762823 -0.29587824 -0.61157852 -0.30903221]]
diff= 8.635787298882178e-16
```

　　典型相关分析算法广泛地应用于数据相关度的分析，同时还是偏最小二乘法的基础。但是由于它依赖于数据的线性表示，当我们的数据无法线性表示时，典型相关分析就无法使用，此时我们可以利用核函数的思想将数据映射到高维后，再利用典型相关分析的思想降维到 1 维，求对应的相关系数和线性关系，这个算法一般称为核典型相关分析（KCCA）。深度典型相关性分析（DCCA），在线性的典型相关分析上增加了深度网络，以此来学习新特征并提高多模态数据之间的相关性。

8.15   RoC 分析

在机器学习的算法评估中，尤其是分类算法评估中，经常听到精确率（Precision）与召回率（Recall）、RoC 曲线与 PR 曲线这些概念，这些概念到底有什么用处呢？首先，需要理解几个拗口的概念。

1. TP、FP、TN 和 FN

- True Positives（TP）：预测为正样本，实际也为正样本的特征数。
- False Positives（FP）：预测为正样本，实际为负样本的特征数。
- True Negatives（TN）：预测为负样本，实际也为负样本的特征数。
- False Negatives（FN）：预测为负样本，实际为正样本的特征数。

听起来还是很费劲，不过我们用一幅图就很容易理解了。如图 8.20 所示（参看下载资源中给出的图），左侧的半圆就是 TP，右侧的半圆就是 FP，左侧的灰色长方形（不包括左侧的半圆）就是 FN。右侧的浅灰色长方形（不包括右侧的半圆）就是 TN。两个半圆组成的圆内代表我们分类得到模型结果，右侧的是正值的样本。

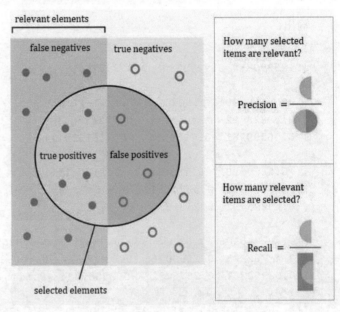

2. 精确率、召回率与特异性

精确率的定义从图 8.20 可以看出，是左侧的半圆除以两个半圆组成的圆。严格的数学定义如下：

图 8.20　TP、FP、TN 和 FN 示意图

$$P = \frac{TP}{TP + FP} \tag{8.44}$$

召回率的定义也可以从图 8.20 看出，是左边半圆除以左边的长方形。严格的数学定义如下：

$$R = \frac{TP}{TP + FN} \tag{8.45}$$

特异性（Specificity）的定义不能从图 8.20 看出，这里给出，是右边长方形去掉右边红色半圆部分后除以右边的长方形。严格的数学定义如下：

$$S = \frac{TN}{FP + TN} \tag{8.46}$$

有时用一个 F_1 值来综合评估精确率和召回率，它是精确率和召回率的调和均值。当精确率和召回率都高时，F_1 值也会高。严格的数学定义如下：

$$\frac{2}{F_1} = \frac{1}{P} + \frac{1}{R} \tag{8.47}$$

有时我们对精确率和召回率并不是一视同仁，比如有时更加重视精确率。我们用一个参数 β 来度量两者之间的关系。如果 $\beta>1$，召回率就有更大影响；如果 $\beta<1$，精确率就有更大影响。自然，当 $\beta=1$ 的时候，精确率和召回率的影响力相同，和 F_1 的形式一样。含有度量参数 β 的 F_1 记为 F_β，严格的数学定义如下：

$$F_\beta = \frac{(1 + \beta^2) * P * R}{\beta^2 * P + R} \tag{8.48}$$

此外，还有灵敏度（True Positive Rate，TPR），它是所有实际正例中正确识别的正例比例，和召回率的表达式没有区别。严格的数学定义如下：

$$TPR = \frac{TP}{TP + FN} \tag{8.49}$$

特异度（False Positive Rate，FPR）是实际负例中错误地识别为正例的负例比例。严格的数学定义如下：

$$FPR = \frac{FP}{FP + TN} \tag{8.50}$$

熟悉了精确率、召回率和特异性，以及 TPR 和 FPR，后面的 RoC 曲线和 PR 曲线就好理解了。

3. ROC 曲线

ROC（Receiver Operating Characteristic）曲线和 AUC 常被用来评价一个二值分类器（Binary Classifier）的优劣。

需要提前说明的是，我们这里只讨论二值分类器。对于分类器，或者说分类算法，评价指标主要有 Precision、Recall、F-score 以及 ROC 和 AUC。图 8.21 所示是一个 ROC 曲线的示例。

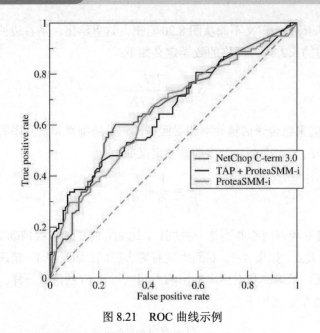

图 8.21　ROC 曲线示例

正如上面 ROC 曲线的示例图中看到的那样，ROC 曲线的横坐标为 FPR（False Positive Rate），纵坐标为 TPR（True Positive Rate）。以 TPR 为 y 轴，以 FPR 为 x 轴，就直接得到了 ROC 曲线。从 FPR 和 TPR 的定义可以理解，TPR 越高，FPR 越小，模型和算法就越高效。也就是画出来的 ROC 曲线越靠近左上越好。图 8.22 详细说明了 FPR 和 TPR 是如何定义的。

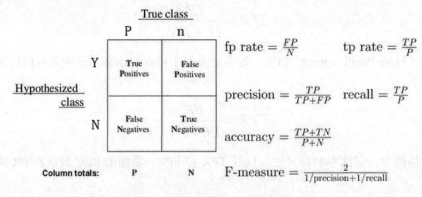

图 8.22　混淆矩阵和通用性能指标

接下来考虑 ROC 曲线图中的 4 个点和一条线。第一个点：(0,1)，即 FPR=0，TPR=1，这意味着 FN=0，并且 FP=0。这是一个完美的分类器，它将所有的样本都正确分类。第二个点：(1,0)，即 FPR=1，TPR=0，分析发现这是一个最糟糕的分类器，因为它成功避开了所有的正确答案。第三个点：(0,0)，即 FPR=TPR=0，也就是 FP=TP=0，可以发现该分类器预测所有的样本都为负样本（Negative）。类似的，第四个点：(1,1)，分类器实际上预测所有的样本都为正样本。经过以上分析，我们可以断言，ROC 曲线越接近左上角，该分类器的性能越好。考虑 ROC 曲线图中的虚线 $y=x$ 上的点，这条对角线上的点其实表示的是一个采用随机猜测策略的分类器的结果，例如 (0.5,0.5)，表示该分类器随机对于一半的样本猜测其为正样本，另一半的样本为负样本。

对于一个特定的分类器和测试数据集，显然只能得到一个分类结果，即一组 FPR 和 TPR 结果，而要得到一个曲线，实际上需要一系列 FPR 和 TPR 的值。

既然已经有这么多评价标准，为什么还要使用 ROC 和 AUC 呢？因为 ROC 曲线有一个很好的特性：当测试集中的正负样本的分布变化的时候，ROC 曲线能够保持不变。在实际的数据集中经常会出现类不平衡（Class Imbalance）现象，即负样本比正样本多很多（或者相反），而且测试数据中的正负样本的分布也可能随着时间发生变化。

【例8.25】二分类问题中的ROC曲线。

```python
#本实例中的数据来源于 sklearn 中的鸢尾花（iris）数据
# -*- coding: utf-8 -*-

import numpy as np
import matplotlib.pyplot as plt
from sklearn import svm, datasets
from sklearn.metrics import roc_curve, auc  ###计算 roc 和 auc
from sklearn import cross_validation

# Import some data to play with
iris = datasets.load_iris()
X = iris.data
y = iris.target

##变为2分类
X, y = X[y != 2], y[y != 2]

# Add noisy features to make the problem harder
random_state = np.random.RandomState(0)
n_samples, n_features = X.shape
X = np.c_[X, random_state.randn(n_samples, 200 * n_features)]

# shuffle and split training and test sets
X_train, X_test, y_train, y_test = cross_validation.train_test_split(X, y,
test_size=.3,random_state=0)

# Learn to predict each class against the other
svm = svm.SVC(kernel='linear', probability=True,random_state=random_state)

###通过 decision_function()计算得到的 y_score 的值，用在 roc_curve()函数中
y_score = svm.fit(X_train, y_train).decision_function(X_test)

# Compute ROC curve and ROC area for each class
fpr,tpr,threshold = roc_curve(y_test, y_score) ###计算真正率和假正率
roc_auc = auc(fpr,tpr) ###计算 auc 的值
```

```
plt.figure()
lw = 2
plt.figure(figsize=(10,10))
plt.plot(fpr, tpr, color='darkorange',
         lw=lw, label='ROC curve (area = %0.2f)' % roc_auc) ###以假正率为横坐标,
真正率为纵坐标绘制曲线
plt.plot([0, 1], [0, 1], color='navy', lw=lw, linestyle='--')
plt.xlim([0.0, 1.0])
plt.ylim([0.0, 1.05])
plt.xlabel('False Positive Rate')
plt.ylabel('True Positive Rate')
plt.title('Receiver operating characteristic example')
plt.legend(loc="lower right")
plt.show()
```

输出结果如图8.23所示。

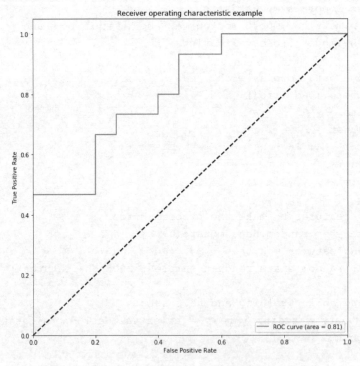

图 8.23　鸢尾花（iris）数据二分类问题中的 ROC 曲线

实验环境是 Anaconda 3 Spyder（Python 3.6）。

8.16　距离分析

在进行分类时常常需要估算不同样本之间的相似性度量（Similarity Measurement），这时通常采用的方法就是计算样本间的"距离"（Distance）。采用什么样的方法计算距离是很讲究的，甚至关系到分类正确与否。

距离是对观察变量之间的相似或者不相似程度的一种测度，它计算的是一对变量之间或一对观测变量之间的广义距离。这些相似性或距离测度可以应用于其他分析过程，例如因子分析、聚类分析或多维尺度分析等，这样做有助于对复杂数据集的深入分析。

1. 欧氏距离

欧氏距离（Euclidean Distance）是最易于理解的一种距离计算方法，源自欧氏空间中两点间的距离公式。

（1）二维平面上的两点 $a(x_1, y_1)$ 与 $b(x_2, y_2)$ 间的欧氏距离：

$$d_{12} = \sqrt{(x_1 - x_2)^2 + (y_1 - y_2)^2} \tag{8.51}$$

（2）三维空间上的两点 $a(x_1, y_1, z_1)$ 与 $b(x_2, y_2, z_2)$ 间的欧氏距离：

$$d_{12} = \sqrt{(x_1 - x_2)^2 + (y_1 - y_2)^2 + (z_1 - z_2)^2} \tag{8.52}$$

（3）两个 n 维向量 $a(x_{11}, x_{12}, \cdots, x_{1n})$ 与 $b(x_{21}, x_{22}, \cdots, x_{2n})$ 间的欧氏距离：

$$d_{12} = \sqrt{\sum_{k=1}^{n} (x_{1k} - x_{2k})^2} \tag{8.53}$$

（4）表示成向量运算的形式：

$$d_{12} = \sqrt{(a-b)(a-b)^T} \tag{8.54}$$

【例8.26】

```
import numpy as np
x=np.random.random(10)
y=np.random.random(10)

#方法一：根据公式求解
d1=np.sqrt(np.sum(np.square(x-y)))

#方法二：根据 scipy 库求解
from scipy.spatial.distance import pdist
```

```
X=np.vstack([x,y])
d2=pdist(X)
```

2. 曼哈顿距离

从名字就可以猜出曼哈顿距离（Manhattan Distance）的计算方法了。想象你在曼哈顿要从一个十字路口开车到另一个十字路口，驾驶距离是两点间的直线距离吗？显然不是，除非你能穿越大楼。实际驾驶距离就是这个"曼哈顿距离"。而这也是曼哈顿距离名称的来源，曼哈顿距离也称为城市街区距离（City Block Distance）。

（1）二维平面上的两点 $a(x_1,y_1)$ 与 $b(x_2,y_2)$ 间的曼哈顿距离：

$$d_{12} = |x_1 - x_2| + |y_1 - y_2| \qquad (8.55)$$

（2）两个 n 维向量 $a(x_{11},x_{12},\cdots,x_{1n})$ 与 $b(x_{21},x_{22},\cdots,x_{2n})$ 间的曼哈顿距离：

$$d_{12} = \sum_{k=1}^{n} |x_{1k} - x_{2k}| \qquad (8.56)$$

【例8.27】

```
import numpy as np
x=np.random.random(10)
y=np.random.random(10)

#方法一：根据公式求解
d1=np.sum(np.abs(x-y))

#方法二：根据 scipy 库求解
from scipy.spatial.distance import pdist
X=np.vstack([x,y])
d2=pdist(X,'cityblock')
```

3. 切比雪夫距离

玩过国际象棋吗？国王走一步能够移动到相邻的 8 个方格中的任意一个。那么国王从格子 (x_1,y_1) 走到格子 (x_2,y_2) 最少需要多少步？你会发现最少需要的步数总是 $\max(|x_2-x_1|,|y_2-y_1|)$ 步。类似这样的距离度量方法叫切比雪夫距离（Chebyshev Distance）。

（1）二维平面上的两点 $a(x_1,y_1)$ 与 $b(x_2,y_2)$ 间的切比雪夫距离：

$$d_{12} = \max(|x_1 - x_2|, |y_1 - y_2|) \qquad (8.57)$$

（2）两个 n 维向量 $a(x_{11},x_{12},\cdots,x_{1n})$ 与 $b(x_{21},x_{22},\cdots,x_{2n})$ 间的切比雪夫距离：

$$d_{12} = \max_{i}(|x_{1i} - x_{2i}|) \qquad (8.58)$$

这个公式的另一种等价形式是：

$$d_{12} = \lim_{k \to \infty} \left(\sum_{i=1}^{n} |x_{1i} - x_{2i}|^k \right)^{1/k} \tag{8.59}$$

可以用放缩法和夹逼法则来证明式（8.59）和式（8.58）等价。

【例8.28】

```
import numpy as np
x=np.random.random(10)
y=np.random.random(10)

#方法一：根据公式求解
d1=np.max(np.abs(x-y))

#方法二：根据 scipy 库求解
from scipy.spatial.distance import pdist
X=np.vstack([x,y])
d2=pdist(X,'chebyshev')
```

4. 闵可夫斯基距离

闵可夫斯基距离（Minkowski Distance）又叫闵氏距离，闵氏距离不是一种距离，而是一组距离的定义。

两个 n 维变量 a($x_{11},x_{12},\cdots,x_{1n}$)与 b($x_{21},x_{22},\cdots,x_{2n}$)间的闵可夫斯基距离定义为：

$$d_{12} = \sqrt[p]{\sum_{k=1}^{n} |x_{1k} - x_{2k}|^p} \tag{8.60}$$

其中，p 是一个变参数。

- 当 p=1 时，就是曼哈顿距离。
- 当 p=2 时，就是欧氏距离。
- 当 $p \to \infty$时，就是切比雪夫距离。

根据变参数的不同，闵氏距离可以表示一类距离。

【例8.29】

```
import numpy as np
x=np.random.random(10)
y=np.random.random(10)

#方法一：根据公式求解，p=2
d1=np.sqrt(np.sum(np.square(x-y)))

#方法二：根据 scipy 库求解
from scipy.spatial.distance import pdist
```

```
X=np.vstack([x,y])
d2=pdist(X,'minkowski',p=2)
```

5. 标准化欧氏距离

标准化欧氏距离（Standardized Euclidean Distance）是针对简单欧氏距离的缺点而做的一种改进方案。标准欧氏距离的思路：既然数据各维分量的分布不一样，就先将各个分量都"标准化"到均值、方差相等。均值和方差标准化到多少呢？假设样本集 X 的均值为 m，标准差为 s，那么 X 的"标准化变量"表示为：

$$X^* = \frac{X-m}{s} \tag{8.61}$$

标准化后的值=（标准化前的值−分量的均值）/分量的标准差

经过简单的推导就可以得到两个 n 维向量 $a(x_{11},x_{12},\cdots,x_{1n})$ 与 $b(x_{21},x_{22},\cdots,x_{2n})$ 间的标准化欧氏距离的公式：

$$d_{12} = \sqrt{\sum_{k=1}^{n}\left(\frac{x_{1k}-x_{2k}}{s_k}\right)^2} \tag{8.62}$$

如果将方差的倒数看成是一个权重，这个公式可以看成是一种加权欧氏距离（Weighted Euclidean Distance）。

【例8.30】

```
import numpy as np
x=np.random.random(10)
y=np.random.random(10)

X=np.vstack([x,y])

#方法一：根据公式求解
sk=np.var(X,axis=0,ddof=1)
d1=np.sqrt(((x - y) ** 2 /sk).sum())

#方法二：根据scipy库求解
from scipy.spatial.distance import pdist
d2=pdist(X,'seuclidean')
```

6. 马氏距离

有 M 个样本向量 $X_1 \sim X_m$，协方差矩阵记为 S，均值记为向量 μ，则其中样本向量 X 到 u 的马氏距离（Mahalanobis Distance）表示为：

$$D(X) = \sqrt{(X-\mu)^T S^{-1}(X-\mu)} \tag{8.63}$$

而其中向量 X_i 与 X_j 之间的马氏距离定义为:

$$D(X_i, X_j) = \sqrt{(X_i - X_j)^T S^{-1} (X_i - X_j)} \qquad (8.64)$$

若协方差矩阵是单位矩阵(各个样本向量之间独立同分布),则公式就成了:

$$D(X_i, X_j) = \sqrt{(X_i - X_j)^T (X_i - X_j)} \qquad (8.65)$$

也就是欧氏距离了。若协方差矩阵是对角矩阵,公式变成标准化欧氏距离。

【例8.31】

```
import numpy as np
x=np.random.random(10)
y=np.random.random(10)

#马氏距离要求样本数大于维数,否则无法求协方差矩阵
#此处进行转置,表示10个样本,每个样本2维
X=np.vstack([x,y])
XT=X.T

#方法一: 根据公式求解
S=np.cov(X)    #两个维度之间的协方差矩阵
SI = np.linalg.inv(S) #协方差矩阵的逆矩阵
#马氏距离计算两个样本之间的距离,此处共有10个样本,两两组合,共有45个距离
n=XT.shape[0]
d1=[]
for i in range(0,n):
    for j in range(i+1,n):
        delta=XT[i]-XT[j]
        d=np.sqrt(np.dot(np.dot(delta,SI),delta.T))
        d1.append(d)

#方法二: 根据scipy库求解
from scipy.spatial.distance import pdist
d2=pdist(XT,'mahalanobis')
```

优点:它不受量纲的影响,两点之间的马氏距离与原始数据的测量单位无关。由标准化数据和中心化数据(原始数据与均值之差)计算出的两点之间的马氏距离相同。马氏距离还可以排除变量之间的相关性的干扰。

缺点:它夸大了变化微小的变量的作用。

7. 夹角余弦

夹角余弦(Cosine)也可以叫余弦相似度。在几何中,夹角余弦可用来衡量两个向量方向的差异,机器学习中借用这一概念来衡量样本向量之间的差异。

（1）在二维空间中，向量 A(x_1,y_1)与向量 B(x_2,y_2)的夹角余弦公式：

$$\cos\theta = \frac{x_1 x_2 + y_1 y_2}{\sqrt{x_1^2 + y_1^2}\sqrt{x_2^2 + y_2^2}} \tag{8.66}$$

（2）两个 n 维样本点 a(x_{11},x_{12},$\cdots$,x_{1n})和 b(x_{21},x_{22},$\cdots$,x_{2n})的夹角余弦类似，对于两个 n 维样本点 a(x_{11},x_{12},$\cdots$,x_{1n})和 b(x_{21},x_{22},$\cdots$,x_{2n})，可以使用类似于夹角余弦的概念来衡量它们间的相似程度。

$$\cos\theta = \frac{a \cdot b}{|a||b|}$$

即：

$$\cos(\theta) = \frac{\sum_{k=1}^{n} x_{1k} x_{2k}}{\sqrt{\sum_{k=1}^{n} x_{1k}^2}\sqrt{\sum_{k=1}^{n} x_{2k}^2}} \tag{8.67}$$

余弦取值范围为[-1,1]。求得两个向量的夹角，并得出夹角对应的余弦值，该余弦值就可以用来表征这两个向量的相似性。夹角越小，越趋近于 0 度，余弦值越接近于 1，它们的方向更加吻合，就越相似。当两个向量的方向完全相反时，夹角余弦取最小值-1。当余弦值为 0 时，两个向量正交，夹角为 90 度。因此可以看出，余弦相似度与向量的幅值无关，只与向量的方向相关。

【例8.32】

```
import numpy as np
x=np.random.random(10)
y=np.random.random(10)

#方法一：根据公式求解
d1=np.dot(x,y)/(np.linalg.norm(x)*np.linalg.norm(y))

#方法二：根据scipy库求解
from scipy.spatial.distance import pdist
X=np.vstack([x,y])
d2=1-pdist(X,'cosine')
#两个向量完全相等时，余弦值为1，以下代码计算出来的d=1。
d=1-pdist([x,x],'cosine')
```

8. 皮尔逊相关系数

皮尔逊相关系数（Pearson Correlation）的定义：

$$\rho_{XY} = \frac{Cov(X,Y)}{\sqrt{D(X)}\sqrt{D(Y)}} = \frac{E((X-EX)(Y-EY))}{\sqrt{D(X)}\sqrt{D(Y)}} \tag{8.68}$$

前面提到的余弦相似度只与向量方向有关,但它会受向量的平移影响,在夹角余弦公式中,如果将 x 平移到 $x+1$,余弦值就会改变。怎样才能实现平移不变性?这就要用到皮尔逊相关系数,有时也直接叫相关系数。

若将夹角余弦公式写成:

$$\text{Cos}\,Sim(x, y) = \frac{\sum_i x_i y_i}{\sum_i x_i^2 \sum_i y_i^2} = \frac{\langle x, y \rangle}{\|x\|\|y\|} \tag{8.69}$$

表示向量 x 和向量 y 之间的夹角余弦,则皮尔逊相关系数可表示为:

$$Corr(x, y) = \frac{\sum_i (x_i - \overline{x})(y_i - \overline{y})}{\sqrt{\sum (x_i - \overline{x})^2}\sqrt{\sum (y_i - \overline{y})^2}} = \frac{\langle x - \overline{x}, y - \overline{y} \rangle}{\|x - \overline{x}\|\|y - \overline{y}\|} = \text{Cos}\,Sim(x - \overline{x}, y - \overline{y}) \tag{8.70}$$

皮尔逊相关系数具有平移不变性和尺度不变性,计算出了两个向量(维度)的相关性。

【例8.33】

```
import numpy as np
x=np.random.random(10)
y=np.random.random(10)

#方法一：根据公式求解
x_=x-np.mean(x)
y_=y-np.mean(y)
d1=np.dot(x_,y_)/(np.linalg.norm(x_)*np.linalg.norm(y_))

#方法二：根据 Numpy 库求解
X=np.vstack([x,y])
d2=np.corrcoef(X)[0][1]
```

相关系数是衡量随机变量 X 与 Y 相关程度的一种方法,相关系数的取值范围是[-1,1]。相关系数的绝对值越大,就表明 X 与 Y 的相关度越高。当 X 与 Y 线性相关时,相关系数取值为1(正线性相关)或-1(负线性相关)。

9. 汉明距离

汉明距离(Hamming Distance)的定义:两个等长字符串 s_1 与 s_2 之间的汉明距离定义为将其中一个变为另一个所需要做的最小替换次数。例如字符串 1111 与 1001 之间的汉明距离为2。

应用:信息编码(为了增强容错性,应使得编码间的最小汉明距离尽可能大)。

【例8.34】

```
import numpy as np
from scipy.spatial.distance import pdist
x=np.random.random(10)>0.5
```

```
y=np.random.random(10)>0.5

x=np.asarray(x,np.int32)
y=np.asarray(y,np.int32)

#方法一：根据公式求解
d1=np.mean(x!=y)

#方法二：根据 scipy 库求解
X=np.vstack([x,y])
d2=pdist(X,'hamming')
```

10. 杰卡德相似系数

（1）杰卡德相似系数的定义

两个集合 A 和 B 的交集元素在 A、B 的并集中所占的比例称为两个集合的杰卡德相似系数（Jaccard Similarity Coefficient），用符号 $J(A,B)$ 表示。

$$J(A,B) = \frac{|A \cap B|}{|A \cup B|} \tag{8.71}$$

杰卡德相似系数是衡量两个集合的相似度的一种指标。

（2）杰卡德距离

与杰卡德相似系数相反的概念是杰卡德距离（Jaccard Distance）。杰卡德距离可用如下公式表示：

$$J_\delta(A,B) = 1 - J(A,B) = \frac{|A \cup B| - |A \cap B|}{|A \cup B|} \tag{8.72}$$

杰卡德距离用两个集合中不同元素占所有元素的比例来衡量两个集合的区分度。

（3）杰卡德相似系数与杰卡德距离的应用

可将杰卡德相似系数用在衡量样本的相似度上。

样本 A 与样本 B 是两个 n 维向量，而且所有维度的取值都是 0 或 1，例如 A(0111) 和 B(1011)。我们将样本看成是一个集合，1 表示集合包含该元素，0 表示集合不包含该元素。

【例8.35】

```
import numpy as np
from scipy.spatial.distance import pdist
x=np.random.random(10)>0.5
y=np.random.random(10)>0.5

x=np.asarray(x,np.int32)
```

```
y=np.asarray(y,np.int32)

#方法一：根据公式求解
up=np.double(np.bitwise_and((x != y),np.bitwise_or(x != 0, y != 0)).sum())
down=np.double(np.bitwise_or(x != 0, y != 0).sum())
d1=(up/down)

#方法二：根据 scipy 库求解
X=np.vstack([x,y])
d2=pdist(X,'jaccard')
```

11. 布雷柯蒂斯距离

布雷柯蒂斯距离（Bray Curtis Distance）主要用于生态学和环境科学，计算坐标之间的距离。该距离取值在[0,1]之间。它也可以用来计算样本之间的差异。

$$dij = \frac{\sum_{k=1}^{n}\left|x_{ik} - y_{jk}\right|}{\sum_{k=1}^{n}x_{jk} + \sum_{k=1}^{n}y_{jk}} \tag{8.73}$$

样本数据：

	a	b	c	d	e	sum
s29	11	0	7	8	0	26
s30	24	37	5	18	1	85

计算：

$$b_{s29,s30} = \frac{|11-24|+|0-37|+|7-5|+|8-18|+|0-1|}{26+85} = \frac{63}{111} = 0.568$$

【例8.36】

```
import numpy as np
from scipy.spatial.distance import pdist
x=np.array([11,0,7,8,0])
y=np.array([24,37,5,18,1])

#方法一：根据公式求解
up=np.sum(np.abs(y-x))
down=np.sum(x)+np.sum(y)
d1=(up/down)

#方法二：根据 scipy 库求解
X=np.vstack([x,y])
d2=pdist(X,'braycurtis')
```

现在，我们可以为矩阵中对象间的相似程度（接近与远离）提供各种度量方法以及编码实现了。

8.17　对应分析

对应分析也称关联分析、R-Q 型因子分析，是近年来新发展起来的一种多元相依变量统计分析技术，通过分析由定性变量构成的交互汇总表来揭示变量间的联系，可以揭示同一变量的各个类别之间的差异，以及不同变量各个类别之间的对应关系。

对应分析主要应用在市场细分、产品定位、地质研究以及计算机工程等领域中。原因在于，它是一种视觉化的数据分析方法，能够将几组看不出任何联系的数据通过视觉上可以接受的定位图展现出来。

对应分析的基本思想是将一个列联表的行和列中各元素的比例结构以点的形式在较低维的空间中表示出来。

对应分析的最大特点是能把众多的样品和众多的变量同时展示在同一张图解上，将样品的大类及其属性在图上直观而又明了地表示出来，具有直观性。另外，它还省去了因子选择和因子轴旋转等复杂的数学运算及中间过程，可以从因子载荷图上对样品进行直观的分类，而且能够指示分类的主要参数（主因子）和分类的依据，是一种直观、简单、方便的多元统计方法。

对应分析法整个处理过程由两部分组成：表格和关联图。对应分析法中的表格是一个二维的表格，由行和列组成。每一行代表事物的一个属性，依次排开。列则代表不同的事物本身，由样本集合构成，排列顺序并没有特别的要求。在关联图上，各个样本都浓缩为一个点集合，而样本的属性变量在图上同样是以点集合的形式显示出来的。

【例8.37】

```
import ca
import pandas as pd
import seaborn as sns


transfrmr = ca.CA()
children = pd.read_csv('./datasets/children.csv', index_col=0)
X = children.loc[:'work', :'university']

transfrmr.fit(X)

pcs_row, pcs_col = \
    transfrmr.get_princpl_coords_df(row_categories=X.index,
                            col_categories=X.columns)
pcs_row['Dim 1'] = -pcs_row['Dim 1']
pcs_col['Dim 1'] = -pcs_col['Dim 1']
print('Principal coordinates of row variables in DataFrame:')
```

```
print(pcs_row)
print(pcs_col)

supp_rows = children.loc['comfort':, :'university']
supp_cols = children.loc[:'work', 'thirty':]
new_supp_rows = transfrmr.transform(supp_rows)
new_supp_cols = transfrmr.transform(supp_cols, row=False)
new_supp_rows[:, 1] = -new_supp_rows[:, 1]
new_supp_cols[:, 1] = -new_supp_cols[:, 1]
print(new_supp_rows)
print(new_supp_cols)

fig, ax = sns.plt.subplots()
sns.regplot('Dim 0', 'Dim 1', data=pcs_row, ax=ax, fit_reg=False, label='rows')
sns.regplot('Dim 0', 'Dim 1', data=pcs_col, ax=ax, fit_reg=False, label='cols')
sns.regplot(new_supp_rows[:, 0], new_supp_rows[:, 1],
        ax=ax, fit_reg=False, label='supp rows')
sns.regplot(new_supp_cols[:, 0], new_supp_cols[:, 1],
        ax=ax, fit_reg=False, label='supp cols')
for i, txt in enumerate(list(X.index)):
    ax.annotate(txt, (pcs_row.iloc[i]['Dim 0'], pcs_row.iloc[i]['Dim 1']))
for i, txt in enumerate(list(X.columns)):
    ax.annotate(txt, (pcs_col.iloc[i]['Dim 0'], pcs_col.iloc[i]['Dim 1']))
for i, txt in enumerate(list(supp_rows.index)):
    ax.annotate(txt, (new_supp_rows[i, 0], new_supp_rows[i, 1]))
for i, txt in enumerate(list(supp_cols.columns)):
    ax.annotate(txt, (new_supp_cols[i, 0], new_supp_cols[i, 1]))
ax.legend()
sns.plt.show()
```

这里使用的数据是一个列联表，描述了不同类别的人有以下问题：什么原因会让一个女人或一对夫妇犹豫要不要孩子？

children.csv 数据可以从 https://github.com/YiChanLee/correspondence-analysis 下载。

8.18　决策树分析

本节只讲述在 Sklearn 中如何使用决策树。开发环境需要安装 NumPy、Pandas、Matplotlib、sklearn、pydotplus、Graphviz 库。

安装 Graphviz 软件后，需要进入系统环境变量设置。在系统变量的 Path 变量中，添加 Graphviz 的环境变量，比如 Graphviz 安装在了 D 盘的根目录，则添加 D:\Graphviz\bin。

设置完环境变量，记得要重启 IDE。

sklearn 使用 DecisionTreeClassifier 构建决策树，这个函数一共有 12 个参数：

参数说明如下：

- **criterion**: 特征选择标准，可选参数，默认是 gini，可以设置为 entropy。gini 是基尼不纯度，它将来自集合的某种结果随机应用于某一数据项的预期误差率，是一种基于统计的思想。entropy 是香农熵，是一种基于信息论的思想。sklearn 把 gini 设为默认参数，应该是做了相应斟酌的，精度也许更高些，ID3 算法使用的是 entropy，CART 算法使用的则是 gini。

- **splitter**: 特征划分点选择标准，可选参数，默认是 best，可以设置为 random。每个节点的选择策略。best 参数是根据算法选择最佳的切分特征，例如 gini、entropy。random 随机地在部分划分点中找局部最优的划分点。默认的 best 适合样本量不大的时候，而如果样本数据量非常大，此时决策树构建推荐 random。

- **max_features**: 划分时考虑的最大特征数，可选参数，默认是 None。寻找最佳切分时考虑的最大特征数（n_features 为总共的特征数）有如下 6 种情况：
  - ➢ 若 max_features 是整型的数，则考虑 max_features 个特征。
  - ➢ 若 max_features 是浮点型的数，则考虑 int(max_features * n_features)个特征。
  - ➢ 若 max_features 设为 auto，则 max_features = sqrt(n_features)。
  - ➢ 若 max_features 设为 sqrt，则 max_features = sqrt(n_features)，跟 auto 一样。
  - ➢ 若 max_features 设为 log2，则 max_features = log2(n_features)。
  - ➢ 若 max_features 设为 None，则 max_features = n_features，也就是所有特征都用。

一般来说，如果样本特征数不多，比如小于 50，用默认的 None 就可以了，如果特征数非常多，可以灵活使用刚才描述的其他取值来控制划分时考虑的最大特征数，以控制决策树的生成时间。

- **max_depth**: 决策树最大深度，可选参数，默认是 None。该参数是树的层数。层数就是决策树的层数。如果这个参数设置为 None，那么决策树在建立子树的时候不会限制子树的深度。一般来说，数据少或者特征少的时候可以不管这个值。或者如果设置了 min_samples_slipt 参数，那么直到少于 min_samples_split 个样本为止。在模型样本量多，特征也多的情况下，推荐限制这个最大深度，具体的取值取决于数据的分布，常用的可以取值 10~100。

- **min_samples_split**: 内部节点再划分所需的最小样本数，可选参数，默认是 2。这个值限制了子树继续划分的条件。如果 min_samples_split 为整数，那么在切分内部节点的时候，min_samples_split 作为最小的样本数，也就是说，如果已经少于 min_samples_split 个样本，就停止继续切分。如果 min_samples_split 为浮点数，min_samples_split 就是一个百分比，ceil(min_samples_split * n_samples)，数是向上取整的。如果样本量不大，就不需要管这个值。如果样本量的数量级非常大，就推荐增大这个值。

- **min_weight_fraction_leaf**: 叶子节点最小的样本权重和，可选参数，默认是 0。这个值限制了叶子节点所有样本权重和的最小值，如果小于这个值，就会和兄弟节点一起被剪枝。一般来说,如果有较多样本有缺失值,或者分类树样本的分布类别偏差很大,就会引入样本权重,这时我们就要注意这个值了。

- **max_leaf_nodes**: 最大叶子节点数,可选参数,默认是 None。通过限制最大叶子节点数可以防止过拟合。如果加了限制,算法就会建立在最大叶子节点数内最优的决策树。如果特征不多,就可以不考虑这个值,但是如果特征很多,就需要加以限制,具体的值可以通过交叉验证得到。

- **class_weight**: 类别权重,可选参数,默认是 None,也可以是字典、字典列表、balanced(保持平衡)。指定样本各类别的权重,主要是为了防止训练集某些类别的样本过多,导致训练的决策树过于偏向这些类别。类别的权重可以通过{class_label: weight}这样的格式给出,这里可以自己指定各个样本的权重,或者用"balanced"。如果使用 balanced,算法就会自己计算权重,样本量少的类别所对应的样本权重会高。当然,如果样本类别分布没有明显的偏倚,就可以不管这个参数,选择默认的 None。

- **random_state**: 可选参数,默认是 None。如果是证书,random_state 就会作为随机数生成器的随机数种子。如果没有设置随机数,随机出来的数就与当前系统时间有关,每个时刻都是不同的。如果设置了随机数种子,那么相同随机数种子不同时刻产生的随机数是相同的。如果是 RandomState instance(随机数实例),那么 random_state 是随机数生成器。如果为 None,那么随机数生成器使用 np.random。

- **min_impurity_split**: 节点划分最小不纯度,可选参数,默认是 1e-7。这是个阈值,该值限制了决策树的增长。如果某节点的不纯度(基尼系数、信息增益、均方差、绝对差)小于这个阈值,那么该节点不再生成子节点,即为叶子节点。

- **presort**: 数据是否预排序,可选参数,这个值是布尔值,默认是 False(不排序)。一般来说,如果样本量少或者限制了一个深度很小的决策树,设置为 True 可以让划分点选择得更加快,决策树建立得更加快。如果样本量太大,反而没有什么好处。问题是样本量少的时候,速度本来就不慢。所以该值一般不考虑。

- **max_features**: 划分考虑最大特征数,默认为 None。不输入则默认全部特征,可以选 log2N、sqrt(N)、auto 或者是小于 1 的浮点数(百分比)或整数(具体数量的特征)。如果特征特别多时,比如大于 50,可以考虑选择 auto 来控制决策树的生成时间。

当样本数量少但是样本特征非常多的时候,决策树很容易过拟合。一般来说,样本数比特征数多一些会比较容易建立健壮的模型。如果样本数量少但是样本特征非常多,在拟合决策树模型前,推荐先做维度规约,比如主成分分析(PCA)、特征选择(LOSSO)或者独立成分分析(ICA)。这样特征的维度会大大减小,再来拟合决策树模型效果会更好。多用决策树的可视化,同时先限制决策树的深度,这样可以先观察生成的决策树里数据的初步拟合情况,再决定是否要增加深度。在训练模型时,注意观察样本的类别情况(主要指分类树),如果类别分布非常不均匀,就要考虑用 class_weight 来限制模型过于偏向样本多的类别。决策树的数组使用的是 NumPy 的 float32 类型,如果训练数据不是这样的格式,算法就会先做 copy(复制)再运行。如果输入的样本矩阵是稀疏的,那么推荐在拟合前调用 csc_matrix 稀疏化,在预测前调用 csr_matrix 稀疏化。

【例8.38】

```
# -*- coding: UTF-8 -*-

import numpy as np                      # 快速操作结构数组的工具
import pandas as pd                      # 数据分析处理工具
import matplotlib.pyplot as plt          # 画图工具
from sklearn import datasets             # 机器学习库
from sklearn.preprocessing import LabelEncoder
from sklearn import tree

# 下面的数据分别为每个用户的来源网站、位置、是否阅读 FAQ、浏览网页数目、选择的服务类型（目标结果）
attr_arr=[['slashdot','USA','yes',18,'None'],
        ['google','France','yes',23,'Premium'],
        ['digg','USA','yes',24,'Basic'],
        ['kiwitobes','France','yes',23,'Basic'],
        ['google','UK','no',21,'Premium'],
        ['(direct)','New Zealand','no',12,'None'],
        ['(direct)','UK','no',21,'Basic'],
        ['google','USA','no',24,'Premium'],
        ['slashdot','France','yes',19,'None'],
        ['digg','USA','no',18,'None'],
        ['google','UK','no',18,'None'],
        ['kiwitobes','UK','no',19,'None'],
        ['digg','New Zealand','yes',12,'Basic'],
        ['slashdot','UK','no',21,'None'],
        ['google','UK','yes',18,'Basic'],
        ['kiwitobes','France','yes',19,'Basic']]


#生成属性数据集和结果数据集
dataMat = np.mat(attr_arr)
arrMat = dataMat[:,0:4]
resultMat = dataMat[:,4]


# 构造数据集成 Pandas 结构
attr_names = ['src', 'address', 'FAQ', 'num']    #特征属性的名称
attr_pd = pd.DataFrame(data=arrMat,columns=attr_names)      #每行为一个对象，每列
为一种属性，最后一个为结果值
print(attr_pd)


#将数据集中的字符串转化为代表类别的数字。因为 Sklearn 的决策树只识别数字
le = LabelEncoder()
for col in attr_pd.columns:               #为每一列序列化，就是将每种字符串转化为对应的数字。
用数字代表类别
```

```
        attr_pd[col] = le.fit_transform(attr_pd[col])
print(attr_pd)

# 构建决策树
clf = tree.DecisionTreeClassifier()
clf.fit(attr_pd, resultMat)
print(clf)

# 使用决策树进行预测
result = clf.predict([[1,1,1,0]])       # 输入也必须是数字，分别代表每个数字所代表的属
性的字符串值
print(result)

# 将决策树保存成图片
from sklearn.externals.six import StringIO
import pydotplus

dot_data = StringIO()
target_name=['None','Basic','Premium']
tree.export_graphviz(clf, out_file=dot_data,feature_names=attr_names,
                class_names=target_name,filled=True,rounded=True,
                special_characters=True)
graph = pydotplus.graph_from_dot_data(dot_data.getvalue())
graph.write_png('tree.png')
```

输出：

	src	address	FAQ	num
0	lashdot	USA	yes	18
1	google	France	yes	23
2	digg	USA	yes	24
3	kiwitobes	France	yes	23
4	google	UK	no	21
5	(direct)	New Zealand	no	12
6	(direct)	UK	no	21
7	google	USA	no	24
8	slashdot	France	yes	19
9	digg	USA	no	18
10	google	UK	no	18
11	kiwitobes	UK	no	19
12	digg	New Zealand	yes	12
13	slashdot	UK	no	21
14	google	UK	yes	18
15	kiwitobes	France	yes	19
	src	address	FAQ	num
0	4	3	1	1
1	2	0	1	4

2	1	3	1	5
3	3	0	1	4
4	2	2	0	3
5	0	1	0	0
6	0	2	0	3
7	2	3	0	5
8	4	0	1	2
9	1	3	0	1
10	2	2	0	1
11	3	2	0	2
12	1	1	1	0
13	4	2	0	3
14	2	2	1	1
15	3	0	1	2

```
DecisionTreeClassifier(class_weight=None, criterion='gini', max_depth=None,
        max_features=None, max_leaf_nodes=None,
        min_impurity_decrease=0.0, min_impurity_split=None,
        min_samples_leaf=1, min_samples_split=2,
        min_weight_fraction_leaf=0.0, presort=False, random_state=None,
        splitter='best')
['Basic']
```

自动生成的可视化决策树被保存在当前目录下的 tree.png 文件中，如图 8.24 所示。可以看到，我们使用 gini 指数来选择最优划分属性，并且经剪枝后的决策树只用到了数据 13 个属性中的 num、FAQ、src 三个属性，已经非常简洁了，如图 8.24 所示。

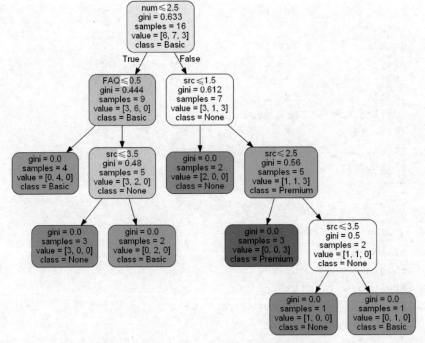

图 8.24 sklearn——生成决策树分类模型

270

8.19　神经网络——深度学习

深度学习（Deep Learning）是机器学习的一个分支，可以理解为具有多层结构的模型。具体来说，深度学习是机器学习中的具有深层结构的神经网络算法，即机器学习>神经网络>深度神经网络（深度学习）。

神经网络技术起源于 20 世纪五六十年代，当时叫感知器（Perceptron），拥有输入层、输出层和一个隐含层。输入的特征向量通过隐含层变换达到输出层，在输出层得到分类结果。多层感知器可以摆脱早期离散传输函数的束缚，使用 Sigmoid 或 tanh 等连续函数模拟神经元对激励的响应，在训练算法上则使用 Werbos 发明的反向传播 BP 算法。随着神经网络层数的加深，有两个重大问题：一是优化函数越来越容易陷入局部最优解，并且这个"陷阱"越来越偏离真正的全局最优，利用有限数据训练的深层网络，性能还不如较浅层网络；二是"梯度消失"现象更加严重。2006 年，Hinton 利用预训练方法缓解了局部最优解问题，将隐含层推动到了 7 层，神经网络真正意义上有了"深度"，由此揭开了深度学习的热潮，随后的 DBN、CNN、RNN、LSTM 等才逐渐出现。这里的"深度"并没有固定的定义——在语音识别中 4 层网络就能够被认为是"较深的"，而在图像识别中 20 层以上的网络屡见不鲜。

随着神经网络层数的加深，有三个重大问题：一是非凸优化问题，即优化函数越来越容易陷入局部最优解；二是梯度消失（Gradient Vanish）问题；三是过拟合问题。

8.19.1　深度学习的基本模型

深度学习里面的基本模型大致分为 3 类：多层感知器模型、深度神经网络模型和递归神经网络模型。其代表分别是深度信念网络（Deep Belief Network，DBN）、卷积神经网络、递归神经网络。

1．深度信念网络

2006 年，Geoffrey Hinton 提出深度信念网络及其高效的学习算法，即 Pre-Training+Fine Tuning，并发表于《Science》上，成为其后深度学习算法的主要框架。深度信念网络是一种生成模型，通过训练其神经元间的权重，我们可以让整个神经网络按照最大概率来生成训练数据。所以，我们不仅可以使用深度信念网络识别特征、分类数据，还可以用它来生成数据。

（1）深度信念网络结构

深度信念网络由若干层受限玻尔兹曼机（Restricted Boltzmann Machine，RBM）堆叠而成，上一层受限玻尔兹曼机的隐层作为下一层受限玻尔兹曼机的可见层，如图 8.25 所示。

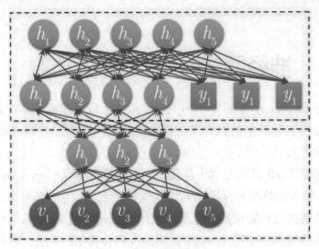

图 8.25　深度信念网络结构

深度信念网络模型由若干层受限玻尔兹曼机堆叠而成,如果在训练集中有标签数据,那么最后一层受限玻尔兹曼机的可见层中既包含前一层受限玻尔兹曼机的隐层单元,又包含标签层单元。假设顶层受限玻尔兹曼机的可见层有 500 个神经元,训练数据的分类一共分成了 10 类,那么顶层受限玻尔兹曼机的可见层有 510 个显性神经元,对每一训练数据,相应的标签神经元被打开设为 1, 而其他的则被关闭设为 0。

（2）训练过程

深度信念网络的训练包括 Pre-Training 和 Fine Tuning 两步,其中 Pre-Training 过程相当于逐层训练每一个受限玻尔兹曼机,经过 Pre-Training 的深度信念网络已经可用于模拟训练数据,而为了进一步提高网络的判别性能,Fine Tuning 过程利用标签数据通过 BP 算法对网络参数进行微调。

（3）改进模型

深度信念网络的变体比较多,它的改进主要集中于其组成"零件"受限玻尔兹曼机的改进,有卷积深度信念网络（CDBN）和条件受限玻尔兹曼机（Conditional RBM）等。深度信念网络并没有考虑到图像的二维结构信息,因为输入只是简单地将一个图像矩阵转换为一维向量。而CDBN 利用邻域像素的空域关系,通过一个称为卷积受限玻尔兹曼机（CRBM）的模型达到生成模型的变换不变性,而且容易变换到高维图像。深度信念网络并没有明确地处理对观察变量的时间联系的学习,条件受限玻尔兹曼机通过考虑前一时刻的可见层单元变量作为附加的条件输入,以模拟序列数据,这种变体在语音信号处理领域应用较多。

2. 卷积神经网络

卷积神经网络是人工神经网络的一种,已成为当前语音分析和图像识别领域的研究热点。它的权值共享网络结构使之更类似于生物神经网络,降低了网络模型的复杂度,减少了权值的数量。该优点在网络的输入是多维图像时表现得更为明显,使图像可以直接作为网络的输入,避免了传统识别算法中复杂的特征提取和数据重建过程。卷积网络是为识别二维形状而特殊设计的一个多层感知器,这种网络结构对平移、比例缩放、倾斜或者共他形式的变形具有高度不变性。

（1）网络结构

卷积神经网络是一个多层的神经网络,其基本运算单元包括:卷积运算、池化运算、全连接运算和识别运算,如图 8.26 所示。

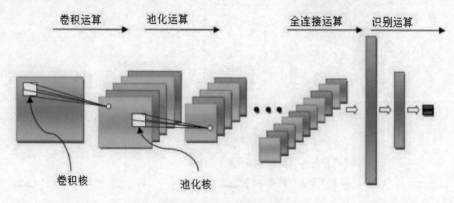

图 8.26　卷积神经网络结构

卷积神经网络与常规的神经网络十分相似,它们都由可以对权重和偏置进行学习的神经元构成。每个神经元接收一些输入,然后执行点积操作,再紧接一个可选的非线性函数。整个网络仍然表示为单可微分的评估函数,整个网络从一端输入原始图像像素,另一端输出类别的概率。其最后一层(全连接层)同样有损失函数,并且学习常规神经网络的方法和技巧在这里仍然奏效。卷积网络很明确地假设所有输入都为图像,这就允许在结构中对明确的属性进行编码。这使得前向函数的实现更加高效,并且极大地减少了网络中参数的数量。

一个简单的卷积网络由一系列的层构成,并且卷积网络的每一层通过一个可微函数将一个激活量转换成另一个激活量。用 3 类主要的层来构造卷积网络:卷积层、池化层以及全连接层。我们将通过堆叠这些层来形成一个完整的卷积网络结构。

三维神经元:卷积神经网络充分利用了输入是由图像组成的这一事实,并以更加合理的方式对结构进行了约束。特别是,与常规网络不同,卷积网络各层的神经元具有 3 个维度,即宽度、高度、深度。每一层的神经元仅与前一层的局部相连,而不是采用全连接的方式。

（2）卷积层

卷积层是一个卷积神经网络的核心组成部分,它负责完成大部分计算繁重的工作。首先,卷积层的参数由一组可以进行学习的滤波器组成。每一个滤波器都是一个小的二维面区域(沿宽度和高度),如图 8.27 所示,但却延伸到输入激活量的全部深度。在正向传播期间,沿着输入方柱体的宽度和高度方向滑动(更确切地说是卷积)每个滤波器,并计算滤波器的端口与滤波器处于每个位置上的输入的点积。当将滤波器沿着输入激活量的高度和宽度滑过之后,将会得到一个二维的激活图,该图给出了滤波器在滑动过的每个位置上得到的结果。直观地说,网络将对滤波器进行学习，当看到某种类型的视觉特征时激活，例如第一层上某种方向的条棱或某种颜色的斑点，或者最终在网络的更高层上形成的整个蜂窝或轮状图案。接下来，将在每个卷积层上使用一整组的滤波器，其中每一个滤波器都将产生一个二维激活图。将这些激活图沿着深度堆叠起来，得到一个输出激活量。

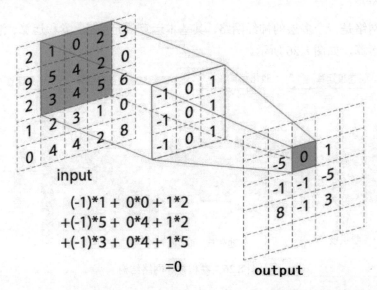

$$(-1)*1 + 0*0 + 1*2$$
$$+(-1)*5 + 0*4 + 1*2$$
$$+(-1)*3 + 0*4 + 1*5$$
$$=0$$

图 8.27　典型滤波器（3）训练过程

卷积网络在本质上是一种输入到输出的映射，它能够学习大量的输入与输出之间的映射关系，而不需要任何输入和输出之间的精确的数学表达式，只要用已知的模式对卷积网络加以训练，网络就具有输入输出对之间的映射能力。卷积网络执行的是有监督训练，所以其样本集是由形如（输入信号，标签值）的向量对构成的。

3. 递归神经网络

全连接的深度神经网络存在一个问题——无法对时间序列上的变化进行建模。然而，样本出现的时间顺序对于自然语言处理、语音识别、手写体识别等应用非常重要。对了适应这种需求，就出现了递归神经网络。在普通的全连接网络或卷积神经网络中，每层神经元的信号只能向上一层传播，样本的处理在各个时刻独立，因此又被称为前向神经网络（Feed-Forward Neural Networks）。而在递归神经网络中，神经元的输出可以在下一个时间戳直接作用到自身。递归神经网络可以看成一个在时间上传递的神经网络，它的深度是时间的长度。正如前面介绍的，"梯度消失"现象又要出现了，只不过这次发生在时间轴上。为了解决时间上的梯度消失，机器学习领域发展出了长短时记忆单元（LSTM），通过门的开关实现时间上的记忆功能，并防止梯度消失。

（1）训练过程

递归神经网络中由于输入时叠加了之前的信号，因此反向传导时不同于传统的神经网络，因为对于时刻 t 的输入层，其残差不仅来自于输出，还来自于之后的隐层。通过反向传递算法，利用输出层的误差求解各个权重的梯度，然后利用梯度下降法更新各个权重。

（2）改进模型

递归神经网络模型可以用来处理序列数据，递归神经网络包含大量参数，且难于训练（时间维度的梯度消散或梯度爆炸），所以出现了一系列对递归神经网络的优化，比如网络结构、求解算法与并行化。近年来，双向循环神经网络（BRNN）与长短时记忆单元在 image captioning（图题）、language translation（翻译）、handwriting recognition（手写识别）这几个方向上有了突破性进展。

8.19.2　新闻分类实例

【例8.39】新闻分类（多分类问题）。

在本例题中，代码示例使用 Keras（https://keras.io）。Keras 是 Python 的一个深度学习框架，它提供了一种方便的方式来定义和训练几乎任何类型的深度学习模型。Keras 最初是为研究人员开发的，目的是实现快速实验。Keras 是以 MIT License 发布的，这意味着它可以在商业项目中自由使用。它兼容任何版本的 Python，从 2.7 到 3.6（2017 年中期）。

Keras 是一个模型级库，提供了开发深度学习模型的高级构建模块。它不处理低级操作，如张量操作和微分。相反，它依赖于一个专门的、经过良好优化的张量库，充当 Keras 的后端引擎。它不是选择单个张量库并将 Keras 的实现与该库绑定在一起，而是以模块化的方式处理问题，因此可以将几个不同的后端引擎无缝地插入 Keras 中。目前，现有的 3 个后端实现是 TensorFlow 后端、Theano 后端和 Microsoft Cognitive 工具包（CNTK）的后端。TensorFlow、CNTK 和 Theano 是当今深度学习的主要平台。Theano（http://deeplearning.net/software/ theano）由蒙特利尔大学的 MILA 实验室开发，TensorFlow（www.tensorflow.org）由谷歌开发，CNTK（https://github.com/Microsoft/CNTK）由微软开发。用户使用 Keras 编写的任何代码片段都可以与这些后端一起运行，而无须更改代码中的任何内容。

本节示例构建一个网络，将路透社新闻专线分为 46 个相互排斥的主题。因为有很多类，所以这个问题是一个多分类的实例；而且，由于每个数据点都应该被划分为一个类别，因此这个问题更具体地说就是一个单标签、多分类（Single-Label，Multiclass Classification）的实例。如果每个数据点可能属于多个类别（在本例中是主题），那么将面临一个多标签、多分类（Multi-Label，Multiclass Classification）的问题。

本例题实验环境为 Anaconda 3 + Jupyter NoteBook。

1. 加载数据集

```
In[1]:from keras.datasets import reuters
(train_data, train_labels), (test_data, test_labels) = reuters.load_data
(num_words=10000)
#将数据限定在10000个常见的单词、8982个训练样本和2264个测试样本
In[2]:len(train_data)
```

```
Out[2]:8982
In[3]: len(test_data)
Out[3]: 2246
#每个示例都是一个整数列表（单词索引）
In[4]: train_data[10]
Out[4]:    [1,      245,     273,     207,156,      53,74,160,      26,14,46,
296,26,39,74,2979,3554,14,46,4689,4329,86,61,3499,
    4795,14,61,451,4329, 17, 12]
```

2. 将索引解码为新闻文本

```
In[5]: word_index = reuters.get_word_index()
reverse_word_index = dict([(value, key) for (key, value) in word_index.items()])
# Note that our indices were offset by 3
# because 0, 1 and 2 are reserved indices for "padding", "start of sequence",
and"unknown".
decoded_newswire = ' '.join([reverse_word_index.get(i - 3, '?') for i in
train_data[0]])
In[6]: train_labels[10]
Out[6]:3
```

3. 编码数据

```
In[7]: import numpy as np
def vectorize_sequences(sequences, dimension=10000):
            results = np.zeros((len(sequences), dimension))
        for i, sequence in enumerate(sequences):
            results[i, sequence] = 1
        return results
# 将训练数据向量化
x_train = vectorize_sequences(train_data)
# 将测试数据向量化
x_test = vectorize_sequences(test_data)
In[8]: # 将标签向量化，将标签转化为 one-hot
def to_one_hot(labels, dimension=46):
            results = np.zeros((len(labels), dimension))
            for i, label in enumerate(labels):
                results[i, label] = 1
            return results

one_hot_train_labels = to_one_hot(train_labels)
one_hot_test_labels = to_one_hot(test_labels)
from keras.utils.np_utils import to_categorical
one_hot_train_labels = to_categorical(train_labels)
one_hot_test_labels = to_categorical(test_labels)
```

4. 模型定义

```
In[9]: from keras import models
```

```
from keras import layers
model = models.Sequential()
model.add(layers.Dense(64, activation='relu', input_shape=(10000,)))
model.add(layers.Dense(64, activation='relu'))
model.add(layers.Dense(46, activation='softmax'))
```

5. 编译模型

```
#对于这个例子，最好的损失函数是 categorical_crossentropy（分类交叉熵），用于衡量两个概
率分布之间的距离
In[10]:model.compile(optimizer='rmsprop', loss='categorical_crossentropy',
metrics=['accuracy'])
```

6. 留出验证集

```
#留出1000个样本作为验证集
In[11]:x_val = x_train[:1000]
partial_x_train = x_train[1000:]

y_val = one_hot_train_labels[:1000]
partial_y_train = one_hot_train_labels[1000:]
```

7. 训练模型

```
In[12]: history = model.fit(partial_x_train, partial_y_train, epochs=20,
batch_size = 512, validation_data = (x_val, y_val))
```

8. 绘制训练损失和验证损失

```
In[13]: import matplotlib.pyplot as plt
loss = history.history['loss']
val_loss = history.history['val_loss']

epochs = range(1, len(loss) + 1)
plt.plot(epochs, loss, 'bo', label = 'Training loss')
plt.plot(epochs, val_loss, 'b', label = 'Validation loss')
plt.title('Training and validation loss')
plt.xlabel('Epochs')
plt.ylabel('Loss')
plt.legend()
plt.show()
```

训练损失和验证损失如图8.28所示。

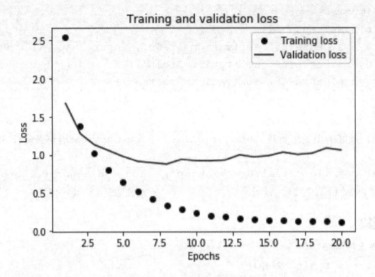

图 8.28 训练损失和验证损失

9. 绘制训练精度和验证精度

```
In[14]:plt.clf()      # 清除图像
acc = history.history['acc']
val_acc = history.history['val_acc']
plt.plot(epochs, acc, 'bo', label='Training acc')
plt.plot(epochs, val_acc, 'b', label='Validation acc')
plt.title('Training and validation accuracy')
plt.xlabel('Epochs')
plt.ylabel('Accuracy')
plt.legend()
plt.show()
```

训练精度和验证精度如图8.29所示。

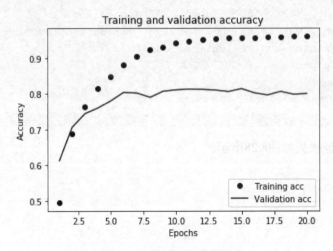

图 8.29 训练精度和验证精度

10. 从头开始重新训练一个模型

```
#中间层有64个隐藏神经元
In[15]:# 从头开始训练一个新的模型
model = models.Sequential()
model.add(layers.Dense(64, activation='relu', input_shape=(10000,)))
model.add(layers.Dense(64, activation='relu'))
model.add(layers.Dense(46, activation='softmax'))

model.compile(optimizer='rmsprop', loss='categorical_crossentropy',
metrics=['accuracy'])
model.fit(partial_x_train, partial_y_train, epochs=9, batch_size = 512,
validation_data = (x_val, y_val))
results = model.evaluate(x_test, one_hot_test_labels)
In[16]: results
Out[6]: [1.0231964622134093, 0.7756010686194165]
#这种方法可以得到77%的精度
In[17]: import copy

test_labels_copy = copy.copy(test_labels)
np.random.shuffle(test_labels_copy)
float(np.sum(np.array(test_labels) == np.array(test_labels_copy))) /
len(test_labels)
Out[17]:0.182546749777382
#完全随机的精度约为18%
In[18]: # 在新数据上生成预测结果
predictions = model.predict(x_test)
predictions[0].shape
Out[18]: (46,)
In[19]:np.sum(predictions[0])
Out[19]: 0.99999994
In[20]:np.argmax(predictions[0])
Out[20]:3
```

11. 处理标签和损失的另一种方法

```
In[21]:y_train = np.array(train_labels)
y_test = np.array(test_labels)
model.compile(optimizer='rmsprop', loss='sparse_categorical_crossentropy',
metrics=['acc'])
```

12. 中间层维度足够大的重要性

```
#最终输出是46维的，本代码中间层只有4个隐藏单元，中间层的维度远远小于46
In[22]:model = models.Sequential()
model.add(layers.Dense(64, activation='relu', input_shape=(10000,)))
model.add(layers.Dense(4, activation='relu'))
model.add(layers.Dense(46, activation='softmax'))
```

```
    model.compile(optimizer='rmsprop', loss='categorical_crossentropy',
metrics=['accuracy'])
    model.fit(partial_x_train, partial_y_train, epochs=20, batch_size = 128,
validation_data = (x_val, y_val))
    Out[22]: Epoch 20/20
    7982/7982 [==============================] - 2s 251us/step - loss: 0.3668 - acc:
0.8959 - val_loss: 1.7518 - val_acc: 0.7120
```

#验证精度最大约为71%，比前面下降了8%。导致这一下降的主要原因在于，试图将大量信息（这些信息足够回复46个类别的分割超平面）压缩到维度很小的中间空间

13. 中间层 128 个

```
In[23]:model = models.Sequential()
model.add(layers.Dense(64, activation='relu', input_shape=(10000,)))
model.add(layers.Dense(128, activation='relu'))
model.add(layers.Dense(46, activation='softmax'))

    model.compile(optimizer='rmsprop', loss='categorical_crossentropy',
metrics=['accuracy'])
    model.fit(partial_x_train, partial_y_train, epochs=9, batch_size = 128,
validation_data = (x_val, y_val))
    results = model.evaluate(x_test, one_hot_test_labels)
    results

    Epoch 9/9
    7982/7982 [==============================] - 2s 237us/step - loss: 0.1515 - acc:
0.9551 - val_loss: 0.9722 - val_acc: 0.8220
    2246/2246 [==============================] - 0s 160us/step
    Out[23]:[1.1663296235425071, 0.7938557435440784]
    #精度大约在79%
    #尝试了中间层128个，但是迭代20轮，准确率却只有77%，说明迭代次数过高，出现了过拟合
```

在单标签、多类分类问题中，网络应该以 Softmax 激活函数结束，这样它就会输出一个在 N 输出类上的概率分布。如果需要将数据分类为大量的类别，就应该避免由于中间层太小而在网络中造成信息瓶颈。

8.20 蒙特·卡罗模拟

蒙特·卡罗方法（Monte Carlo Method）也称统计模拟方法，是 20 世纪 40 年代中期由于科学技术的发展和电子计算机的发明而提出的一种以概率统计理论为指导的、非常重要的数值计算方法，是使用随机数（或更常见的伪随机数）来解决很多计算问题的方法。与它对应的是确定性算法。蒙特·卡罗方法在金融工程学、宏观经济学、计算物理学（如粒子输运计算、量

子热力学计算、空气动力学计算）等领域应用广泛。

8.20.1 蒙特·卡罗模拟基本模型

1. 基本思想

当所求解的问题是某种随机事件出现的概率或者某个随机变量的期望值时，通过某种"实验"的方法，以这种事件出现的频率估计这一随机事件的概率，或者得到这个随机变量的某些数字特征，并将其作为问题的解。

2. 工作过程

蒙特·卡罗方法的解题过程中可以归结为 3 个主要步骤：构造或描述概率的过程、实现从已知概率分布抽样以及建立各种估计量。

3. 数学应用

通常蒙特·卡罗方法通过构造符合一定规则的随机数来解决数学上的各种问题。对于那些由于计算过于复杂而难以得到解析解或者根本没有解析解的问题，蒙特·卡罗方法是一种有效的求出数值解的方法。一般蒙特·卡罗方法在数学中常见的应用就是蒙特·卡罗积分。

4. 应用领域

蒙特·卡罗方法在金融工程学、宏观经济学、生物医学、计算物理学（如粒子输运计算、量子热力学计算、空气动力学计算、核工程）等领域应用广泛。

5. 工作过程

在解决实际问题的时候应用蒙特·卡罗方法主要有两部分工作：

- 用蒙特·卡罗方法模拟某一过程时，需要产生某一概率分布的随机变量。
- 用统计方法把模型的数字特征估计出来，从而得到实际问题的数值解。

8.20.2 蒙特·卡罗模拟计算看涨期权实例

【例8.40】蒙特·卡罗模拟计算看涨期权。

1．方法一：使用 SciPy

欧式看涨期权的定价公式 Black-Scholes-Merton：

$$C(S_t,K,t,T,r,\sigma)=S_t*N(d_1)-e^{-r(T-t)}*K*N(d_2)$$

$$N(d) = \frac{1}{\sqrt{2\pi}} \int_{\infty}^{d} e^{-\frac{1}{2}x^2} dx$$

$$d_1 = \frac{\log(\frac{S_t}{K}) + (r + \frac{\sigma^2}{2})(T-t)}{\sigma\sqrt{T-t}} \tag{8.74}$$

$$d2 = \frac{\log(\frac{S_t}{K}) + (r + \frac{\sigma^2}{2})(T-t)}{\sigma\sqrt{T-t}}$$

- S_t: t 时刻股票或指数的水平。
- K: 行权价格。
- T: 期权到期年限（距离到期日的时间间隔）。
- r: 无风险利率。
- σ: 波动率（收益标准差）。

【例8.41】

代码实施环境是Anaconda 3+Jupyter Notebook。

```
In[1]: # 导入用到的库
from math import log, sqrt, exp
from scipy import stats
In[2]: # 期权的定价计算，根据公式（8.74）
def bsm_call_value(S_0, K, T, r, sigma):
        S_0 = float(S_0)
        d_1 = (log(S_0 / K) + (r + 0.5 *sigma **2) *T)/(sigma * sqrt(T))
        d_2 = (log(S_0 / K) + (r - 0.5 *sigma **2) *T)/(sigma * sqrt(T))
        C_0 = (S_0 * stats.norm.cdf(d_1, 0.0, 1.0) - K * exp(-r * T) *
stats.norm.cdf(d_2, 0.0, 1.0))
        return C_0
In[3]:          # 计算的一些初始值
S_0 = 100.0     # 股票或指数初始的价格
K = 105         # 行权价格
T = 1.0         # 期权的到期年限(距离到期日的时间间隔)
r = 0.05        # 无风险利率
sigma = 0.2     # 波动率(收益标准差)
In[4]: # 到期期权价值
%time print (bsm_call_value(S_0, K, T, r, sigma))
#估值结果
8.021352235143176
Wall time: 34.9 ms
8.0213522作为蒙特卡罗估值的基准值,计算耗时34.9ms
```

2. 方法二：使用 Python

下面的计算仍基于 BSM（Black-Scholes-Merton）模型，模型中的高风险标识（股票指数）在风险中立的情况下遵循以随机微分方程（SDE）表示的布朗运动。

随机微分方程：

$$dS_t = rS_t dt + \sigma S_t dZ_t \tag{8.75}$$

Z_t 是一个服从布朗运动的随机变量。

蒙特·卡罗估值公式（8.76）中的参数与公式（8.74）中的定义相同：

$$S_t = S_t - \Delta t \exp\left(\left(r - \frac{1}{2}\sigma^2\right)\Delta t + \sigma\sqrt{\Delta t}z_t\right) \tag{8.76}$$

变量 z_t 是服从正态分布的随机变量，Δt 是一个足够小的时间间隔。期权的到期年限 T 满足 $0 < T \leqslant 5$（Hilpisch 的著作中）。

蒙特·卡罗数值化计算方法：

（1）将到期日之前的时间间隔 $[0,T]$ 分割为多个等距的 Δt 子间隔。

（2）进行 I 次模拟，$i \in i \in \{1,2,\ldots,I\}$。

每次模拟循环 M 个子间隔，$t \in t \in \{\Delta t, 2\Delta t, 3\Delta t, \cdots, T\}$。

① 每个间隔点取一个随机数 $z_t(i)$。

② 根据离散化公式（8.76），计算 S_T。

③ 计算 T 时刻期权的内在价值 h_T：

$$h_T(S_T(i)) = \max(S_T(i) - K, 0) \tag{8.77}$$

（3）根据 I 次的模拟计算期权到期价值：

$$C_0 = e^{-rT}\frac{1}{T}\sum_{i=0}^{I}h_T(S_T(i)) \tag{8.78}$$

【例8.42】

```
# 纯 Python 实现
from time import time
from math import exp, sqrt, log
from random import gauss, seed
seed(2000)
# 计算的一些初始值
S_0 = 100.0      # 股票或指数初始的价格
K = 105          # 行权价格
T = 1.0          # 期权的到期年限(距离到期日的时间间隔)
r = 0.05         # 无风险利率
sigma = 0.2      # 波动率(收益标准差)
M = 50           # number of time steps
dt - T/M         # time enterval
I = 20000        # number of simulation
start = time()
S = []    #
```

```
for i in range(I):
    path = []    # 时间间隔上的模拟路径
    for t in range(M+1):
        if t==0:
            path.append(S_0)
        else:
            z = gauss(0.0, 1.0)
            S_t = path[t-1] * exp((r-0.5*sigma**2) * dt + sigma * sqrt(dt) * z)
            path.append(S_t)
    S.append(path)
# 计算期权现值
C_0 = exp(-r * T) *sum([max(path[-1] -K, 0) for path in S])/I
total_time = time() - start
print ('European Option value %.6f'% C_0)
print ('total time is %.6f seconds'% total_time)
```

估值结果：

```
European Option value 8.159995
total time is 1.513183 seconds
```

前30条模拟路径：

```
# 选取部分模拟路径可视化
import matplotlib.pyplot as plt
plt.figure(figsize=(10,7))
plt.grid(True)
plt.xlabel('Time step')
plt.ylabel('index level')
for i in range(30):
    plt.plot(S[i])
```

前 30 条模拟路径如图 8.30 所示。

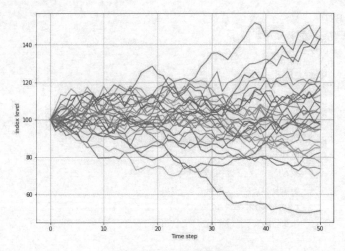

图 8.30　前 30 条模拟路径

3. 方法三：使用 NumPy

还有其他方法，如 NumPy，使用一些数组计算，减少 for 循环的使用。

【例8.43】

```
import numpy as np
from time import time
# 计算的一些初始值
S_0 = 100.0         # 股票或指数初始的价格
K = 105             # 行权价格
T = 1.0             # 期权的到期年限 (距离到期日的时间间隔)
r = 0.05            # 无风险利率
sigma = 0.2         # 波动率 (收益标准差)
M = 50              # number of time steps
dt = T/M            # time enterval
I = 20000           # number of simulation
# 20000条模拟路径，每条路径50个时间步数
S = np.zeros((M+1, I))
S[0] = S_0
np.random.seed(2000)
start = time()
for t in range(1, M+1):
    z = np.random.standard_normal(I)
    S[t] = S[t-1] * np.exp((r- 0.5 * sigma **2)* dt + sigma * np.sqrt(dt)*z)
C_0 = np.exp(-r * T)* np.sum(np.maximum(S[-1] - K, 0))/I
end = time()
# 估值结果
print ('total time is %.6f seconds'%(end-start))
print ('European Option Value %.6f'%C_0)
估值结果：
total time is 0.034907 seconds
European Option Value 7.993282


前20条模拟路径：
import matplotlib.pyplot as plt

plt.figure(figsize=(10,7))
plt.grid(True)
plt.xlabel('Time step')
plt.ylabel('index level')
for i in range(20):
    plt.plot(S.T[i])
```

前 20 条模拟路径如图 8.31 所示。

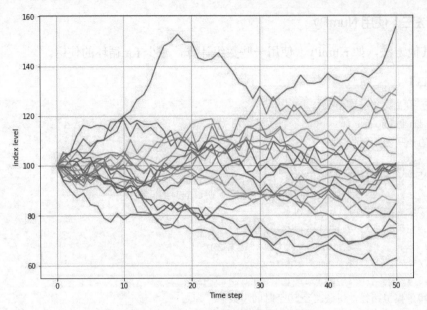

图 8.31 前 20 条模拟路径

到期指数模拟水平：

```
# 到期时所有模拟指数水平的频率直方图
%matplotlib inline
plt.hist(S[-1], bins=50)
plt.grid(True)
plt.xlabel('index level')
plt.ylabel('frequency')
```

到期时所有模拟指数水平的频率直方图如图 8.32 所示。

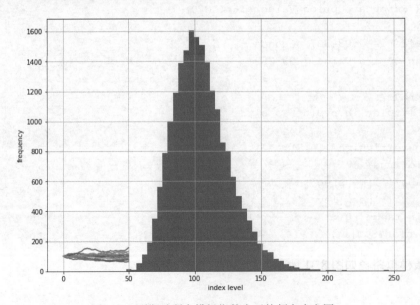

图 8.32 到期时所有模拟指数水平的频率直方图

到期期权内在价值：

```
# 模拟期权到期日的内在价值
%matplotlib inline
plt.hist(np.maximum(S[-1]-K, 0), bins=50)
plt.grid(True)
plt.xlabel('option inner value')
plt.ylabel('frequency')
```

模拟期权到期日的内在价值如图 8.33 所示。

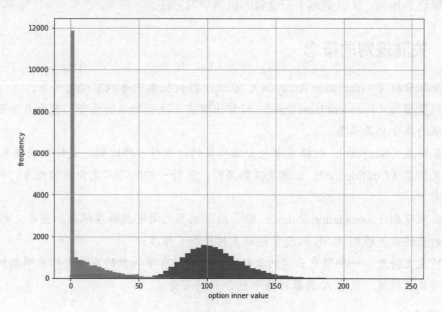

图 8.33　模拟期权到期日的内在价值

结果对比：

- SciPy 估值结果：8.021352235143176，耗时 34.9 ms。
- Python 估值结果：8.159995，耗时 1.513183 seconds。
- NumPy 估值结果：7.993282，耗时 0.034907 seconds。

SciPy 用时最短是因为没有进行 20 000 次的模拟估值，其他两个方法进行了 20 000 次的模拟，基于 NumPy 的计算方法速度比较快。

8.21　关联规则

关联规则（Association Rules）反映一个事物与其他事物之间的相互依存性和关联性，如果两个或多个事物之间存在一定的关联关系，其中一个事物就能通过其他事物预测到。关联规则是数据挖掘的一个重要技术，用于从大量数据中挖掘出有价值的数据项之间的相关关系。

关联规则挖掘的经典例子就是沃尔玛的啤酒与尿布的故事,通过对超市购物篮数据进行分析,即顾客放入购物篮中不同商品之间的关系来分析顾客的购物习惯,发现美国妇女经常会叮嘱丈夫下班后为孩子买尿布,30%~40%的丈夫会顺便购买喜爱的啤酒,超市就把尿布和啤酒放在一起销售增加销售额。有了这个发现后,超市调整了货架的设置,把尿布和啤酒摆放在一起销售,从而大大增加了销售额。

关联规则挖掘是一种基于规则的机器学习算法,该算法可以在大数据库中发现感兴趣的关系。它的目的是利用一些度量指标来分辨数据库中存在的强规则。也就是说关联规则挖掘是用于知识发现而非预测,所以是属于无监督的机器学习方法。

8.21.1 关联规则的概念

- 关联分析(Association Analysis):在大规模数据集中寻找有趣的关系。
- 频繁项集(Frequent Item Sets):经常出现在一块的物品的集合,包含 0 个或者多个项的集合称为项集。
- 支持度(Support):数据集中包含该项集的记录所占的比例,是针对项集来说的。
- 置信度(Confidence):出现某些物品时,另外一些物品必定出现的概率,针对规则而言。
- 关联规则(Association Rules):暗示两个物品之间可能存在很强的关系。形如 A->B 的表达式,规则 A->B 的度量包括支持度和置信度。
- 项集支持度:一个项集出现的次数与数据集所有事物数的百分比称为项集的支持度。
- 项集置信度:包含 A 的数据集中包含 B 的百分比。

1. 支持度

支持度揭示了 A 与 B 同时出现的概率。如果 A 与 B 同时出现的概率小,就说明 A 与 B 的关系不大;如果 A 与 B 同时出现得非常频繁,就说明 A 与 B 总是相关的。

支持度:$P(A \cup B)$,即 A 和 B 这两个项集在事务集 D 中同时出现的概率。

$$\sup port(A \Rightarrow B) = P(A \bigcup B) \tag{8.79}$$

2. 置信度

置信度揭示了 A 出现时,B 是否也会出现或有多大概率出现。如果置信度为 100%,A 和 B 就可以捆绑销售了。如果置信度太低,就说明 A 的出现与 B 是否出现关系不大。

置信度:$P(B \mid A)$,即在出现项集 A 的事务集 D 中,项集 B 同时出现的概率。

$$confidence(A \Rightarrow B) = P(B|A) = \frac{\sup port(A \bigcup B)}{\sup port(A)} = \frac{\sup port\_count(A \bigcup B)}{\sup port\_count(A)}$$

$$\tag{8.80}$$

3. 设定合理的支持度和置信度

对于某条规则：$(A = a)$->$(B = b)$（支持度=30%，置信度=60%），其中支持度=30%表示在所有的数据记录中，同时出现 $A=a$ 和 $B=b$ 的概率为 30%；置信度=60%表示在所有的数据记录中，在出现 $A=a$ 的情况下出现 $B=b$ 的概率为 60%，也就是条件概率。支持度揭示了 $A=a$ 和 $B=b$ 同时出现的概率，置信度揭示了当 $A=a$ 出现时，$B=b$ 一定会出现的概率。

- 支持度和置信度阈值设置得过高，虽然可以减少挖掘时间，但是容易造成一些隐含在数据中非频繁的特征项被忽略掉，难以发现足够有用的规则。
- 支持度和置信度阈值设置得过低，有可能产生过多的规则，甚至产生大量冗余和无效的规则，同时由于算法存在的固有问题会导致高负荷的计算量，因此大大增加挖掘时间。

8.21.2　Apriori 算法及实例

关联规则算法的主要应用是购物篮分析，是为了从大量的订单中发现商品潜在的关联。其中常用的一个算法叫 Apriori 算法。

Apriori 算法是一种很有影响的、挖掘布尔关联规则频繁项集的算法，它是基于两个阶段频集思想的递推算法。该关联规则在分类上属于单维、单层、布尔关联规则。在这里，所有支持度大于最小支持度的项集称为频繁项集，简称频集。

关联规则的一般步骤：

- 找到频繁集。
- 在频繁集中通过可信度筛选获得关联规则。

1. Apriori 的原理

如果某个项集是频繁的，那么它的所有子集也是频繁的。该定理的逆反定理为：如果某一个项集是非频繁的，那么它的所有超集（包含该集合的集合）也是非频繁的。Apriori 原理的出现使得我们可以在得知某些项集是非频繁之后，不需要计算该集合的超集，有效地避免项集数目的指数增长，从而在合理时间内计算出频繁项集。

2. 算法的思想

- 找出所有的频集，这些项集出现的频繁性至少和预定义的最小支持度一样。
- 由频集产生强关联规则，这些规则必须满足最小支持度和最小可信度。

Apriori 算法采用了迭代的方法，先搜索出候选 1 项集及对应的支持度，剪枝去掉低于支持度的 1 项集，得到频繁 1 项集。然后对剩下的频繁 1 项集进行连接，得到候选的频繁 2 项集，筛选去掉低于支持度的候选频繁 2 项集，得到真正的频繁二项集，以此类推，迭代下去，直到无法找到频繁 k+1 项集为止，对应的频繁 k 项集的集合即为算法的输出结果。

Apriori 算法示例如图 8.34 所示。

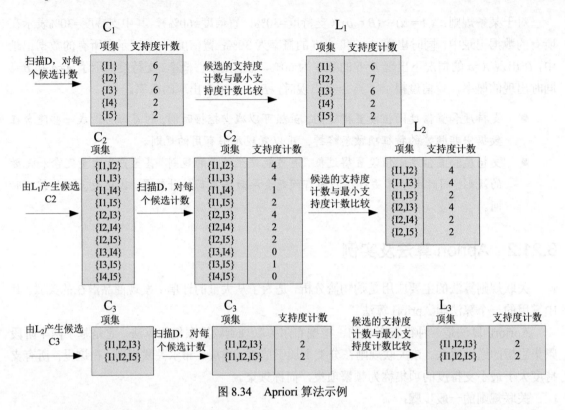

图 8.34　Apriori 算法示例

3. 算法的步骤

● 连接（将项集进行两两连接形成新的候选集）：

利用已经找到的 k 个项的频繁项集 L_k，通过两两连接得出候选集 C_{k+1}，注意进行连接的 $L_k[j]$、$L_k[j]$ 必须有 k-1 个属性值相同，然后另外两个不同的频繁项集分别分布在 $L_k[j]$ 中，这样求出的 C_{k+1} 为 L_{k+1} 的候选集。

● 剪枝（去掉非频繁项集）：

候选集 C_{k+1} 中的并不都是频繁项集，必须剪枝去掉非频繁项集，越早越好，以防止所处理的数据无效项越来越多。只有子集都是频繁集的候选集才是频繁集，这是剪枝的依据。

【例8.44】

```
# -*- coding: utf-8 -*-
#Apriori 算法实现
from numpy import *

def loadDataSet():
    return [[1, 3, 4], [2, 3, 5], [1, 2, 3, 5], [2, 5]]
```

```
# 获取候选1项集，dataSet 为事务集。返回一个 list，每个元素都是 set 集合
def createC1(dataSet):
    C1 = []    # 元素个数为1的项集（非频繁项集，因为还没有同最小支持度比较）
    for transaction in dataSet:
        for item in transaction:
            if not [item] in C1:
                C1.append([item])
    C1.sort()  # 这里排序是为了生成新的候选集时可以直接认为两个 n 项候选集前面的部分相同
    # 因为除了候选1项集外，其他的候选 n 项集都是以二维列表的形式存在的，所以要将候选1项集的
每一个元素都转化为一个单独的集合
    return list(map(frozenset, C1))    #map(frozenset, C1)的语义是将 C1 由 Python
列表转换为不变集合（frozenset，Python 中的数据结构）


# 找出候选集中的频繁项集
# dataSet 为全部数据集，Ck 为大小为 k（包含 k 个元素）的候选项集，minSupport 为设定的最小
支持度
def scanD(dataSet, Ck, minSupport):
    ssCnt = {}    # 记录每个候选项的个数
    for tid in dataSet:
        for can in Ck:
            if can.issubset(tid):
                ssCnt[can] = ssCnt.get(can, 0) + 1    # 计算每一个项集出现的频率
    numItems = float(len(dataSet))
    retList = []
    supportData = {}
    for key in ssCnt:
        support = ssCnt[key] / numItems
        if support >= minSupport:
            retList.insert(0, key)    #将频繁项集插入返回列表的首部
        supportData[key] = support
    return retList, supportData    #retList 为在 Ck 中找出的频繁项集（支持度大于
minSupport 的），supportData 记录各频繁项集的支持度


# 通过频繁项集列表 Lk 和项集个数 k 生成候选项集 C(k+1)
def aprioriGen(Lk, k):
    retList = []
    lenLk = len(Lk)
    for i in range(lenLk):
        for j in range(i + 1, lenLk):
            # 前 k-1项相同时，才将两个集合合并，合并后才能生成 k+1项
            L1 = list(Lk[i])[:k-2]; L2 = list(Lk[j])[:k-2]    # 取出两个集合的前 k-1
个元素
            L1.sort(); L2.sort()
            if L1 == L2:
                retList.append(Lk[i] | Lk[j])
    return retList
```

```
# 获取事务集中所有的频繁项集
# Ck 表示项数为 k 的候选项集，最初的 C1 通过 createC1()函数生成。Lk 表示项数为 k 的频繁项集，
supK 为其支持度，Lk 和 supK 由 scanD()函数通过 Ck 计算而来
def apriori(dataSet, minSupport=0.5):
    C1 = createC1(dataSet)  # 从事务集中获取候选1项集
    D = list(map(set, dataSet))  # 将事务集的每个元素转化为集合
    L1, supportData = scanD(D, C1, minSupport)  # 获取频繁1项集和对应的支持度
    L = [L1]  # L用来存储所有的频繁项集
    k = 2
    while (len(L[k-2]) > 0): # 一直迭代到项集数目过大而在事务集中不存在这种 n 项集
        Ck = aprioriGen(L[k-2], k)  # 根据频繁项集生成新的候选项集。Ck 表示项数为 k
的候选项集
        Lk, supK = scanD(D, Ck, minSupport)  # Lk 表示项数为 k 的频繁项集，supK 为其
支持度
        L.append(Lk);supportData.update(supK)  # 添加新频繁项集和它们的支持度
        k += 1
    return L, supportData


if __name__=='__main__':
    dataSet = loadDataSet()  # 获取事务集。每个元素都是列表
    # C1 = createC1(dataSet)  # 获取候选1项集。每个元素都是集合
    # D = list(map(set, dataSet))  # 转化事务集的形式，每个元素都转化为集合
    # L1, suppDat = scanD(D, C1, 0.5)
    # print(L1,suppDat)

    L, suppData = apriori(dataSet,minSupport=0.7)
    print(L,suppData)
```

结果输出：

```
[[frozenset({5}), frozenset({2}), frozenset({3})], [frozenset({2, 5})], []]
{frozenset({1}): 0.5, frozenset({3}): 0.75, frozenset({4}): 0.25, frozenset({2}):
0.75, frozenset({5}): 0.75, frozenset({2, 5}): 0.75, frozenset({3, 5}): 0.5,
frozenset({2, 3}): 0.5}
```

8.21.3　FP 树频集算法

在关联分析中，频繁项集的挖掘经常用到 Apriori 算法。Apriori 算法是一种先产生候选项集再检验是否频繁的"产生-测试"的方法。这种方法有种弊端：当数据集很大的时候，需要不断扫描数据集，造成运行效率很低。

而 FP 树频集（FP-Growth）算法就很好地解决了这个问题。它的思路是把数据集中的事务映射到一棵 FP 树（FP-Tree）上，再根据这棵树找出频繁项集。FP 树的构建过程只需要扫描两次数据集。

1. 算法步骤

● 　创建 FP 树。

● 　从 FP 树中挖掘频繁项集。

2. 实现流程

输入：数据集、最小值尺度。

输出：FP 树、头指针表。

流程：

（A）遍历数据集，统计各元素项出现的次数，创建头指针表。

（B）移除头指针表中不满足最小值尺度的元素项。

（C）第二次遍历数据集，创建 FP 树。对每个数据集中的项集：

（C.1）初始化空 FP 树。

（C.2）对每个项集进行过滤和重排序。

（C.3）使用这个项集更新 FP 树，从 FP 树的根节点开始：

（C.3.1）如果当前项集的第一个元素项存在于 FP 树当前节点的子节点中，就更新这个子节点的计数值。

（C.3.2）否则创建新的子节点，更新头指针表。

（C.3.3）对当前项集的其余元素项和当前元素项的对应子节点递归 C.3 的过程。

3. 算法详解

（1）用 FP 树编码数据集

FP 树频集算法将数据存储在一个称为 FP 树的紧凑数据结构中，它与计算机科学中的其他树的结构类似，但是通过链接来链接相似元素，被连起来的元素可以看作一个链表，如图 8.35 所示。

FP 树会存储项集出现的频率，每个项集都会以路径的形式存储在树中，存在相似元素的集合会共享树的一部分。只有当集合之间完全不同时，树才会分叉，树节点上给出集合中单个元素及其在序列中出现的次数，路径会给出该序列出现的次数。相似项之间的链接即节点链接，用于快速发现相似项的位置，如表 8.1 所示。

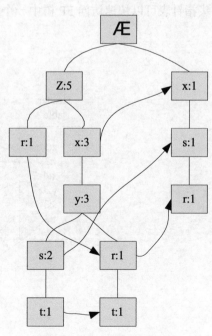

图 8.35　FP 树的结构示意图

293

表 8.1　图 8.35 中 FP 树的事务数据样例

TID	事务频繁项
001	r,z,h,j,p
002	z,y,x,w,v,u,t,s
003	z
004	r,x,n,o,s
005	y,r,x,z,q,t,p
006	y,z,x,e,q,s,t,m

第一列是事务的 ID，第二列是事务中的元素项，在图 8.35 中 z 出现了 5 次，而 {r,z} 项只出现了一次，所以 z 一定自己本身或者和其他的符号一起出现了 4 次，由图 8.35 同样可知：集合 {t,s,y,x,z} 出现了两次，集合 {t,r,y,x,z} 出现了一次，所以 z 一定本身出现了一次。看了表 8.1 可能会有疑问，为什么在图 8.35 中没有 p、q、w、v 等元素呢？这是因为通常会给所有的元素设置一个阈值（Apriori 里的支持度），低于这个阈值的元素不加以研究。

（2）构建 FP 树

构建 FP 树是算法的第一步，在 FP 树的基础之上再对频繁项集进行挖掘。为了构建 FP 树，要对数据集扫描两次，第一次对所有元素项出现的次数进行计数，记住如果一个元素不是频繁的，那么包含这个元素的超集也不是频繁的，所以不需要考虑这些超集，第二遍的扫描只考虑那些频繁元素。

除了图 8.35 给出的 FP 树之外，还需要一个头指针表来指向给定类型的第一个实例。利用头指针表可以快速访问 FP 树中一个给定类型的所有元素，发现相似元素项，如图 8.36 所示。

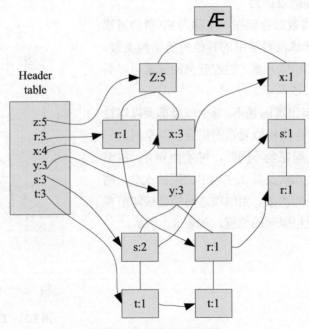

图 8.36　带头指针的 FP 树

头指针表的数据结构是字典，除了存放头指针元素之外，还可以存放 FP 树中每类元素的个数。第一次遍历数据集得到每个元素项出现的频率，接下来去掉不满足最小值支持度的元素项，就可以创建 FP 树了，构建时将每个项集添加到一个已经存在的路径中，如果该路径不存在，就创建一个新的路径。每个事务都是一个无序的集合，然而在 FP 树中相同项只会出现一次，{x,y,z}和{y,z,x}应该在同一个路径上，所以在将集合添加到树之前要对每个集合进行排序，排序是基于各个元素出现的频率来进行的，使用图 8.36 头指针表中单个元素出现的值对表 8.1 中的数据进行过滤，重排后的新数据如表 8.2 所示。

表 8.2　移除非频繁项重新排序后的事务表

TID	事务频繁项	事务频繁项过滤和排序
001	r,z,h,j,p	z,r
002	z,y,x,w,v,u,t,s	z,x,y,s,t
003	z	z
004	r,x,n,o,s	x,s,r
005	y,r,x,z,q,t,p	z,x,y,r,t
006	y,z,x,e,q,s,t,m	z,x,y,s,t

现在就可以构建 FP 树了，从空集开始，不断向其中添加频繁项集。过滤排序后的事务依次添加到树中，如果树中已有现有元素，就增加该元素的值；如果元素不存在，就添加新分枝。表 8.2 中前两条事务添加的过程如图 8.37 所示。

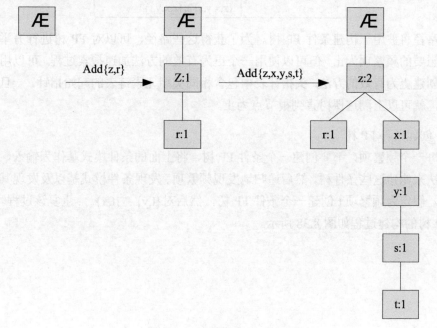

图 8.37　FP 构建过程示例图

（3）从 FP 树中挖掘频繁项

有了 FP 树之后就可以抽取频繁项集了，思想与 Apriori 算法大致一样，从单元素项集开始，逐步构建更大的集合，只不过不需要原始的数据集了。

从FP树中抽取频繁项集的3个基本步骤：

① 从 FP 树中获得条件模式基。

② 利用条件模式基构建一个条件 FP 树。

③ 迭代重复步骤①和②直到树只包含一个元素项为止。

（4）抽取条件模式基

条件模式基是以所查找元素项为结尾的路径集合，每一条路径包含一条前缀路径和结尾元素。在图 8.36 中，符号 r 的前缀路径有{x,s}、{z,x,y}和{z}，每一条前缀路径都与一个数据值关联，这个值等于路径上 r 的数目。表 8.3 中列出了单元素频繁项的所有前缀路径。

表 8.3　每个频繁项的前缀路径

频繁项	前导路径
s	{}5
r	{x,s}1,{z,x,y}1,{z}1
x	{z}3,{}1
y	{z,x}3
s	{z,x,y}2,{x1
t	{z,x,y,s}2,{z,x,y,r}1

前缀路径将被用于构建条件 FP 树。为了获得这些路径，可以对 FP 树进行穷举式搜索，直到获得想要的频繁项为止。但可以使用一个更为有效的方法加速搜索过程。可以用先前的头指针表来创建更为有效的方法，头指针表中包含相同类型元素链表的起始指针，一旦到达每一个元素项，就可以上溯这棵树直到根节点为止。

（5）创建条件 FP 树

对于每一个频繁项，都要创建一个条件 FP 树，将上面的条件模式基作为输入，通过相同的建树方法来构建这些条件树，然后递归地发现频繁项、发现条件模式基以及发现其他的条件树。例如，假定为频繁项 t 创建一个条件 FP 树，然后对{t,y}、{t,x}...重复该过程。元素项 t 的条件 FP 树的构建过程如图 8.38 所示。

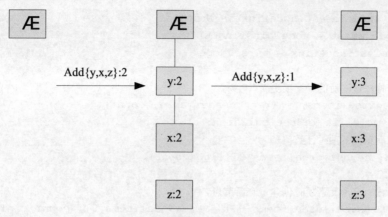

图 8.38　构建条件 FP 树示例图

s、r 虽然是条件模式基的一部分，且单独看都是频繁项，但是在 t 的条件树中，它却是不频繁的，分别出现了两次和一次，小于阈值 3，所以{t,r}、{t,s}不是频繁的。接下来对集合{t,z}、{t,x}、{t,y}来挖掘对应的条件树，会产生更复杂的频率项集，该过程重复进行，直到条件树中没有元素为止。

【例8.45】

```python
#!/usr/bin/env python
# -*- coding: utf-8 -*-
# FP 树类
class treeNode:
    def __init__(self, nameValue, numOccur, parentNode):
        self.name = nameValue      #节点元素名称，在构造时初始化为给定值
        self.count = numOccur      # 出现次数，在构造时初始化为给定值
        self.nodeLink = None       # 指向下一个相似节点的指针，默认为 None
        self.parent = parentNode   # 指向父节点的指针，在构造时初始化为给定值
        self.children = {}         # 指向子节点的字典，以子节点的元素名称为键，指向子节
点的指针为值，初始化为空字典

    # 增加节点的出现次数值
    def inc(self, numOccur):
        self.count += numOccur

    # 输出节点和子节点的 FP 树结构
    def disp(self, ind=1):
        print(' ' * ind, self.name, ' ', self.count)
        for child in self.children.values():
            child.disp(ind + 1)

# ================构建 FP 树================

# 对不是第一个出现的节点，更新头指针块。就是添加到相似元素链表的尾部
def updateHeader(nodeToTest, targetNode):
```

```
        while (nodeToTest.nodeLink != None):
            nodeToTest = nodeToTest.nodeLink
        nodeToTest.nodeLink = targetNode
```

```python
# 根据一个排序过滤后的频繁项更新 FP 树
def updateTree(items, inTree, headerTable, count):
    if items[0] in inTree.children:
        # 有该元素项时计数值+1
        inTree.children[items[0]].inc(count)
    else:
        # 没有这个元素项时创建一个新节点
        inTree.children[items[0]] = treeNode(items[0], count, inTree)
        # 更新头指针表或前一个相似元素项节点的指针指向新节点
        if headerTable[items[0]][1] == None:  # 如果是第一次出现，就在头指针表中增加
对该节点的指向
            headerTable[items[0]][1] = inTree.children[items[0]]
        else:
            updateHeader(headerTable[items[0]][1], inTree.children[items[0]])

    if len(items) > 1:
        # 对剩下的元素项迭代调用 updateTree 函数
        updateTree(items[1::], inTree.children[items[0]], headerTable, count)
```

```python
# 主程序。创建 FP 树，dataSet 为事务集，为一个字典，键为每个事物，值为该事物出现的次数。minSup
为最低支持度
def createTree(dataSet, minSup=1):
    # 第一次遍历数据集，创建头指针表
    headerTable = {}
    for trans in dataSet:
        for item in trans:
            headerTable[item] = headerTable.get(item, 0) + dataSet[trans]
    # 移除不满足最小支持度的元素项
    keys = list(headerTable.keys())  # 因为字典要求在迭代中不能修改，所以转化为列表
    for k in keys:
        if headerTable[k] < minSup:
            del(headerTable[k])
    # 空元素集，返回空
    freqItemSet = set(headerTable.keys())
    if len(freqItemSet) == 0:
        return None, None
    # 增加一个数据项，用于存放指向相似元素项的指针
    for k in headerTable:
        headerTable[k] = [headerTable[k], None]  # 每个键的值，第一个为个数，第二个
为下一个节点的位置
    retTree = treeNode('Null Set', 1, None) # 根节点
    # 第二次遍历数据集，创建 FP 树
    for tranSet, count in dataSet.items():
```

```
        localD = {}  # 记录频繁1项集的全局频率，用于排序
        for item in tranSet:
            if item in freqItemSet:    # 只考虑频繁项
                localD[item] = headerTable[item][0] # 注意这个[0]，因为之前加过一个
数据项
        if len(localD) > 0:
            orderedItems = [v[0] for v in sorted(localD.items(), key=lambda p:
p[1], reverse=True)] # 排序
            updateTree(orderedItems, retTree, headerTable, count) # 更新 FP 树
    return retTree, headerTable


# ===============查找元素条件模式基====================


# 直接修改 prefixPath 的值，将当前节点 leafNode 添加到 prefixPath 的末尾，然后递归添加其
父节点
# prefixPath 就是一条从 treeNode（包括 treeNode）到根节点（不包括根节点）的路径
def ascendTree(leafNode, prefixPath):
    if leafNode.parent != None:
        prefixPath.append(leafNode.name)
        ascendTree(leafNode.parent, prefixPath)


# 为给定元素项生成一个条件模式基（前缀路径）。basePet 表示输入的频繁项，treeNode 为当前 FP
树中对应的第一个节点
# 函数返回值即为条件模式基 condPats，用一个字典表示，键为前缀路径，值为计数值
def findPrefixPath(basePat, treeNode):
    condPats = {}  # 存储条件模式基
    while treeNode != None:
        prefixPath = []  # 用于存储前缀路径
        ascendTree(treeNode, prefixPath)  # 生成前缀路径
        if len(prefixPath) > 1:
            condPats[frozenset(prefixPath[1:])] = treeNode.count  # 出现的数量就
是当前叶子节点的数量
        treeNode = treeNode.nodeLink  # 遍历下一个相同元素
    return condPats


# =============递归查找频繁项集=====================
# 根据事务集获取 FP 树和频繁项
# 遍历频繁项，生成每个频繁项的条件 FP 树和条件 FP 树的频繁项
# 这样每个频繁项条件 FP 树的频繁项都构成了频繁项集

# inTree 和 headerTable 是由 createTree()函数生成的事务集的 FP 树
# minSup 表示最小支持度
# preFix 请传入一个空集合（set([])），将在函数中用于保存当前前缀
# freqItemList 请传入一个空列表（[]），将用来储存生成的频繁项集
def mineTree(inTree, headerTable, minSup, preFix, freqItemList):
    # 对频繁项按出现的数量进行排序
    sorted_headerTable = sorted(headerTable.items(), key=lambda p: p[1][0])
```

```
#返回重新排序的列表。每个元素是一个元组，[（key,[num,treeNode],()）
    bigL = [v[0] for v in sorted_headerTable]  # 获取频繁项
    for basePat in bigL:
        newFreqSet = preFix.copy()              # 新的频繁项集
        newFreqSet.add(basePat)                 # 当前前缀添加一个新元素
        freqItemList.append(newFreqSet)         # 所有的频繁项集列表
        condPattBases = findPrefixPath(basePat, headerTable[basePat][1])
# 获取条件模式基，就是 basePat 元素的所有前缀路径。它像一个新的事务集
        myCondTree, myHead = createTree(condPattBases, minSup)  # 创建条件 FP 树

if myHead != None:
    # 用于测试
    print('conditional tree for:', newFreqSet)
    myCondTree.disp()
    mineTree(myCondTree, myHead, minSup, newFreqSet, freqItemList)
# 递归直到不再有元素

# 生成数据集
def loadSimpDat():
    simpDat = [['r', 'z', 'h', 'j', 'p'],
               ['z', 'y', 'x', 'w', 'v', 'u', 't', 's'],
               ['z'],
               ['r', 'x', 'n', 'o', 's'],
               ['y', 'r', 'x', 'z', 'q', 't', 'p'],
               ['y', 'z', 'x', 'e', 'q', 's', 't', 'm']]
    return simpDat

# 将数据集转化为目标格式
def createInitSet(dataSet):
    retDict = {}
    for trans in dataSet:
        retDict[frozenset(trans)] = 1
    return retDict

if __name__ =='__main__':
    minSup =3
    simpDat = loadSimpDat()  # 加载数据集
    initSet = createInitSet(simpDat)  # 转化为符合格式的事务集
    myFPtree, myHeaderTab = createTree(initSet, minSup)  # 形成 FP 树
    # myFPtree.disp()  # 打印树

    freqItems = []  # 用于存储频繁项集
    mineTree(myFPtree, myHeaderTab, minSup, set([]), freqItems)  # 获取频繁项集
    print(freqItems)  # 打印频繁项集
```

结果输出：

```
conditional tree for: {'s'}
  Null Set    1
    x         3
conditional tree for: {'y'}
  Null Set    1
    z         3
    x         3
conditional tree for: {'y', 'x'}
  Null Set    1
    z         3
conditional tree for: {'t'}
  Null Set    1
    y         3
    x         3
    z         3
conditional tree for: {'t', 'x'}
  Null Set    1
    y         3
conditional tree for: {'t', 'z'}
  Null Set    1
    y         3
    x         3
conditional tree for: {'t', 'z', 'x'}
  Null Set    1
    y         3
conditional tree for: {'x'}
  Null Set    1
    z         3
[{'r'}, {'s'}, {'x', 's'}, {'y'}, {'y', 'z'}, {'y', 'x'}, {'y', 'z', 'x'}, {'t'},
{'t', 'y'}, {'t', 'x'}, {'t', 'y', 'x'}, {'t', 'z'}, {'t', 'z', 'y'}, {'t', 'z',
'x'}, {'t', 'z', 'y', 'x'}, {'x'}, {'z', 'x'}, {'z'}]
```

8.22 Uplift Modeling

Uplift Modeling 采用随机科学控制，不仅可以衡量事务行为的有效性，还可以建立预测模型、预测行为的增量响应。它是一种数据挖掘技术，主要应用于金融服务、电信和零售直销行业，用于追加销售、交叉销售、客户流失和扣除留置。

通常的 Propensity Model 和 Response Model 只是给目标用户打了个分，并没有确保模型的结果可以使得活动的提升最大化，它没有告诉市场营销人员哪个用户最有可能提升活动响应，因此需要另一个统计模型来定位那些可以被营销推广活动明显驱动他们偏好响应的用户，也就是"营销敏感"用户。Uplift Model 的最终目标就是找到最有可能被营销活动影响的用户，从而提升活动的反响（r(test)-r(control)），提升 ROI（投资回收率），提升整体的市场响应率。

下面说明进行Uplift Modeling的方法。

（1）建立两个Logistic模型：

Logit(Ptest(response|X,treatment =1)) = a+ b*X +c*treatment

Logit(Pcontrol(response|X,treatment=0)) = a + b*X

（2）将两个得分相减，计算Uplift Score：

Score = Ptest(response|X,treatment =1) - Pcontrol(response|X,treatment =0)

训练样本：

由于强化学习需要用到的是反馈数据，因此训练样本的及时、自动更新是比较重要的方面（尤其是 label 的更新和实时特征的更新），才能体现出强化学习优于机器学习的地方，使用用户反馈的标注样本来更新训练样本库，可以使得反馈及时地得到学习，从而优化算法效果。

【例8.46】实验环境是Jupyter Notebook。

我们将使用模拟数据，目标是能够预测Uplift，即每个人的治疗产生的结果概率的差异。

```
In [1]:%pylab inline
import warnings
warnings.filterwarnings("ignore")
import pandas as pd
Populating the interactive namespace from numpy and matplotlib
```

1. 加载数据（Loading the data）

```
In [2]:# load dataset
thefile = "/Users /customer_simulation.csv"
df = pd.read_csv(thefile)
In [3]:df.shape
Out[3]:(10000, 24)
This simulated dataset contains 10000 lines.
In [4]:df.head()
Out[4]: 5*24表部分数据截图
```

	customer_id	Node1	Node2	Node3	Node4	No
0	1	Value4	Value1	Value2	Value2	Val
1	2	Value2	Value1	Value1	Value2	Val
2	3	Value2	Value2	Value1	Value3	Val
3	4	Value3	Value1	Value1	Value2	Val
4	5	Value4	Value1	Value1	Value3	Val

5 rows 5*24ad()dat

```
In [5]:df.target_control.value_counts()
```

```
Out[5]:control     5063
 target     4937
 Name: target_control, dtype: int64
In [6]:df.customer_type.value_counts()
Out[6]:lost_cause      2554
 sleeping_dog    2528
 persuadable     2471
 sure_thing      2447
 Name: customer_type, dtype: int64
In [7]:df.outcome.value_counts()
Out[7]:
0    5047
1    4953
 Name: outcome, dtype: int64
```

2. 矫形（Reshaping）

```
In [9]:# dummify
feat = [x  for x in df.columns if "Node" in x]
features = []
for f in feat :
            dummies = pd.get_dummies(df[f]).rename(columns=lambda x: f +
"_" + str(x))
            features = features + list(dummies.columns)
            df = pd.concat([df, dummies], axis=1)
            df = df.drop([f], axis=1)
            print "done", f
```

打印结果：

```
done Node1
done Node2
done Node3
done Node4
done Node5
done Node6
done Node7
done Node8
done Node9
done Node10
done Node11
done Node12
done Node13
done Node14
done Node15
done Node17
done Node18
done Node19
```

```
done Node20

In [10]:train_df = df[df["train_test"]=="train"]
test_df = df[df["train_test"]=="test"]

print train_df.shape
print test_df.shape
```

打印结果：

```
(7952, 81)
(2048, 81)
```

3. 两类模型（Two model approach）

用目标数据集的结果概率减去控制数据集的结果概率的差来建模Uplift：

```
In [11]:target = train_df[train_df["target_control"]=='target']
control = train_df[train_df["target_control"]=='control']

print target.shape
print control.shape
```

打印结果：

```
(3934, 81)
(4018, 81)
In [12]:target_X = target[features]
control_X = control[features]
target_Y = target[['outcome']]
control_Y = control[['outcome']]
test_X = test_df[features]
```

4. 训练（training）

```
In [13]:from sklearn.ensemble import GradientBoostingClassifier

clf1 = GradientBoostingClassifier(n_estimators = 100,learning_rate =
0.1,max_depth = 3)
clf2 = GradientBoostingClassifier(n_estimators = 100,learning_rate =
0.1,max_depth = 3)
In [14]:clf1.fit(target_X.values,target_Y.values.ravel())
clf2.fit(control_X.values,control_Y.values.ravel())

Out[14]:GradientBoostingClassifier(init=None, learning_rate=0.1,
loss='deviance',
            max_depth=3, max_features=None, max_leaf_nodes=None,
            min_samples_leaf=1, min_samples_split=2,
            min_weight_fraction_leaf=0.0, n_estimators=100,
            presort='auto', random_state=None, subsample=1.0, verbose=0,
```

```
                    warm_start=False)
```

5. 得分（scoring）

```
In [36]:test_df["proba_outcome_target"] = clf1.predict_proba(test_X)[:,1]
test_df["proba_outcome_control"] = clf2.predict_proba(test_X)[:,1]
# uplift is just the difference.
test_df["uplift_1"]              =            test_df["proba_outcome_target"]      -
test_df["proba_outcome_control"]
```

6. 类别修正（Class Modification approach）

实现类别修正的方法如下：

- 堆叠目标和控制数据。
- 翻转控制数据集的目标。
- 在这个目标上训练一个模型。
- Uplift 是预测概率的 2 倍减去 1。

```
In [21]:train_df['istarget'] = train_df['target_control'].map(lambda x : 1 if
x=='target' else 0)
    train_df['modified_outcome'] = train_df['outcome'] * train_df['istarget'] \
                            +
(1-train_df['outcome'])*(1-train_df['istarget'])
    In [27]:from sklearn.ensemble import RandomForestClassifier
    clf = RandomForestClassifier(n_estimators = 500,max_depth=10)
    In [28]:clf.fit(train_df[features].values,
train_df['modified_outcome'].values.ravel())

    Out[28]:RandomForestClassifier(bootstrap=True, class_weight=None,
criterion='gini',
                max_depth=10, max_features='auto', max_leaf_nodes=None,
                min_samples_leaf=1, min_samples_split=2,
                min_weight_fraction_leaf=0.0, n_estimators=500, n_jobs=1,
                oob_score=False, random_state=None, verbose=0,
                warm_start=False)
    In [43]:test_df["uplift_2"] = 2*clf.predict_proba(test_X)[:,1] -1
```

7. 保存预测结果（Save Predictions）

```
In [44]:test_df.to_csv("/Users/uplift_predictions.csv")
```

8.23　集成方法

1. 集成方法的概念

通过聚合多个分类器的预测来提高分类的准确率，这种技术称为集成方法（Ensemble Method）。集成方法由训练数据构建一组基分类器，然后通过对每个基分类器的预测进行权重控制以作出分类。

集成技术在数据挖掘的3个方向：

- 在样本上做工作，基分类器为同一个分类算法，主要的技术有 Bagging 和 Boosting。
- 在分类算法上做工作，即用于训练基分类器的样本相同，基分类器的算法不同。
- 在样本属性集上做工作，即在不同的属性空间上构建基分类器，比较出名的是 randomforestTree 算法，这个在 weka 中也有实现。

集成方法大致包括 3 种框架：Bagging、Boosting 和 Stacking。对于 Bagging 来说，添加随机变量的学习器反而能够提高整体的效果。这 3 种方法中，Boosting 是表现最好的模型，它与有着广泛研究基础的加性模型（Addictive Models）的统计技术有着相近的关系。

2. 集成学习的几种方法

- 在验证数据集上找到表现最好的模型作为最终的预测模型。
- 对多个模型的预测结果进行投票或者取平均值。
- 对多个模型的预测结果做加权平均。

以上几种思路对应了集成学习中的几种主要的学习框架。

（1）多个模型投票或者取平均值

对于数据集训练多个模型来说，分类问题可以采用投票的方法，选择票数最多的类别作为最终的类别；而回归问题，可以采用取均值的方法，取得的均值作为最终的结果。在这样的思路中，最著名的是Bagging方法，Bagging即Boostrap Aggregating，其中Boostrap是一种有放回的抽样方法，其抽样策略是简单的随机抽样。在Bagging方法中，让学习算法训练多次，每次的训练集由初始的训练集中随机取出的训练样本组成，初始的训练样本在某次的训练集中可能出现多次或者根本不出现。最终训练出个预测函数，最终的预测函数对于分类和回归问题可采用如下两种方法：

- 对于分类问题采用投票的方法，得票最多的类别为最终的类别。
- 对于回归问题采用简单的平均方法。

随机森林算法就是基于Bagging思想的学习算法。

（2）对多个模型的预测结果进行加权平均

在上述的Bagging方法中，其特点在于随机化抽样，通过反复地抽样训练新的模型，最终在这些模型的基础上取平均。而对多个模型的预测结果进行加权平均，则是将多个弱学习模型提升为强学习模型，这就是Boosting的核心思想。在Boosting算法中，初始化时对每个训练样本赋予相等的权重，如$\frac{1}{n}$，然后用该学习算法对训练集训练G轮，每次训练后，对训练失败的训练样本赋予更大的权重，也就是让学习算法在后续的学习中对几种比较难学的训练样本进行学习，从而得到一个预测函数序列$\left\{ h_1,\cdots,h,G \right\}$，其中每个$h_i$都有一个权重，预测效果好的预测函数的权重较大。最终的预测函数为H。对于分类和回归问题可采用如下两种方法。

- 分类问题：有权重的投票方式。
- 回归问题：加权平均。

3. 组合分类器的性能优于单个分类器的条件

组合分类器的性能优于单个分类器必须满足两个条件：

- 基分类器之间是相互独立的。
- 基分类器应当优于随机猜测分类器。

实践时很难保证基分类器之间完全独立，但是在基分类器轻微相关的情况下，组合方法可以提高分类的准确率。

Adaboost 算法

如果存在一个多项式的学习算法能够学习并且正确率很高，就称为强可学习；相反，弱可学习就是学习的正确率仅比随机猜测稍好。

1. Adaboost 迭代算法

整个Adaboost 迭代算法就3步：

（1）初始化训练数据的权值分布。如果有 N 个样本，那么每一个训练样本最开始时都被赋予相同的权重：1/N。

（2）训练弱分类器。在具体训练过程中，如果某个样本点已经被准确地分类，那么在构造下一个训练集时，它的权重就会被降低；相反，如果某个样本点没有被准确地分类，它的权重就会得到提高。然后，权重更新过的样本集被用于训练下一个分类器，整个训练过程如此迭代地进行下去。

（3）将各个训练得到的弱分类器组合成强分类器。各个弱分类器的训练过程结束后，加大分类误差率小的弱分类器的权重，使其在最终的分类函数中起着较大的决定作用，而降低分类误差率大的弱分类器的权重，使其在最终的分类函数中起着较小的决定作用。换言之，误差率低的弱分类器在最终分类器中占的权重较大，否则较小。

2. Adaboost 算法的流程

给定一个训练数据集 T={$(x_1,y_1), (x_2,y_2),\cdots,(x_N,y_N)$}，其中实例 $x \in \chi$，而实例空间 $\chi \in \mathbb{R}^n$，y_i 属于标记集合{-1,+1}，Adaboost 的目的就是从训练数据中学习一系列弱分类器或基本分类器，然后将这些弱分类器组合成一个强分类器。

Adaboost算法的流程说明如下：

（1）步骤 1：初始化训练数据的权值分布。每一个训练样本最开始时都被赋予相同的权重：1/N。

$$D_1 = (w_{11}, w_{12}, \cdots, w_{1i}, \cdots, w_{1N}), w_{1i} = \frac{1}{N}, i = 1, 2, \cdots, N \tag{8.81}$$

（2）步骤2：进行多轮迭代，用 m = 1,2, ..., M 表示迭代的第多少轮。

① 使用具有权值分布 D_m 的训练数据集学习，得到基本分类器：

$$G_m(x): \chi \to \{-1, +1\} \tag{8.82}$$

② 计算 Gm(x)在训练数据集上的分类误差率：

$$e_m = P(G_m(x_i) \neq y_i) = \sum_{i=1}^{N} w_{mi} I(G_m(x_i) \neq y_i) \tag{8.83}$$

③ 计算 $G_m(x)$的系数，a_m 表示 $G_m(x)$在最终分类器中的重要程度（目的是得到基本分类器在最终分类器中所占的权重）：

$$a_m = \frac{1}{2} \log \frac{1-e_m}{e_m} \tag{8.84}$$

由上述式子可知，$e_m \leqslant 1/2$ 时，$a_m \geqslant 0$，且 a_m 随着 e_m 的减小而增大，意味着分类误差率越小的基本分类器在最终分类器中的作用越大。

④ 更新训练数据集的权值分布（目的是得到样本的新的权值分布），用于下一轮迭代：

$$D_{m+1} = (w_{m+1,1}, w_{m+1,2}, \cdots, w_{m+1,i} \cdots, w_{m+1,N})$$

$$w_{m+1,i} = \frac{w_{mi}}{Z_m} \exp(-a_m y_i G_m(x_i)), i = 1, 2, \cdots, N \tag{8.85}$$

使得被基本分类器 $G_m(x)$误分类样本的权值增大，而被正确分类样本的权值减小。通过这样的方式，Adaboost 方法能"聚焦于"那些较难分的样本上。

其中，Z_m 是规范化因子，使得 D_m+1 成为一个概率分布：

$$Z_m = \sum_{i=1}^{N} w_{mi} \exp(-a_m y_i G_m(x_i)) \tag{8.86}$$

（3）步骤 3：组合各个弱分类器。

$$f(x) = \sum_{m=1}^{M} a_m G_m(x) \tag{8.87}$$

从而得到最终分类器：

$$G(x) = sign(f(x)) = sign(\sum_{m=1}^{M} a_m G_m(x)) \tag{8.88}$$

①Adaboost 的误差界：

通过上面的例子可知，Adaboost 在学习的过程中不断减少训练误差 e，直到各个弱分类器组合成最终分类器，Adaboost 最终分类器的训练误差的上界为：

$$\frac{1}{N}\sum_{i=1}^{N} I(G(x_i) \neq y_i) \leq \frac{1}{N}\sum_i \exp(-y_i f(x_i))\prod_m Z_m \tag{8.89}$$

②对于二分类而言，有如下结果：

$$\prod_{m=1}^{M} Z_m = \prod_{m=1}^{M}(2\sqrt{e_m(1-e_m)}) = \prod_{m=1}^{M}\sqrt{(1-4\gamma_m^2)} \leq \exp\left(-2\sum_{m=1}^{M}\gamma_m^2\right) \tag{8.90}$$

其中，$\gamma m = \frac{1}{2} - e_m$。

这个结论表明，Adaboost 的训练误差是以指数速率下降的。另外，Adaboost 算法不需要事先知道下界 γ，Adaboost 具有自适应性，它能适应弱分类器各自的训练误差率。

【例8.47】在一个简单数据集上的Adaboost的实现。

```python
# -*- coding: utf-8 -*-
from numpy import*
def loadSimpData():
    datMat = matrix([[ 1. , 2.1],
        [ 2. , 1.1],
        [ 1.3, 1. ],
        [ 1. , 1. ],
        [ 2. , 1. ]])
    classLabels = [1.0, 1.0, -1.0, -1.0, 1.0]
    return datMat,classLabels

def stumpClassify(dataMatrix,dimen,threshVal,threshIneq):
    retArray = ones((shape(dataMatrix)[0],1))
    if threshIneq =='lt':
        retArray[dataMatrix[:,dimen]<= threshVal] = -1.0
    else:
        retArray[dataMatrix[:,dimen] > threshVal] = -1.0
    return retArray
```

```python
    def buildStump(dataArr,classLabels,D):
        dataMatrix = mat(dataArr)
        labelMat = mat(classLabels).T
        m,n = shape(dataMatrix)
        numSteps = 10.0 ; bestStump = {} ; bestClasEst = mat(zeros((m,1)))
        minError = inf
        for i in range(n):
            rangeMin = dataMatrix[:,i].min(); rangeMax = dataMatrix[:,i].max()
            stepSize = (rangeMax- rangeMin)/numSteps
            for j in range(-1,int(numSteps)+1):
                for inequal in ['lt','gt']:
                    threshVal = (rangeMin + float(j)* stepSize)
                    predictedVals = stumpClassify(dataMatrix, i, threshVal, inequal)
                    errArr = mat(ones((m,1)))
                    errArr[predictedVals == labelMat]=0
                    weightedError = D.T *errArr
                   # print "split: dim %d, thresh %.2f, thresh ineqal: %s, the weighted
error is %.3f" % (i, threshVal, inequal, weightedError)
                    if weightedError < minError:
                        minError = weightedError
                        bestClasEst = predictedVals.copy()
                        bestStump['dim'] = i
                        bestStump['thresh'] = threshVal
                        bestStump['ineq'] = inequal
        return bestStump,minError,bestClasEst


    def adaBoostTrainDS(dataArr,classLabels,numIt=40):
        weakClassArr = []
        m = shape(dataArr)[0]
        D = mat(ones((m,1))/m)    #init D to all equal
        aggClassEst = mat(zeros((m,1)))
        for i in range(numIt):
            bestStump,error,classEst  =  buildStump(dataArr,classLabels,D)#build
Stump
            print ("D:",D.T)
            alpha = float(0.5*log((1.0-error)/max(error,1e-16)))#calc alpha, throw
in max(error,eps) to account for error=0
            bestStump['alpha'] = alpha
            weakClassArr.append(bestStump)             #store Stump Params in Array
            print ("classEst: ",classEst.T)
            expon = multiply(-1*alpha*mat(classLabels).T,classEst) #exponent for D
calc, getting messy
            D = multiply(D,exp(expon))                 #Calc New D for next iteration
            D = D/D.sum()
            #calc training error of all classifiers, if this is 0 quit for loop early
(use break)
```

```
        aggClassEst += alpha*classEst
        print ("aggClassEst: ",aggClassEst.T)
        aggErrors   =   multiply(sign(aggClassEst)   !=   mat(classLabels).T,
ones((m,1)))
        errorRate = aggErrors.sum()/m
        print ("total error: ",errorRate)
        if errorRate == 0.0: break
    return weakClassArr,aggClassEst

 if __name__ == "__main__":
    D = mat(ones((5,1))/5)
    datMat,classLabels = loadSimpData()
    buildStump(datMat, classLabels, D)
    adaBoostTrainDS(datMat, classLabels, 10)
```

输出：

```
D: [[0.2 0.2 0.2 0.2 0.2]]
classEst: [[-1.  1. -1. -1.  1.]]
aggClassEst: [[-0.69314718  0.69314718 -0.69314718 -0.69314718  0.69314718]]
total error: 0.2
D: [[0.5   0.125 0.125 0.125 0.125]]
classEst: [[ 1.  1. -1. -1. -1.]]
aggClassEst: [[ 0.27980789  1.66610226 -1.66610226 -1.66610226 -0.27980789]]
total error: 0.2
D: [[0.28571429 0.07142857 0.07142857 0.07142857 0.5       ]]
classEst: [[1. 1. 1. 1. 1.]]
aggClassEst: [[ 1.17568763  2.56198199 -0.77022252 -0.77022252  0.61607184]]
total error: 0.0
```

8.24 异常检测

在数据挖掘中，异常检测（Anomaly Detection）是通过与大多数数据显著不同而引起怀疑的稀有项目、事件或观察的识别。通常情况下，异常项目会转化为某种问题，例如银行欺诈、结构缺陷、医疗问题或文本错误。异常也被称为异常值、新奇、噪声和偏差。

1. 异常检测

所谓异常检测，就是发现与大部分对象不同的对象，其实就是发现离群点。异常检测有时也称偏差检测。异常对象是相对罕见的。

2. 异常检测的应用

数据异常可以转化为各种应用领域中的重要（且常常是关键的）可操作信息。例如，计算机网络中的异常流量模式可能意味着被黑客窃取的计算机正在将敏感数据发送到未经授权的目的地；异常的MRI图像可能表明存在恶性肿瘤；信用卡交易数据的异常可能表明信用卡或身份被盗用；来自航天传感器的异常读数可能意味着航天器某些部件的故障。

- 欺诈检测：主要通过检测异常行为来检测是否为盗刷他人信用卡。
- 入侵检测：检测入侵计算机系统的行为。
- 医疗领域：检测人的健康是否异常。

异常值检测常用于异常订单识别、风险客户预警、黄牛识别、贷款风险识别、欺诈检测、技术入侵等针对个体的分析场景。

3. 常见的异常检测方法

- 基于统计：基于泊松分布、正态分布找到异常分布点。
- 基于距离：K-means。
- 基于密度：KNN、LOF（Local Outlier Factor）、隔离森林。
- 一类支持向量机（One-Class SVM）。
- 隐马尔可夫模型（HMM）。

4. 新奇检测和离群检测

异常数据根据原始数据集的不同可以分为离群点检测和新奇检测。

（1）离群点检测（Outlier Detection）

大多数情况下定义的异常数据都属于离群点检测，对这些数据训练完之后，再在新的数据集中寻找异常点。

（2）新奇检测

新奇检测（Novelty Detection）是识别新的或未知数据模式和规律的检测方法，这些规律只是在已有机器学习系统的训练集中没有被发掘出来。新奇检测的前提是已知训练数据集是"纯净"的，未被真正的"噪音"数据或真实的"离群点"污染，然后针对这些数据训练完成之后再对新的数据进行训练，以寻找新奇数据的模式。

新奇检测主要应用于新的模式、主题、趋势的探索和识别，包括信号处理、计算机视觉、模式识别、智能机器人等技术方向，应用领域有潜在疾病的探索、新物种的发现、新传播主题的获取等。

新奇检测和异常检测有关，一开始的新奇点往往都以一种离群的方式出现在数据中，这种离群方式一般会被认为是离群点，因此二者的检测和识别模式非常类似。但是，当经过一段时间之后，新奇数据一旦被证实为正常模式，例如将新的疾病识别为一种普通疾病，那么新奇模式将被合并到正常模式中，就不再属于异常点的范畴。

5. 处理高维数据异常检测

- 拓展现有的离群点检测模式。
- 发现子空间中的离群点。
- 对高维数据进行建模。

6. 以 One-Class SVM 算法为例进行异常检测

One-Class SVM 是一种无监督的算法，可以用来检查新的样本是否符合以前的数据分布。它有三个主要参数：

（1）Kernel（核函数）和 Degree

这两个变量相关，根据经验值 Kernel 应为 rbf，Degree 应为 3。

（2）Gamma

这是与 rbf 核相关的参数。建议这个参数设置得越低越好，通常为实例数倒数和变量数倒数之间的最小值。

（3）Nu

它决定模型是必须符合一个精确的分布，还是应该尽量保持某种标准分布而不太注重适应现有数据区间为(0,1]，默认值为 0.5。但在这里 0.5 的结果并不好，所以可以由以下公式确定：

$$nu\_estimate=0.95*outliers\_fraction+0.05$$

通常 outliers_fraction 的范围为 0.02~0.1。

【例8.48】

```
from sklearn.svm import OneClassSVM
import numpy as np
import plotly.offline as py
import plotly.graph_objs as go
py.init_notebook_mode(connected=True)

# 导入数据
data = np.loadtxt('https://raw.githubusercontent.com/ffzs/dataset/
master/outlier.txt', delimiter=' ')

#分配训练集和测试集
train_set = data[:900, :]
test_set = data[-100:, :]

#### 异常检测 ###
# 创建异常检测模型
one_svm = OneClassSVM(nu=0.1, kernel='rbf', random_state=2018)
# 训练模型
```

```
one_svm.fit(train_set)
# 预测异常数据
pre_test_outliers = one_svm.predict(test_set)

### 异常结果统计###
# 合并测试检测结果
total_test_data = np.hstack((test_set, pre_test_outliers.reshape(-1,1)))

# 获取正常数据
normal_test_data = total_test_data[total_test_data[:, -1] == 1]
# 获取异常数据
outlier_test_data = total_test_data[total_test_data[:, -1] == -1]

# 输出异常数据结果
print('异常数据为: {}/{}'.format(len(outlier_test_data), len(total_test_data)))
# 异常数据为：9/100

# 可视化结果
py.iplot([go.Scatter3d(x=total_test_data[:,0], y=total_test_data[:,1],
z=total_test_data[:,2],
                       mode='markers',marker=dict(color=total_test_data[:, -1],
size=5))])
```

输出：

异常数据为：9/100

SVM异常检测分析图如图8.39所示。

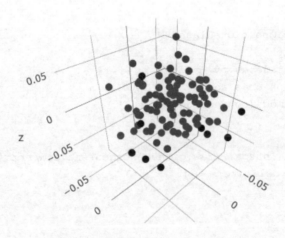

图 8.39　One-Class SVM 异常检测分析

314

8.25　文本挖掘

1. 文本挖掘的概念

文本挖掘（Text Mining）是抽取有效的、新颖的、有用的、可理解的、散布在文本文件中的有价值知识，并且利用这些知识更好地组织信息的过程。

机器学习算法的空间、时间复杂度依赖于输入数据的规模，维度规约（Dimensionality Reduction）是一种用于降低输入数据维数的方法。维度规约可以分为两类：

- 特征选择（Feature Selection），从原始的 d 维空间中选择提供信息最多的 k 维（这 k 个维属于原始空间的子集）。
- 特征提取（Feature Extraction），将原始的 d 维空间映射到 k 维空间中（新的 k 维空间不输入原始空间的子集）。

在文本挖掘与文本分类的有关问题中，常采用特征选择方法。原因是文本的特征一般都是单词（Term），具有语义信息，使用特征选择找出的 k 维子集仍然是以单词作为特征，保留了语义信息，而特征提取则是找 k 维新空间，将会丧失语义信息。

2. 文本的特征选择方法

对于一个语料而言，可以统计的信息包括文档频率和文档类比例，所有的特征选择方法均依赖于这两个统计量。目前，文本的特征选择方法主要有：DF、MI、IG、CHI、WLLR、WFO 六种。

为了方便描述，我们首先进行一些概率上的定义：

- $p(t)$：一篇文档 x 包含特征词 t 的概率。
- $p(\overline{C_i})$：文档 x 不属于 C_i 的概率。
- $p(C_i|t)$：已知文档 x 在包括某个特征词 t 的条件下，该文档属于 C_i 的概率。
- $p(\bar{t}|C_i)$：已知文档属于 C_i 的条件下，该文档不包括特征词 t 的概率。

其他的一些概率如 $p(C_i)$、$p(\bar{t})$、$p(\overline{C_i}|t)$ 等，有着类似的定义。

下面介绍其他的统计量还包括：

- A_{ij}：包含特征词 t_i，并且类别属于 C_j 的文档数量。
- B_{ij}：包含特征词 t_i，并且类别不属于 C_j 的文档数量。
- C_{ij}：不包含特征词 t_i，并且类别属于 C_j 的文档数量。
- D_{ij}：不包含特征词 t_i，并且类别不属于 C_j 的文档数量。
- $A_{ij} + B_{ij}$：包含特征词 t_i 的文档数量。

- $C_{ij} + D_{ij}$：不包含特征词 t_i 的文档数量。
- $A_{ij} + C_{ij}$：C_j 类的文档数量数据。
- $B_{ij} + D_{ij}$：非 C_j 类的文档数量数据。
- $A_{ij} + B_{ij} + C_{ij} + D_{ij} = N$：语料中所有文档的数量。

有了这些统计量，有关概率的估算就会变得更容易，如：

$$p(t_i) = (A_{ij} + B_{ij}) / N \tag{8.91}$$

$$p(C_j) = (A_{ij} + C_{ij}) / N \tag{8.92}$$

$$p(C_j|t_j) = A_{ij} / (A_{ij} + B_{ij}) \tag{8.93}$$

3. 常见的 6 种特征选择方法的计算

（1）DF（Document Frequency）

DF 指统计特征词出现的文档数量，用来衡量某个特征词的重要性。DF 的定义如下：

$$DF = \sum_{i=1}^{m} A_i \tag{8.94}$$

DF 的原理是：如果某些特征词在文档中经常出现，这个词就可能很重要。而对于在文档中出现很少（如仅在语料中出现 1 次有可能）的特征词，携带的信息量很少，甚至是"噪声"，这些特征词对分类器学习的影响也很小。

DF 特征选择方法属于无监督的学习算法（也将其改成有监督的算法，但是大部分情况下都作为无监督的算法使用），仅考虑了频率因素而没有考虑类别因素，因此 DF 算法将会引入一些没有意义的词。例如中文的"的""是""个"等常常具有很高的 DF 得分，但是对分类并没有多大的意义。

（2）MI（Mutual Information）

互信息法用于衡量特征词与文档类别直接的信息量。互信息法的定义如下：

$$I(t_i, C_j) = \log \frac{p(t_i|C_j)}{p(t_i)} \approx \frac{A_{ij}N}{(A_{ij} + C_{ij})(A_{ij} + B_{ij})} \tag{8.95}$$

继续推导 MI 的定义公式：

$$I(t_i, C_j) = \log \frac{p(t_i|C_j)}{p(t_i)} = \log p(t_j|C_j) - \log p(t_i) \tag{8.96}$$

从上面的公式上可以看出：如果某个特征词的频率很低，互信息得分就会很高，因此互信息法倾向于"低频"的特征词。相对的，词频很高的词，得分就会变低，如果该词携带了很高的信息量，互信息法就会变得低效。

（3）IG（Information Gain）

信息增益法通过某个特征词在缺失与存在两种情况下语料中前后信息的增加来衡量某个特征词的重要性。信息增益的定义如下：

$$G(t_i) \approx \left\{ \frac{A_{ij}+B_{ij}}{N} \left[\sum_{j=1}^{m} \frac{A_{ij}}{A_{ij}+B_{ij}} \log \frac{A_{ij}}{A_{ij}+B_{ij}} \right] \right\} + \left\{ \frac{C_{ij}+D_{ij}}{N} \left[\sum_{j=1}^{m} \frac{C_{ij}}{C_{ij}+D_{ij}} \log \frac{C_{ij}}{C_{ij}+D_{ij}} \right] \right\}$$

（8.97）

IG 与 MI 存在关系：

$$G(t_i) = \sum_{j=1}^{m} p(t_i, C_j) I(t_i, C_j) + \sum_{j=1}^{m} p(\bar{t}_i, C_j) I(\bar{t}_i, C_j)$$

（8.98）

因此，IG 方式实际上就是互信息 $I(t_i, C_j)$ 与互信息 $I(\bar{t}_i, C_j)$ 加权。

（4）CHI（Chi-square，卡方检验）

CHI 特征选择算法利用了统计学中的"假设检验"的基本思想：首先假设特征词与类别直接是不相关的，利用 CHI 分布计算出的检验值偏离阈值越大，就越否定原假设，接受原假设的备则假设：特征词与类别有着很高的关联度。CHI 的定义如下：

$$\chi(t_i, C_j) = \frac{N(A_{ij}D_{ij} - C_{ij}B_{ij})^2}{(A_{ij}+C_{ij})(B_{ij}+D_{ij})(A_{ij}+B_{ij})(C_{ij}+D_{ij})}$$

（8.99）

对于一个给定的语料而言，文档的总数 N 以及 C_j 类文档的数量、非 C_j 类文档的数量都是一个定值。因此，CHI 的计算公式可以简化为：

$$\chi(t_i, C_j) = \frac{(A_{ij}D_{ij} - C_{ij}B_{ij})^2}{(A_{ij}+B_{ij})(C_{ij}+D_{ij})}$$

（8.100）

CHI 特征选择方法综合考虑文档频率与类别比例两个因素。

（5）WLLR（Weighted Log Likelihood Ration，加权对数似然比）

WLLR 特征选择方法的定义如下：

$$WLLR(t_i, C_j) = p(t_i | C_j) \log \frac{p(t_i | C_j)}{p(t | C_i)}$$

（8.101）

计算公式如下：

$$WLLR(t_i, C_j) = \frac{A_{ij}}{A_{ij}+C_{ij}} \log \frac{A_{ij}(B_{ij}+D_{ij})}{B_{ij}(A_{ij}+C_{ij})}$$

（8.102）

（6）WFO（Weighted Frequency and Odds，加权频率和比值）

WFO 的算法定义如下：
如果 $p(t_i | C_i) / p(t_i | \overline{C}_i) > 1$

$$WFO(t_i, C_j) = p(t_i, C_j)^\lambda \log \frac{p(t_i \mid C_j)^{1-\lambda}}{p(t \mid \overline{C_j})}$$ （8.103）

否则：
$$WFO(t_i, C_j) = 0$$ （8.104）

一般来说，不同的语料文档词频与文档的类别比例起的作用应该是不一样的，WFO 方法可以通过调整参数 λ 找出一个较好的特征选择依据。

4. 文本挖掘实例

【例8.49】NLTK文本分析+jieba中文文本挖掘。

NLTK 的全称是 Natural Language Toolkit，是一套基于 Python 的自然语言处理工具集。
NLTK的安装：

```
(base) C:\Users\workspace>pip install nltk
```

在NLTK中集成语料与模型等的包管理器，通过在Python解释器中执行：

```
>>> import nltk
>>> nltk.download()
showing                                                                        info
https://raw.githubusercontent.com/nltk/nltk_data/gh-pages/index.xml
    True
```

便会弹出如图 8.40 所示的包管理界面，在管理器中可以下载语料、预训练的模型等。

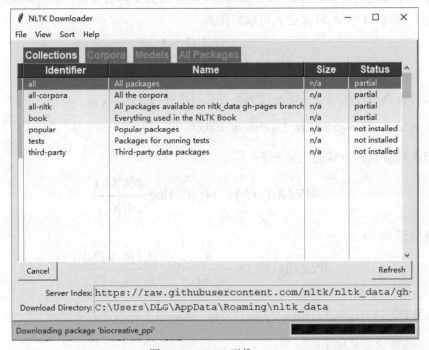

图 8.40　NLTK 下载

（1）NLTK自带语料库：

```
>>> from nltk.corpus import brown
>>> brown.categories()
['adventure', 'belles_lettres', 'editorial', 'fiction', 'government',
'hobbies', 'humor', 'learned', 'lore', 'mystery', 'news', 'religion', 'reviews',
'romance', 'science_fiction']
>>> len(brown.sents())
57340
>>> len(brown.words())
1161192
```

（2）Tokenize：把句子分成一个个的小部件，例如：

```
>>> sentence="this is a good student,snoy"
>>> tokens=nltk.word_tokenize(sentence)
>>> tokens
['this', 'is', 'a', 'good', 'student', ',', 'snoy']
```

（3）nltk.text类介绍。

nltk.text.Text()类用于对文本进行初级的统计与分析，它接收一个词的列表作为参数。nltk.text.Text()类提供了下列方法：

- Text(words)：对象构造。
- concordance(word, width=79, lines=25)：显示 word 出现的上下文。
- common_contexts(words)：显示 words 出现的相同模式。
- similar(word)：显示 word 的相似词。
- collocations(num=20, window_size=2)：显示最常见的二词搭配。
- count(word)：word 出现的词数。
- dispersion_plot(words)：绘制 words 文档中出现的位置图。
- vocab()：返回文章去重的词典。

nltk.text.TextCollection类是Text的集合，提供下列方法。

- nltk.text.TextCollection([text1,text2,])：对象构造。
- idf(term)：计算词 term 在语料库中的逆文档频率。
- tf(term,text)：统计 term 在 text 中的词频。
- tf_idf(term,text)：计算 term 在句子中的 tf_idf，即 tf*idf。

（4）使用结巴分词（中文分词）。

结巴分词的GitHub主页：

```
https://github.com/fxsjy/jieba
```

安装结巴库文件方法如下：

```
pip install jieba
(base) C:\Users\workspace>pip install jieba
```

- jieba.cut 方法接收 3 个输入参数: 需要分词的字符串; cut_all 参数用来控制是否采用全模式; HMM 参数用来控制是否使用 HMM 模型。

- jieba.cut_for_search 方法接收两个参数: 需要分词的字符串; 是否使用 HMM 模型。该方法适用于搜索引擎构建倒排索引的分词, 粒度比较细。

- 待分词的字符串可以是 Unicode 或 UTF-8 字符串、GBK 字符串。注意: 不建议直接输入 GBK 字符串, 可能无法预料的错误解码成 UTF-8。

- jieba.cut 和 jieba.cut_for_search 返回的结构都是一个可迭代的 generator, 可以使用 for 循环来获得分词后得到的每一个词语 (Unicode), 或者用 jieba.lcut 和 jieba.lcut_for_search 直接返回 list。

- jieba.Tokenizer(dictionary=DEFAULT_DICT) 新建自定义分词器, 可用于同时使用不同的词典。jieba.dt 为默认分词器, 所有全局分词相关函数都是该分词器的映射。

(5) 语料库介绍。在 NLTK 文本分析中, 我们经常用到不同的语料库:

```
>>> from nltk.corpus import (gutenberg, genesis, inaugural,
                             nps_chat, webtext, treebank, wordnet)
```

这些语料库的文本文件说明如下。

古藤堡语料库:

```
>>> from nltk.corpus import gutenberg
>>> gutenberg.fileids()
['austen-emma.txt',         'austen-persuasion.txt',        'austen-sense.txt',
'bible-kjv.txt',            'blake-poems.txt',              'bryant-stories.txt',
'burgess-busterbrown.txt',  'carroll-alice.txt',            'chesterton-ball.txt',
'chesterton-brown.txt',     'chesterton-thursday.txt',      'edgeworth-parents.txt',
'melville-moby_dick.txt',   'milton-paradise.txt',          'shakespeare-caesar.txt',
'shakespeare-hamlet.txt', 'shakespeare-macbeth.txt', 'whitman-leaves.txt']
```

网络和聊天文本库:

```
>>> from nltk.corpus import webtext
>>> webtext.fileids()
['firefox.txt', 'grail.txt', 'overheard.txt', 'pirates.txt', 'singles.txt',
'wine.txt']
```

即时聊天会话语料库, 是美国海军研究生院的研究生收集的。

```
>>> from nltk.corpus import nps_chat
>>> nps_chat.fileids()
['10-19-20s_706posts.xml',                              '10-19-30s_705posts.xml',
'10-19-40s_686posts.xml', '10-19-adults_706posts.xml', '10-24-40s_706posts.xml',
'10-26-teens_706posts.xml',                             '11-06-adults_706posts.xml',
'11-08-20s_705posts.xml', '11-08-40s_706posts.xml', '11-08-adults_705posts.xml',
```

```
'11-08-teens_706posts.xml', '11-09-20s_706posts.xml', '11-09-40s_706posts.xml',
'11-09-adults_706posts.xml', '11-09-teens_706posts.xml']
```

布朗语料库，布朗语料库是第一个百万词级别的英语电子语料库，这个语料库包含500个不同来源的文本，按文体分类有新闻、社论等完整列表。

```
>>> from nltk.corpus import brown
>>> brown.categories()
['adventure', 'belles_lettres', 'editorial', 'fiction', 'government',
'hobbies', 'humor', 'learned', 'lore', 'mystery', 'news', 'religion', 'reviews',
'romance', 'science_fiction']
#这里注意的是它是按文体分类的，例如要取得 news 类别的文本
>>> print(brown.words(categories='news'))
['The', 'Fulton', 'County', 'Grand', 'Jury', 'said', ...]
#PlaintextCorpusReader 类
#官方文档：nltk.corpus.reader.plaintext.PlaintextCorpusReader
#介绍：基于文件系统，用来加载纯文本的类
>>> words = gutenberg.words('shakespeare-macbeth.txt')
>>> print(words)
['[', 'The', 'Tragedie', 'of', 'Macbeth', 'by', ...]
#标点符号也会被单独分出来
#断句，定义：sents(fileids=None)
>>> print(sents)
[['[', 'The', 'Tragedie', 'of', 'Macbeth', 'by', 'William', 'Shakespeare',
'1603', ']'], ['Actus', 'Primus', '.'], ...]
#分段，定义：paras(fileids=None)
paras = gutenberg.paras('shakespeare-macbeth.txt')
print (' '.join(paras[0][0]) #first para, first sentence)
[ The Tragedie of Macbeth by William Shakespeare 1603 ]
```

NLTK数据挖掘工具的其他文本挖掘功能就不一一介绍了，在实践中常用的还有：

- 创建：定义 __init__(self, tokens, name=None)。
- 查找单词：定义 concordance(word, width=79, lines=25)。
- 搭配词：定义 collocations(num=20, window_size=2)。
- 相似词：定义 similar(word, num=20)。
- 相同上下文：定义 common_contexts(words, num=20)。
- 词分布：定义 dispersion_plot(words)。
- 正则表达式匹配单词：定义 findall(regexp)。
- 词出现次数：定义 count(word)。
- 词索引：定义 index(word)。
- 文本总长度：len(text)。
- 生成 FreqDist 类：dist = text.vocab()。
- 打印频率分布图：定义 plot(*args)。

8.26 Boosting 算法（提升法和 Gradient Boosting）

Boosting 算法是一种集成学习算法，由一系列基本分类器按照不同的权重组合成为一个强分类器，这些基本分类器之间有依赖关系。包括 Adaboost 算法、提升树、GBDT 算法。

当 Adaboost 算法中的基本分类器是 cart 回归树时，就是提升树，同时，损失函数变为平方误差损失函数。在 Adaboost 算法中通过改变样本的权重来进行每一轮的基本分类器的学习，在提升树算法中，是通过上一轮学习的残差进行本轮的学习。

1. 需要解决的问题

对于Boosting算法，需要解决两个问题：

- 如何调整训练集，使得在训练集上训练的弱分类器得以进行。
- 如何将训练得到的各个弱分类器联合起来形成强分类器。

2. 算法的三个要素

函数模型（Boosting 的函数模型是叠加型的），即：

$$F(x) = \sum_{i=1}^{k} f_i(x; \theta_i) \qquad (8.105)$$

目标函数（选定某种损失函数作为优化目标）：

$$E\{F(x)\} = E\{\sum_{I=1}^{K} f_i(x; \theta_i)\} \qquad (8.106)$$

优化算法（贪婪地逐步优化），即：

$$\theta_m^* = \arg\min_{\theta_i} E\{\sum_{i=1}^{m-1} f_i(x; \theta_i^*) + f_m(x; \theta_m)\} \qquad (8.107)$$

3. Gradient Boosting 算法（梯度提升算法）

Gradient Boosting 算法的实现：

- 函数模型为 CART 回归树模型。
- 损失函数一般为"对数损失函数"或"指数损失函数"。
- 优化算法采用梯度下降。
- 针对 Boosting 需要解决的两个问题，Gradient Boosting 算法采用了以下策略：
  - ➤ 将残差作为下一个弱分类器的训练数据，每个新的弱分类器的建立都是为了使得之前弱分类器的残差往梯度方向减少。

> ➢ 　将弱分类器联合起来，使用累加机制代替平均投票机制。

与 Adaboost 算法不同，Gradient Boosting 算法在迭代的时候选择梯度下降的方向来保证最后的结果最好。损失函数用来描述模型的"靠谱"程度，假设模型没有过拟合，损失函数越大，模型的错误率就越高。如果模型能够让损失函数持续下降，就说明模型在不停地改进，而最好的方式就是让损失函数在其梯度方向上下降。

【例8.50】GradientBoostingRegressor的实现。

Python中的Scikit-Learn包提供了GradientBoostingRegressor和GBDT的函数接口，可以很方便地调用函数完成模型的训练和预测。

```python
# -*- coding: utf-8 -*-
import numpy as np
import matplotlib.pyplot as plt

from sklearn import ensemble
from sklearn import datasets
from sklearn.utils import shuffle
from sklearn.metrics import mean_squared_error


###############################################################################
# Load data
boston = datasets.load_boston()
X, y = shuffle(boston.data, boston.target, random_state=13)
X = X.astype(np.float32)
offset = int(X.shape[0] * 0.9)
X_train, y_train = X[:offset], y[:offset]
X_test, y_test = X[offset:], y[offset:]


###############################################################################
# Fit regression model
params = {'n_estimators': 500, 'max_depth': 4, 'min_samples_split': 1,
          'learning_rate': 0.01, 'loss': 'ls'}
clf = ensemble.GradientBoostingRegressor(**params)

clf.fit(X_train, y_train)
mse = mean_squared_error(y_test, clf.predict(X_test))
print("MSE: %.4f" % mse)


###############################################################################
# Plot training deviance

# compute test set deviance
test_score = np.zeros((params['n_estimators'],), dtype=np.float64)

for i, y_pred in enumerate(clf.staged_predict(X_test)):
```

```
        test_score[i] = clf.loss_(y_test, y_pred)

plt.figure(figsize=(12, 6))
plt.subplot(1, 2, 1)
plt.title('Deviance')
plt.plot(np.arange(params['n_estimators']) + 1, clf.train_score_, 'b-',
        label='Training Set Deviance')
plt.plot(np.arange(params['n_estimators']) + 1, test_score, 'r-',
        label='Test Set Deviance')
plt.legend(loc='upper right')
plt.xlabel('Boosting Iterations')
plt.ylabel('Deviance')

###############################################################################
# Plot feature importance
feature_importance = clf.feature_importances_
# make importances relative to max importance
feature_importance = 100.0 * (feature_importance / feature_importance.max())
sorted_idx = np.argsort(feature_importance)
pos = np.arange(sorted_idx.shape[0]) + .5
plt.subplot(1, 2, 2)
plt.barh(pos, feature_importance[sorted_idx], align='center')
plt.yticks(pos, boston.feature_names[sorted_idx])
plt.xlabel('Relative Importance')
plt.title('Variable Importance')
plt.show()
```

Gradient Boosting 算法模型图如图 8.41 所示。

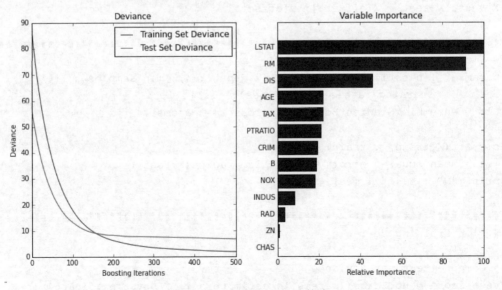

图 8.41　Gradient Boosting 算法

可以发现，如果要用 Gradient Boosting 算法，那么在 sklearn 包里调用还是非常方便的，几行代码即可完成，大部分的工作应该是在特征提取上。

8.27　本章小结

使用 Python 进行数据分析是最近几年才开始火起来的，之前网上很多的资料都是关于 Python 网页开发的。但使用 Python 进行数据分析的侧重点已经完全不一样了。

在数据分析、交互式计算以及数据可视化方面，Python 将不可避免地与其他开源和商业领域的特定编程语言/工具进行对比，如 R、Matlab、SAS、Stata 等。近年来，由于 Python 的库（例如 Pandas 和 Scikit-Learn）不断改良，使其成为数据分析任务的一个优选方案。结合其在通用编程方面的强大实力，我们完全可以只使用 Python 一种语言构建以数据为中心的应用。

本章主要从数据分析算法的角度出发，介绍如何零基础学习 Python 语法、数据清洗以及数据建模。同时介绍了 Python 数据分析、统计模型以及机器学习的各个方面，理论联系实践，内容十分充足。最后举例介绍了基于 Python 使用频率和效率比较典型的数据分析方法。

参考文献

[1] Tom Mitchell(曾华军，张银奎，等译). Machine Learning[M]，机械工业出版社，北京，2003.

[2] 姚旭，王晓丹，张玉玺，权文. 特征选择方法综述[J]，《控制与决策》，2012，27(2): 161-166.

[3] Jiawei Han. 数据挖掘概念与技术[M]，机械工业出版社，北京，2012.

[4] XU Rui，Donald Wunsch 1 1. survey of clustering algorithm[J]. IEEE. Trans- actions on Neural Networks，2005，16(3): 645-67 8.

[5] 贺玲，吴玲达，蔡益朝. 数据挖掘中的聚类算法综述[J]. 计算机应用研究，2007，24(1):10-13.

[6] 孙吉贵，刘杰，赵连宇. 聚类算法研究[J]. 软件学报，2008，19(1)：48-61.

[7] 马晓艳，唐雁. 层次聚类算法研究[J]. 计算机科学，2008，34(7)：34-36.

[8] Bart van Merriënboer，Dzmitry Bahdanau，Vincent Dumoulin，Dmitriy Serdyuk，David Ward e-Farley，Jan Chorowski，and Yoshua Bengio，Blocks and Fuel: Frameworks for deeplearning [J]，arXiv preprint arXiv:1506.00619 [cs.LG]，2015.

[9] Hanke，M.，Halchenko，Y. O.，Sederberg，P. B.，Hanson，S. J.，Haxby，J. V. & Pollmann，S. Py MVPA: A Python toolbox for multivariate pattern analysis of fMRI data. Neuroinformatics[J]，2009，7，37-53.

[10] Hanke，M.，Halchenko，Y. O.，Haxby，J. V.，and Pollmann，S. Statistical learning analysis in neuroscience: aiming for transparency[J]. Frontiers in Neuroscience. 2010，4，1: 38-43.

[11] Haxby，J. V.，Guntupalli，J. S.，Connolly，A. C.，Halchenko，Y. O.，Conroy，B. R.，Gobbini，M. I.，Hanke，M. & Ramadge，P. J.. A Common，High-Dimensional Model of the Representational Space in Human Ventral Temporal Cortex. Neuron[J]，2011(72)，404–416.

[12] Bengio Y，Ducharme R，Vincent P，et al. A neural probabilistic language model[J]. journal of machine learning research，2003，3(Feb): 1137-1155.

[13] Mikolov T，Kombrink S，Deoras A，et al. Rnnlm-recurrent neural network language modeling toolkit[C]//Proc. of the 2011 ASRU Workshop. 2011: 196-201.

[14] Mikolov T，Chen K，Corrado G，et al. Efficient estimation of word representations in vector space[J]. arXiv preprint arXiv:1301.3781，2013.

[15] Maaten L，Hinton G. Visualizing data using t-SNE[J]. Journal of Machine Learning Research，2008，9(Nov): 2579-2605.

[16] https://en.wikipedia.org/wiki/Singular_value_decomposition.

[17] https://en.wikipedia.org/wiki/Linear_regression.

[18] Friedman J，Hastie T，Tibshirani R. The elements of statistical learning[M]. Springer，Berlin: Springer series in statistics，2001.

[19] Murphy K P. Machine learning: a probabilistic perspective[M]. MIT press，2012.

[20] Bishop C M. Pattern recognition[J]. Machine Learning，2006，128.

[21] LeCun，Yann，Léon Bottou，Yoshua Bengio，and Patrick Haffner. "Gradient-based learning applied to document recognition." Proceedings of the IEEE 86，no. 11 (1998): 2278-2324.

[22] Wejéus，Samuel. "A Neural Network Approach to Arbitrary SymbolRecognition on Modern Smartphones." (2014).

[23] Decoste，Dennis，and Bernhard Schölkopf. "Training invariant support vector machines." Machine learning 46，no. 1-3 (2002): 161-190.

[24] Simard，Patrice Y.，David Steinkraus，and John C. Platt. "Best Practices for Convolutional Neural Networks Applied to Visual Document Analysis." In ICDAR，vol. 3，pp. 958-962. 2003.

[25] Salakhutdinov，Ruslan，and Geoffrey E. Hinton. "Learning a Nonlinear Embedding by Preserving Class Neighbourhood Structure." In AISTATS，vol. 11. 2007.

[26] Cireşan，Dan Claudiu，Ueli Meier，Luca Maria Gambardella，and Jürgen Schmidhuber. "Deep，big，simple neural nets for handwritten digit recognition." Neural computation 22，no. 12 (2010): 3207-3220.

[27] Deng，Li，Michael L. Seltzer，Dong Yu，Alex Acero，Abdel-rahman Mohamed，and Geoffrey E. Hinton. "Binary coding of speech spectrograms using a deep auto-encoder." In Interspeech，pp. 1692-1695. 2010.

[28] Kégl，Balázs，and Róbert Busa-Fekete. "Boosting products of base classifiers." In Proceedings of the 26th Annual International Conference on Machine Learning，pp. 497-504. ACM，2009.

[29] Rosenblatt，Frank. "The perceptron: A probabilistic model for information storage and organization in the brain." Psychological review 65，no. 6 (1958): 386.

[30] Bishop，Christopher M. "Pattern recognition." Machine Learning 128 (2006): 1-58.

[31] D. G. Lowe，Distinctive image features from scale-invariant keypoints. IJCV，60(2):91-110，2004.

[32] N. Dalal，B. Triggs，Histograms of Oriented Gradients for Human Detection，Proc. IEEE Conf. Computer Vision and Pattern Recognition，2005.

[33] Ahonen，T.，Hadid，A.，and Pietikinen，M. (2006). Face description with local binary patterns: Application to face recognition. PAMI，28.

[34] J. Sivic，A. Zisserman，Video Google: A Text Retrieval Approach to Object Matching in Videos，Proc. Ninth Int'l Conf. Computer Vision，pp. 1470-1478，2003.

[35] B. Olshausen，D. Field，Sparse Coding with an Overcomplete Basis Set: A Strategy Employed by V1?，Vision Research，vol. 37，pp. 3311-3325，1997.

[36] Wang，J.，Yang，J.，Yu，K.，Lv，F.，Huang，T.，and Gong，Y. (2010). Locality-constrained Linear Coding for image classification. In CVPR.

[37] Perronnin，F.，Sánchez，J.，& Mensink，T. (2010). Improving the fisher kernel for large-scale image classification. In ECCV (4).

[38] Lin，Y.，Lv，F.，Cao，L.，Zhu，S.，Yang，M.，Cour，T.，Yu，K.，and Huang，T. (2011). Large-scale image clas- sification: Fast feature extraction and SVM training. In CVPR.

[39] Krizhevsky，A.，Sutskever，I.，and Hinton，G. (2012). ImageNet classification with deep convolutional neu- ral networks. In NIPS.

[40] G.E. Hinton，N. Srivastava，A. Krizhevsky，I. Sutskever，and R.R. Salakhutdinov. Improving neural networks by preventing co-adaptation of feature detectors. arXiv preprint arXiv:1207.0580，2012.

[41] K. Chatfield，K. Simonyan，A. Vedaldi，A. Zisserman. Return of the Devil in the Details: Delving Deep into Convolutional Nets. BMVC，2014。

[42] Szegedy，C.，Liu，W.，Jia，Y.，Sermanet，P.，Reed，S.，Anguelov，D.，Erhan，D.，Vanhoucke，V.，Rabinovich，A.，Going deeper with convolutions. In: CVPR. (2015)

[43] Lin，M.，Chen，Q.，and Yan，S. Network in network. In Proc. ICLR，2014.

[44] S. Ioffe and C. Szegedy. Batch normalization: Accelerating deep network training by reducing internal covariate shift. In ICML，2015.

[45] K. He，X. Zhang，S. Ren，J. Sun. Deep Residual Learning for Image Recognition. CVPR 2016.

[46] Szegedy，C.，Vanhoucke，V.，Ioffe，S.，Shlens，J.，Wojna，Z. Rethinking the incep-tion architecture for computer vision. In: CVPR. (2016).

[47] Szegedy，C.，Ioffe，S.，Vanhoucke，V. Inception-v4，inception-resnet and the impact of residual connections on learning. arXiv:1602.07261 (2016).

[48] Everingham, M., Eslami, S. M. A., Van Gool, L., Williams, C. K. I., Winn, J. and Zisserman, A. The Pascal Visual Object Classes Challenge: A Retrospective. International Journal of Computer Vision，111(1)，98-136，2015.

[49] He, K., Zhang, X., Ren, S., and Sun, J. Delving Deep into Rectifiers: Surpassing Human-Level Performance on ImageNet Classification. ArXiv e-prints，February 2015.

[50] http://deeplearning.net/tutorial/lenet.html.

[51] https://www.cs.toronto.edu/~kriz/cifar.html.

[52] http://cs231n.github.io/classification/.

[53] Learning Multiple Layers of Features from Tiny Images，Alex Krizhevsky，2009.

[54] Bengio Y，Ducharme R，Vincent P，et al. A neural probabilistic language model[J]. journal of machine learning research，2003，3(Feb): 1137-1155.

[55] Mikolov T，Kombrink S，Deoras A，et al. Rnnlm-recurrent neural network language modeling toolkit[C]//Proc. of the 2011 ASRU Workshop. 2011: 196-201.

[56] Mikolov T，Chen K，Corrado G，et al. Efficient estimation of word representations in vector space[J]. arXiv preprint arXiv:1301.3781，2013.

[57] Maaten L，Hinton G. Visualizing data using t-SNE[J]. Journal of Machine Learning Research，2008，9(Nov): 2579-2605.

[58] https://en.wikipedia.org/wiki/Singular_value_decomposition.

[59] P. Resnick，N. Iacovou，etc. "GroupLens: An Open Architecture for Collaborative Filtering of Netnews"，Proceedings of ACM Conference on Computer Supported Cooperative Work，CSCW 1994. pp.175-186.

[60] Sarwar，Badrul，et al. "Item-based collaborative filtering recommendation algorithms." Proceedings of the 10th international conference on World Wide Web. ACM，2001.

[61] Kautz，Henry，Bart Selman，and Mehul Shah. "Referral Web: combining social networks and collaborative filtering." Communications of the ACM 40.3 (1997): 63-65. APA.

[62] Peter Brusilovsky (2007). The Adaptive Web. p. 325.

[63] Robin Burke，Hybrid Web Recommender Systems，pp. 377-408，The Adaptive Web，Peter Brusilovsky，Alfred Kobsa，Wolfgang Nejdl (Ed.)，Lecture Notes in Computer Science，

Springer-Verlag，Berlin，Germany，Lecture Notes in Computer Science，Vol. 4321，May 2007，978-3-540-72078-2.

[64] Yuan，Jianbo，et al. "Solving Cold-Start Problem in Large-scale Recommendation Engines: A Deep Learning Approach." arXiv preprint arXiv:1611.05480 (2016).

[65] Covington P，Adams J，Sargin E. Deep neural networks for youtube recommendations[C] //Pro-ceedings of the 10th ACM Conference on Recommender Systems. ACM，2016: 191-198.

[66] Kim Y. Convolutional neural networks for sentence classification[J]. arXiv preprint arXiv:1408.5882，2014.

[67] Kalchbrenner N，Grefenstette E，Blunsom P. A convolutional neural network for modelling sentences[J]. arXiv preprint arXiv:1404.2188，2014.

[68] Yann N. Dauphin，et al. Language Modeling with Gated Convolutional Networks[J] arXiv preprint arXiv:1612.08083，2016.

[69] Siegelmann H T，Sontag E D. On the computational power of neural nets[C]//Proceedings of the fifth annual workshop on Computational learning theory. ACM，1992: 440-449.

[70] Hochreiter S，Schmidhuber J. Long short-term memory[J]. Neural computation，1997，9(8): 1735-1780.

[71] Bengio Y，Simard P，Frasconi P. Learning long-term dependencies with gradient descent is difficult[J]. IEEE transactions on neural networks，1994，5(2): 157-166.

[72] Graves A. Generating sequences with recurrent neural networks[J]. arXiv preprint arXiv:1308.0850，2013.

[73] Cho K，Van Merriënboer B，Gulcehre C，et al. Learning phrase representations using RNN encoder-decoder for statistical machine translation[J]. arXiv preprint arXiv:1406.1078，2014.

[74] Zhou J，Xu W. End-to-end learning of semantic role labeling using recurrent neural networks[C]//Proceedings of the Annual Meeting of the Association for Computational Linguistics. 2015.

[75] https://en.wikipedia.org/wiki/Linear_regression.

[76] Friedman J，Hastie T，Tibshirani R. The elements of statistical learning[M]. Springer，Berlin: Springer series in statistics，2001.

[77] Murphy K P. Machine learning: a probabilistic perspective[M]. MIT press，2012.

[78] Bishop C M. Pattern recognition[J]. Machine Learning，2006，128.

[79] Sun W，Sui Z，Wang M，et al. Chinese semantic role labeling with shallow parsing[C] //Proceedings of the 2009 Conference on Empirical Methods in Natural Language Processing: Volume 3-Volume 3. Association for Computational Linguistics，2009: 1475-1483.

[80] Pascanu R，Gulcehre C，Cho K，et al. How to construct deep recurrent neural networks[J]. arXiv preprint arXiv:1312.6026，2013.

[81] Cho K，Van Merriënboer B，Gulcehre C，et al. Learning phrase representations using RNN encoder-decoder for statistical machine translation[J]. arXiv preprint arXiv:1406.1078，2014.

[82] Bahdanau D，Cho K，Bengio Y. Neural machine translation by jointly learning to align and translate[J]. arXiv preprint arXiv:1409.0473，2014.

[83] Lafferty J，McCallum A，Pereira F. Conditional random fields: Probabilistic models for segmenting and labeling sequence data[C]//Proceedings of the eighteenth international conference on machine learning，ICML. 2001，1: 282-289.

[84] 李航. 统计学习方法[J]. 清华大学出版社，北京，2012.

[85] Marcus M P，Marcinkiewicz M A，Santorini B. Building a large annotated corpus of English: The Penn Treebank[J]. Computational linguistics，1993，19(2): 313-330.

[86] Palmer M，Gildea D，Kingsbury P. The proposition bank: An annotated corpus of semantic roles[J]. Computational linguistics，2005，31(1): 71-106.

[87] Carreras X，Màrquez L. Introduction to the CoNLL-2005 shared task: Semantic role labeling[C]//Proceedings of the Ninth Conference on Computational Natural Language Learning. Association for Computational Linguistics，2005: 152-164.

[88] Zhou J，Xu W. End-to-end learning of semantic role labeling using recurrent neural networks[C]//Proceedings of the Annual Meeting of the Association for Computational Linguistics. 2015.

[89] Koehn P. Statistical machine translation[M]. Cambridge University Press，2009.

[90] Cho K，Van Merriënboer B，Gulcehre C，et al. Learning phrase representations using RNN encoder-decoder for statistical machine translation[C]//Proceedings of the 2014 Conference on Empirical Methods in Natural Language Processing (EMNLP)，2014: 1724-1734.

[91] Chung J，Gulcehre C，Cho K H，et al. Empirical evaluation of gated recurrent neural networks on sequence modeling[J]. arXiv preprint arXiv:1412.3555，2014.

[92] Bahdanau D，Cho K，Bengio Y. Neural machine translation by jointly learning to align and translate[C]//Proceedings of ICLR 2015，2015.

[93] Papineni K，Roukos S，Ward T，et al. BLEU: a method for automatic evaluation of machine translation[C]//Proceedings of the 40th annual meeting on association for computational linguistics. Association for Computational Linguistics，2002: 311-318.

[94] alimans，Tim; Goodfellow，Ian; Zaremba，Wojciech; Cheung，Vicki; Radford，Alec; Chen，Xi. Improved Techniques for Training GANs. 2016. arXiv:1606.03498 [cs.LG].

[95] Radford A，Metz L，Chintala S. Unsupervised Representation Learning with Deep Convolutional Generative Adversarial Networks[J]. Computer Science，2015.